FRANZ TROST – ETHNOARCHÄOLOGIE IN SÜDWEST-BURKINA FASO

Franz Trost

ETHNOARCHÄOLOGIE IN SÜDWEST-BURKINA FASO

I. Das Fundmaterial

AKADEMISCHE DRUCK- u. VERLAGSANSTALT
GRAZ/AUSTRIA

Publiziert mit Unterstützung des
Fonds zur Förderung der wissenschaftlichen Forschung

Die Deutsche Bibliothek – CIP-Einheitsaufnahme

Trost Franz:
Ethnoarchäologie in Südwest-Burkina Faso / Franz Trost. –
Graz/Austria : Akad. Dr.- und Verl.-Anst.

1. Das Fundmaterial. – 1993
ISBN 3-201-01603-9

Satz: LeykamDruck, Graz
Reproduktion und Druck: Print & Art, Graz

Printed in Austria
ISBN 3-201-01603-9

„Wie's dich auch aufzuhorchen treibt,
das Dunkel, das Rätsel, die Frage bleibt."
Theodor Fontane

Coleman Hawkins

Inhaltsverzeichnis

Danksagung

Mein großer Dank gilt an erster Stelle dem Fonds zur Förderung der wissenschaftlichen Forschung für das Interesse an meinem ethnoarchäologischen Forschungsprojekt und die finanzielle Unterstützung meiner jeweils mehrmonatigen Afrikaaufenthalte in den Jahren 1987/88, 1989/90 und 1991/92.

Zu ganz besonderem Dank bin ich den Missionaren (Weiße Väter) Hermann Kimmich, Louis Faivre-Rampant, Juan-Manuel Charlin, Robert Kaggwa, Guido Sprengers, François Jaquinod, Jean Chalmagne, Bernard Fagnon und Jean Courtinade sowie den beiden Wycliff-Bibelübersetzern Claudia und Stephen Burdon für ihre selbstlose Hilfsbereitschaft und wiederholte liebenswürdige Aufnahme verpflichtet. In diesem Sinne sei auch den Frères des Ecoles Chrétiennes, den Katechisten Daniel Watara *Kèntọ* und Richard Traore, der Sœur Philiberte Savantier wie all den vielen christlichen Missionsangehörigen ganz herzlich gedankt. Dem Ehepaar Burdon danke ich zusätzlich für die Umsetzung des *Wĩnwẹn*, der Sprache der südlichen Tussian, in eine phonetisch korrekte Schrift.

Mein innigster Dank gilt den zuständigen Behörden und Institutionen in Burkina Faso für die Genehmigung meines Forschungsvorhabens und für das große Verständnis an meiner Arbeit.[1]

All denen zu danken, die auf irgendeine Art zum Entstehen dieses Buches beigetragen haben, ist hier nicht möglich. Erwähnt seien in diesem Zusammenhang aber Univ.-Prof. Dr. Armand Duchâteau und seine hilfreiche Bereitstellung von Informationsmaterial, die beiden Ethnologinnen Dr. Irene Kohl und Mag. Barbara Köfler mit ihrem Freundschaftsdienst in der Objektbeschreibung, OR Ing. Dr. W. P. Bauer und das Institut für Silikatchemie und Archäometrie und deren Thermolumineszenz-Messungen an einigen Keramiken sowie Ingrid „Kritschi" Kerl mit ihrer stets willigen und liebenswürdigen Hilfsbereitschaft in allen mit Afrika zusammenhängenden Belangen.

Die Übersetzung einiger schwieriger fremdsprachiger Textstellen führten Helga Ableidinger und Mag. Evelin Urban durch, die Korrektur des Manuskriptes nahmen das Ehepaar Franz und Therese Wollenik und Mag. Hannes Vogler auf sich. Auch ihnen sei für ihre Geduld mein bester Dank ausgesprochen.

Jenen, die in der Heimat meine Forschungsreisen und -aufenthalte mit Gebet begleiteten und trugen, ebenfalls öffentlich meinen Dank zu bezeugen, ist mir ein großes Herzensbedürfnis.

Schließlich möchte ich auch meiner Mutter ganz besonders danken. Obwohl ihr Afrika nicht nahesteht, zeigte sie stets geduldiges Verständnis für die Arbeit ihres Sohnes.

Der treuesten Mitarbeiterin, die bei drei Expeditionen (1983, 1990 und 1992) hilfreich an meiner Seite stand, alle Mühen und Strapazen mit mir trug, immer ein offenes Ohr für meine Ideen hatte, mich aber auch in Wien geduldig ertrug, wenn sich meine Gedanken in Afrika aufhielten, meiner lieben Frau Elisabeth, schulde ich mehr als Dankbarkeit.

Leider kann ich auf diesem Weg meinen Dank nicht den vielen afrikanischen Freunden übermitteln, ohne deren Hilfe meine Arbeit nicht gedeihen hätte können. Sie alle werden im Folgeband gewürdigt werden. Meine Gedanken sind jedoch stets bei ihnen – bei meinen Freunden aus den Völkern der Natioro, Wara, Tussian, Senufo, Karaboro, Guin, Turka, Bobo und Jula.

Vorwort

Mein erster Aufenthalt im Südwesten von Burkina Faso erfolgte im Verlaufe einer sechsmonatigen Afrikaexpedition im Jahre 1971. Im Vordergrund der Bemühungen standen die Felsbildforschung in der zentralen Sahara und die Ethnoarchäologie bei einigen altertümlichen Bevölkerungsgruppen im Westsudan und in den angrenzenden Ländern. Im Gebiet der Hauts-Bassins und der Komoé waren und sind dies die Natioro, Wara und südlichen Tussian, wo schon die erste Geländebegehung zur Entdeckung der Piktographen bei Kawara und einer Petroglyphenansammlung in der Falaise bei Tussiana führte. Ab 1983 folgten jeweils mehrere Surveys in das Bergland der Samoro-Iri und Turka, in den Wohnraum der Senufo zwischen Konadugu und Baguéra, in das Gebiet der „Nähnadelfelsen" von Sindu, in die Ebene zwischen Tingrela, Kossara und Tarfila sowie entlang der Falaise de Banfora bis hin zu ihrer östlichen Randzone in die Region nahe des Woloflusses und damit in das Wohngebiet der Bobo. Die Mehrzahl dieser Unternehmen, deren archäologischer Aussagewert vorher nicht abgeschätzt werden konnte, war erfolgreich und half, den bisher vorhandenen Fundortkatalog zu erweitern und die Unterlagen über die (nicht ausschließlich) materielle Kultur der dort heimischen Völkerschaften zu verbessern.

Wurde meine Tätigkeit zu Beginn mit großem Argwohn betrachtet, ja durch Besuchsverbot bestimmter, nicht nur sakraler Areale, durch wiederholtes „Verirren" meiner wegkundigen Begleiter und durch falsche Angaben und Aussagen meiner Informanten zu vereiteln versucht, so änderte sich dieses Verhalten nach zwei jeweils mehrmonatigen Aufenthalten dank des erworbenen Vertrauens einiger Vertreter des religiösen und zivilen Stammeslebens der von mir aufgesuchten ethnischen Einheiten. Mit dem Abbau der vielen Schwierigkeiten, wobei meine Arbeit durch mehrere schwere Tropenkrankheiten noch zusätzlich erschwert wurde, schlug endlich die Geburtsstunde des Plans, so viel wie möglich von der heute zum Teil noch ungebrochenen Eigentradition archaischer afrikanischer Kulturen in diesem regional begrenzten Raum zu erfassen, auszuwerten und damit zu erhalten. An die Stelle der extensiven „Sucharbeit", wie ich sie bei den ersten Unternehmungen zur Zusammenstellung meiner Unterlagen vorgenommen habe, trat nun eine punktuelle, intensive Forschungstätigkeit – sowohl archäologisch an den Fundorten als auch ethnologisch bei den in ihrer Nähe lebenden Bewohnern.

Meine Arbeiten im Wohngebiet der Natioro, Wara, Tussian und Bobo wollen keineswegs den Anspruch erheben, erschöpfend zu sein oder alle Unsicherheiten aus dem Weg zu räumen. Die meisten Fundlokalitäten konnten zwar so komplett und gewissenhaft, wie dies die zur Verfügung stehenden Mitteln erlaubten, bearbeitet werden, in einigen Fällen sah ich mich aber gezwungen, die Oberflächenfunde selektiv über die Gesamtfläche des Fundortes beziehungsweise unsystematisch (doch nach ihrem sachlichen Zusammenhang) aufzunehmen. Dies mag eine gewisse Subjektivität nicht ausschließen, birgt aber den Vorteil, repräsentative Beweisstücke liefern zu können. Nicht immer konnte sich die Forschungsarbeit auf feststehende Strukturen beziehen, sondern sie stand in Abhängigkeit von der Ausdehnung der einzelnen Fundplätze und dem dort vorhandenen Fundmaterial.

Wenn viele der Fundobjekte auch aufgrund ihrer typologischen und technologischen

Aussagekraft einen Blick in die Lebenswelt ihrer kulturellen Träger erlauben, so fehlt dennoch sehr oft der Kontext einer mündlichen Überlieferung um zu wissen, welchen Platz sie in der Weltanschauung der betreffenden Ethnie einnehmen, welche soziale und kulturelle Aufgabe sie besitzen und was sie für die Menschen, die sie geschaffen haben, bedeuten. Diese Fragen können nicht durch eine äußerliche Betrachtungsweise, nicht durch eine Rekonstruktion historischer Wanderungen oder sonstiger Einflußgrößen allein beantwortet werden. Ein wichtiges Thema meiner Arbeit und des darin vorhandenen Fragekomplexes war daher die Auseinandersetzung mit der kulturellen Identität der im Untersuchungsgebiet lebenden bäuerlichen Gesellschaften. Es galt, ihre Alltagswelt mit den ihr eigenen Institutionen kennen und verstehen zu lernen, die Eigenart ihrer künstlerischen Ausdrucksformen zu begreifen und mit persönlichen Lebensgeschichten bekannt zu werden. Letztlich ging es mir nicht nur um die Entdeckung und Präsentation des Fundmaterials, sondern auch um dessen Stellenwert bei den Menschen, die damit leben, sowie um die daraus resultierende Interpretation.

Die gesammelten Sachdokumente werden zum besseren und rationellen Verständnis für den Benützer in zwei getrennten Publikationen verlegt:

Der vorliegende Band 1 ist in erster Linie der Lokalisation und der Dokumentation des aus vier Arealen stammenden Fundgutes gewidmet.

Band 2 wird sich mit der Interpretation des Fundmaterials beschäftigen, eine Analyse der Töpferwaren und eine Topographie der Maskenformen (im besonderen der südlichen Tussian) enthalten, die religiöse Organisation und das Cheftum bei den im Untersuchungsraum siedelnden Völkerschaften behandeln und versuchen Einblick in die Ideenwelt anderer, in typologischem Sinn vergleichbarer Ethnien zu geben.

Da es mir als wenig sinnvoll erscheint, auf ungedruckte Manuskripte als Quellen zu verweisen, wird der Leser gebeten, sich bis zum Erscheinen des Folgebandes zu gedulden.

Mögen die beiden Bände mithelfen, das bisherige Belegmaterial für eine genaue Darstellung der sozialen, ideologischen und historischen Zusammenhänge einiger bäuerlicher Bevölkerungsgruppen im Südwesten von Burkina Faso zu vergrößern, den Zugang zum Denken und Streben dieser Populationen zu ermöglichen und damit nicht zuletzt das Verständnis für die Menschen in unserem südlichen Nachbarkontinent zu fördern.

Zum Schluß sei noch erwähnt, daß ich meine alljährlichen Expeditionen und Informationsfahrten mit einem Geländewagen von Wien durch die Sahara in das Forschungsgebiet nach Burkina Faso und wieder zurück unternommen habe. Während dieser Zeit war ich mit Ausnahme dreier Visiten meiner Frau die ganze Zeit auf mich allein gestellt. Es waren dies sehr wesentliche Besuche, die mich bei vielen meiner afrikanischen Freunde und Bekannten erst zu einem vollen sozialen Wesen erhoben.

Die Orthographie der Ortsnamen richtet sich nach der französischen Rechtschreibung auf den einschlägigen Karten M 1:200.000, die der ethnischen Einheiten nach dem verwendeten Fachschrifttum, wobei in beiden Fällen versucht wird, die im Deutschen üblich gewordene Schreibweise anzuwenden (z. B. Wagadugu statt Ouagadougou, Jula statt Dioula). Für afrikanische Wörter wird die Transkription der „Société Internationale de Linguistique" benutzt, einige wenige Namen werden hingegen phonetisch umschrieben, d. h. verdeutscht.

Wien, im Sommer 1992

I. Geographische Übersicht

Der äußerste Südwesten von Burkina Faso mit seinen administrativen Regionen Kossi, Houet, Kenedugu und Komoé wird von zwei Sandsteinplateaus beherrscht, die voneinander durch die Depression der oberen Schwarzen Volta getrennt sind. Ihre Topographie weist in den maßgebenden Elementen große Unterschiede auf, was zur reizvollen Belebung des sonst monotonen Landschaftsbildes beiträgt. Es sind dies die zahlreichen grün bewachsenen Hügel, die sich in der Mehrzahl am Südrand des Sockels konzentrieren und eine durchschnittliche Höhe von 250 m besitzen, sowie die vielen Täler, die sich im Zentrum eher sanft, am Rand jedoch tief in das Massiv einschneiden und oft nur wenige Kilometer voneinander getrennt sind. Trotz ihrer relativ geringen Ausdehnung ist dieses Gebiet eine wichtige Wasserscheide, von der aus einige Hauptzweige des hydrographischen Netzes von Westafrika ihren Anfang nehmen: die Schwarze Volta führt (vorerst) nach Nordosten, die Komoé mit ihrem Zufluß Leraba nach Süden und der in den Niger mündende Banifing (Ngorolaka) nach Nordwesten.

Da die in diesem Band aufgelisteten Fundstätten ausnahmslos im Gebiet des südlichen Plateaus („Bobo-Plateau“) liegen, soll nur dieses näher beschrieben werden: Es ist höher und kompakter als das nördliche Nachbarplateau, und an vielen Stellen ist der Schichtstufenrand im altpaläozoischen Sandstein durch steile Erosionskerben und -täler so sehr aufgelöst, daß Steilwand- und Turmformen entstanden sind, die den Charakter dieser Landschaft prägen. Die Verwitterung lieferte zwar das Material für diese Hangabtragung, doch kann sie heute der fluvialen Formung an der Stufe nicht vorauseilen, so daß überall, selbst am Hangfuß, der quarzitische Sandsteinfels ansteht.[2] Innerhalb des Plateaus stehen sich zwei Sektoren von sehr unterschiedlichem Aspekt gegenüber:

1. Von Bobo-Julasso bis Beregadugu wird der Südrand des Plateaus von einer bemerkenswert geradlinigen Steilwand, der „Falaise de Banfora“, abgeschlossen. Sie verläuft von NO nach SW, besteht meistenteils aus Sandstein und erhebt sich durchschnittlich 450 m hoch über das Land. Vorwiegend wird sie von einer einheitlichen Felswand gebildet, die gelegentlich von mehreren treppenförmig übereinander liegenden Steilabbrüchen unterbrochen wird. Diese großen Felsstufen bieten stellenweise die Möglichkeit, die Falaise auf einem der steilen Pfade zu besteigen, beziehungsweise vom Plateau aus die Anbaufelder und die in der weiten Ebene liegenden Siedlungen zu erreichen. Die Komoé durchfließt die Hochebene im Süden und stürzt ihr Wasser am südwestlichen Ende des Plateaus über den Steilhang.

Verkehrsgeographisch ist dieser Sektor der besser bekannte, da durch ihn sowohl die Eisenbahnlinie als auch das Asphaltband der Straße zur Elfenbeinküste führt.

2. Ab Beregadugu ändert das Plateau seine Richtung. Es wendet sich vorerst nach Westen bis zur Leraba Occidentale und dann nach Nordwesten, um sich über die Landesgrenze hinweg nach Mali zu erstrecken. Der lange geradlinige Verlauf der Falaise wechselt über zu unzähligen Windungen, ihr senkrechter Steilabfall verändert sich zu vorwiegend stufenförmigen Formationen. Lange Sandsteinstreifen mit unterschiedlicher Höhe, Orientierung und mit verschiedenem Profil schieben sich nach Süden vor – einige kompakt und massiv, andere von der Erosion ziseliert, wie die außergewöhnlichen „Nähnadelfelsen“ von Sindu. Abbrüche

und Doleritausgüsse (mit Sandstein assoziiert) komplizieren das Erscheinungsbild, wie zum Beispiel die „Felsschranke“ Fugara nördlich von Sindu.

Die im Süden vorgelagerten Hügel sind von der Hauptmasse des Plateaus mehr oder weniger abgetrennt und besitzen bloß geringe Höhen. Im übrigen erstreckt sich das Plateau über große gewellte Oberflächen von durchschnittlich 500 bis 550 m Höhe, sinkt nie unter 250 m Höhe und erreicht Stellen bis über 700 m Höhe: 717 m bei Beregadugu und 749 m im Tena-Kuru, dem höchsten Punkt von Burkina Faso.

II. Die Meldungen über das lithische Fundmaterial bis zum Jahr 1984

– 1922

Die erste Information über Steinartefakte aus dem Südwesten von Burkina Faso verdanken wir R. Verneau. Er berichtet über die aus zweiundzwanzig geschlagenen und polierten Geräten bestehende Sammlung von H. Labouret aus den ehemals französischen Subdivisionen Banfora und Bobo-Julasso, von der ihm zwanzig von dem Verwaltungsbeamten Martin übergeben wurden. Die Kollektion setzt sich aus mehreren Beilen, einigen sehr fein gearbeiteten Beilchen aus Diabas, Meißeln mit doppelten Schärfungsflächen, Polier(Glätt-)steinen und Bruchstücken von Geräten, die vermutlich von Meißeln mit einfacher oder doppelter Schrägkante stammen, zusammen.[3] Verneau gibt folgende Fundstellen bekannt:

- das Gebiet bei den Dörfern Tangouera und Kassara im Kanton von Beregadugu,
- das Dorf Niaoué (Niawe) östlich von Bobo-Julasso[4] im Kanton von Karankasso,
- das Dorf Téna im Kanton Sukuraba und
- den Kanton Téoulé (Tewle), nördlich von Bobo (= Bobo-Julasso).

– 1924

F. de Zeltner meldet in jenem Jahr über „... un certain nombre de vestiges préhistoriques ...“ auf der Route von Bobo-Julasso nach Buaké (S. 615). Als Fundorte der in dieser Region entdeckten Näpfchen, Tröge, Rillenschliffe (Polier[Glätt-]steine) und Beile nennt de Zeltner: Farakoroso, Nasien, Gunangulé, Kong, Bomadugu, Kengénè, Latau, Farakro, Bambélédugu, Satama und Tchémorodianyirikoro. Von den wenigen Orten, die sich auf den offiziellen Kartenblättern M 1:200.000 lokalisieren lassen, befinden sich mit Ausnahme von Farakoroso im Wohngebiet der Komono alle südlich der Grenze von Burkina Faso.[5] Aus Farakoroso gibt de Zeltner den Fund von zwei Beilen aus Diabas (Gewicht: 68 und 73 g), einem Beil aus Aplit und mehreren Näpfchen bekannt.

– 1925

Der in ehemals Französisch-Westafrika als „Adjoint des Services Civils“ tätige P. Laforgue nennt am Beginn seiner Auflistung prähistorischer Fundplätze aus dem „Soudan français et Haute-Volta“ (S. 129–139)[6] auch jene „principaux gisements“, die L. Desplagnes auf seiner archäologischen und ethnographischen Mission entdecken konnte; aus Burkina Faso wird Bobo-Julasso als Fundort angegeben (S. 130). Diesen Hinweis konnte ich in den mir bekannten Schriften von Desplagnes nicht finden. Laforgue berichtet weiter von *„plusieurs gisements ... dans une large bande de territoire du Bongouri-Ba, affluent de la Volta, jusqu'à Bussa en Côte-d'Ivoire“* (S. 155). Diesmal nennt er als Informant, wieder ohne Zitat, M. Delafosse. Auch hier ist mir in den zur Verfügung stehenden Publikationen keine Stelle bekannt, die sich auf obigen, kursiv hervorgehobenen Passus beruft. Hingegen stieß ich auf diese Textstelle in kaum geänderter Form in zwei Veröffentlichungen von Desplagnes (1906: 88 und 1907: 68). Hier behandelt der Text aber nicht „stations préhistoriques“, wie Laforgue anführt (1925: 155), sondern „ruines“, die den Boden des obig genannten Gebietes in der Tat zahlreich bedecken.[7]

Die Verwirrung geht noch weiter:

Der nordöstlich von Gaoua (Gawa) in die Schwarze Volta mündende und auf den heutigen Kartenblättern allgemein mit Bougouriba (*ba:* groß) benannte Fluß wird auch von Desplagnes, 1906, so bezeichnet (er schreibt Bougouri-Ba). Ein Jahr später nennt er ihn Bangouri-Ba, woraus Laforgue, 1925, Bongouri-Ba macht. Auch der im Nordosten der Elfenbeinküste liegende und 1906 von Desplagnes noch richtig geschriebene Ort Buna wird von ihm ein Jahr später und 1925 auch von Laforgue auf Bussa umbenannt (vgl. obige in Kursivschrift zitierte Textstelle).

Von all dem unbeirrt übernimmt M. Bequaert (von dem in dieser Auflistung noch die Rede sein wird) die Auskunft von Laforgue über Desplagnes' „gîte préhistorique“ und Delafosses „noms de plusieurs gisements préhistoriques“, bemängelt aber doch (wie später auch Mauny, R. 1957: 24, Note 4) die fehlende Angabe über die Informationsquelle (1948: 120). Den Schluß in der Fehlerkette nimmt R. Guitat ein (s. – *1972*), der den Bougouriba als neolithische Fundstätte angibt (er nennt sie Bongouriba) und der auf Bequaert (er schreibt Becquaert) als Literaturangabe verweist (1972: Haute-Volta, N° 4).

Im gleichen Jahr veröffentlicht H. Hubert neben mehreren Steinobjekten aus Guinea neun Geräte aus der Region Banfora-Sindu. Sie wurden am Fuß der Falaise gefunden und von M. Duranthon gesammelt, der wie Hubert den Posten eines „Administrateur en Chef des Colonies“ bekleidete. Hubert erstellt von den mit polierten Schärfungsflächen oder Schneiden versehenen Objekten eine Klassifikation aus differenzierenden Maßeinheiten und Charakteristiken, die auch in dieser Arbeit für die Flach- und Walzenbeile aus den Fundarealen A, B und C ihre Anwendung finden (Fig. 1). Das Ergebnis seiner Untersuchung ermöglicht Hubert, die neun Geräte in sieben Gruppen zu reihen und ihre Verwendungszwecke als vier Messer, zwei „repoussoir“, ein Beil, ein Symbolbeil und einen Schaber zu rekonstruieren.

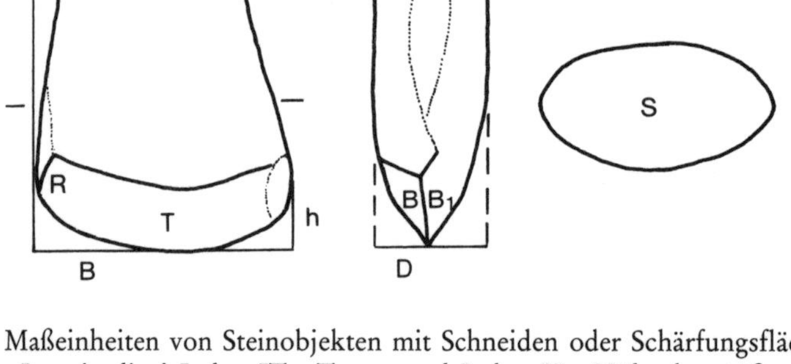

Fig. 1: Differenzierte Maßeinheiten von Steinobjekten mit Schneiden oder Schärfungsflächen: L = Länge, B = Breite, D = Dicke, IL = Longitudinal-Index, IT = Transversal-Index, H = Höhe der größten Breite (von der Basis nach oben gemessen), O = Nacken, C = Seiten, T = Schneide, R = Schneidenübergang, $B + B_1$ = Schärfungsflächen, S = Querschnitt; vgl. dazu Fig. 37.

– 1931

Im September dieses Jahres berichtet H. de Mathelin de Papigny beim „XVe Congrès International d'Anthropologie et d'Archéologie préhistorique" in Paris über mehrere Steingeräte aus „Afrique centrale et *orientale*" (Hervorhebung vom Verfasser). Die Fundgebiete liegen im Kreis Zemio (Zentralafrikanische Republik, an der Grenze zu Zaïre), im Distrikt des Uelle und Ituri (Zaïre, Ostprovinz), in den Becken des oberen Faleme und oberen Gambia (Mali und Senegal) sowie im Gebiet von Gaoua (Burkina Faso). Die mitgebrachten Artefakte aus der Region Gaoua wurden von M. Bequaert (s. *–1948*) bearbeitet und veröffentlicht.

– 1945

Bei der „1ere Conférence Internationale d'Africanistes de l'Ouest"[8] werden von P. Creac'h diverse paläolithische und neolithische Artefakte aus den Territorien Sudan, Guinea, Obervolta und der Elfenbeinküste vorgestellt. Die Fundstelle in Burkina Faso liegt auf der östlichen Uferseite des Kuflusses gegenüber der Bobosiedlung Kumi. Die Station besteht aus einer Vielzahl kleiner, aus grünem Jaspis und Quarz geschlagener Geräte, die sich aus Kratzern, Klingen, Sticheln, Pfeilspitzen, Kneifen, halbmondförmigen Objekten und mehreren, nicht formgeprägten Abschlägen zusammensetzt. Abgesehen von ganz wenigen Stücken besitzen nur die Halbmonde ausgeprägte Randretuschen. Creac'h vermutet, daß dieses Mikrolithen-Fundgut dem Neo-Capsien mit Ibero-Maurusién-Einfluß zuzuordnen ist.[9] Zum Inventar gehört noch ein dickes, poliertes, kleines Beil.

– 1948

Die von H. de Mathelin de Papigny aus dem Gebiet von Gaoua mitgebrachten Artefakte wurden von M. Bequaert im Museum für Paläontologie der Universität Liège (wo sie unter der Signatur „Soudan; Zône Volta" liegen) bearbeitet und beschrieben. Darunter sind einundzwanzig Geräte, die Bequaert nach der Methode von Hubert (1925) klassifiziert und die sich unterteilen in:

- zwölf Beile mit mehr oder weniger geschliffener Schrägkante, 58 bis 140 mm groß;
- ein Beil mit ungeschärfter Schneide, 119 mm groß, aus Grünstein;
- sechs kleine Querbeile, 21 bis 42 mm groß, aus eisenhaltigem Fels;
- zwei Meißel, 55 und 99 mm groß, einer aus Eisenerz.

Das Inventar besteht weiter aus:

- einem Klopfstein mit zwei Arbeitsenden, 83 mm groß, 235 g schwer, aus hartem Gestein;
- einem rundovalen Stein aus Quarzit mit leicht rechtwinkeliger Basis und einer im Zentrum liegenden näpfchenartigen Vertiefung, Gewicht: 1292 g;
- einem ellipsoiden Stein aus Hämatit mit einer sanduhrförmigen Lochung im Zentrum, größter Außendm.: 114 mm, größter Lochdm.: 30 mm, Dicke: 53 mm, Gewicht: 1782 g (Fig. 28, a);
- einem ovalgelochten Stein aus rötlichem, eisenhaltigem Schiefer mit sehr unregelmäßigen Seitenflächen, größter Außendm.: 78 mm, größter Lochdm.: 17 mm, Dicke: 26 mm, Gewicht: 206 g.

Alle von Bequaert beschriebenen Objekte sind in seiner Arbeit mit Handzeichnungen abgebildet. Bei genauer Betrachtung der gezeigten Graphiken fällt auf, daß der oben genannte ovalgelochte Stein eindeutig jenem Stück entspricht, auf das schon fünfzehn Jahre zuvor Mathelin de Papigny in seinem Artikel mit einem Foto aufmerksam machte (1933: Tafel II, 9).

Ein Vergleich der beiden Abbildungen (Tafel V.b bei Bequaert) zeigt zweifelsfrei denselben Gegenstand. Erstaunlich ist bloß die unterschiedliche Angabe des Fundgebietes: Mathelin de Papigny, der Finder und „Exporteur" sämtlicher von Bequaert bearbeiteten Artefakte, gibt den Kreis Bafulabe am oberen Faleme im „Soudan français" an (1933: 323), Bequaert hingegen das Gebiet Gaoua in Burkina Faso (1948: 126).

Als weitere Fundstellen der von Bequaert beschriebenen Objekte werden nur Sitakili, Torondi-Konkon (je ein Beil) und Djombo genannt. Aus Djombo stammt ein etwa 120 mm großer, 60 mm dicker, rundovaler Stein mit näpfchenartiger Vertiefung, der wahrscheinlich als Amboß oder Beschwerscheibe für Bohrer angesehen werden kann. Auf dem Kartenblatt „Gaoua", M 1:200.000, sind diese Orte nicht lokalisierbar.

– 1953

Neolithische Funde bei Koro, nahe am östlichen Ende der Falaise de Banfora, werden von Herminger in den Documents de l'IFAN, XV-2, H.-V. gemeldet.[10]

– 1954

J. Henninger gibt den Fund von Bruchstücken polierter Beile, aufgesammelt etwa 2 km östlich von Koro, bekannt.

– 1957

In jenem Jahr wird erstmals eine kurze Zusammenstellung der bis dahin bekannten prähistorischen und archäologischen Funde aus Burkina Faso durch R. Mauny gebracht. Zudem stellt er die aus dem Südwesten des Landes stammende und aus einhundertsechsundfünfzig Steingeräten bestehende Sammlung von Vitart vor, die sich im IFAN (Dakar) unter der Signatur H.-V. 45–19 befindet. Ein Großteil der Geräte läßt eine Klassifikation zu, darunter die hohe Anzahl polierter Beile mit symmetrischer Schneide, die Querbeile mit ungleichen Schneideflächen sowie ein Beil, dessen Schneide nur an einer Seite eine angeschliffene, stark gekrümmte Schärfungsfläche aufweist. Etwa ein Drittel der Sammlungsstücke ist in sehr schlechtem Zustand erhalten, mit stark abgenützten Schneiden und nicht bestimmbar. Das Fundmaterial kommt, quantitativ geordnet, aus folgenden Orten:

– Sindu[11]:	68 Stück, darunter 37 Beile und 18 Querbeile;
– Duna:	48 Stück, darunter 12 (14) Beile[12] zwischen 43 und 105 mm Größe, 14 Querbeile zwischen 47 und 102 mm Größe sowie ein „repoussoir" von 73 mm Größe;
– Fendoro (Fandyoro):	10 Stück, darunter 4 Beile und 4 Querbeile;
– Kawara:	7 Stück, darunter 1 Beil und 4 Querbeile;
– Bondrola:	6 Stück, darunter 2 Beile und 2 Querbeile;
– Tieforo (Tiéfora):	5 Stück, darunter 2 Querbeile;
– Kan (Kana?):	3 (?) Stück, nur Beile;
– Labola:	4 Stück, darunter ein Beil und ein Querbeil;
– Bussara:	2 (?) Stück, nur Beile;
– Wettara:	2 Stück, darunter ein Querbeil.
	155 Stück, darunter 62 bzw. 64 Beile[12], 46 Querbeile und ein „repoussoir".

Neben dieser Ansammlung von neolithischen Steinartefakten besaß Vitart auch eine private Kollektion von guterhaltenen Steingeräten, die jedoch während des Krieges verlorenging. Darunter befand sich ein paläolithisches Stück aus Fo und eine etwa 30 cm große, dünnwandige Steinplatte mit zwei Befestigungskerben an den oberen Rändern. Vitart betrachtet die Steinplatte als Prototyp eines Ackerbaugerätes.[13]

– 1959, 1964, 1967

Um das Jahr 1955 unternahm O. Davies, unter dessen Leitung zahlreiche Grabungen in Ghana zustande kamen und dem auch die Erkenntnisse vieler ghanaischer Funde zu verdanken sind, eine Expedition durch die „Coastlands of Guinea", bei der er die bisher bekannten Lagerplätze durch die Entdeckung einiger neuer Stationen erweitern konnte. Aus dem Südwesten von Burkina Faso meldet er über ein Dutzend neuer Fundlokalitäten[14], deren Besitzstand an paläolithischer und neolithischer Industrie in seinen u. a. 1959, 1964 und 1967 erschienenen Arbeiten seinen Niederschlag fand. Die Lagerplätze, beginnend mit den in der Nähe des eigenen Untersuchungsgebietes liegenden, und ihr Inventar sind:

- Tagbaladugu (Takaledugu): in der Nähe der Falaise mehrere Chopper und ein großer Abschlag mit facettiertem Ende (Acheuléen).
- Karfigela: Mikrolithen; beim Wasserfall mehrere neolithische Steingeräte, darunter ein Pfriem aus Quarz, eine Hacke aus Sandstein und einige grobe Abschläge.
- Diarabakoko: zwei Faustkeile und zwei „Bolakugeln"[15] (Acheuléen) sowie Mikrolithen.
- Mina: mikrolithische (?) Steingeräte vergesellschaftet mit eisenzeitlicher Keramik.
- Leraba (linke Uferseite): mikrolithische Geräte.
- Nabere (Nationalpark, in Flußnähe): viele Hacken aus Grünstein und mikrolithische Geräte aus Quarz: u. a. Segmente, gestielte Endkratzer, ein Meißel.
- Djipologo (Djikorogo): ein Steinbeil.
- Boromo (Umgebung): neolithische Steingeräte, darunter eine Hacke.
- Laro: neolithische Steingeräte, darunter Pfrieme (aus Laro-Nord) und ein poliertes Beil.
- Wessa: diverse Artefakte aus unterschiedlichen Kulturepochen: verrollte Geröllgeräte, mittelpaläolithische (Sangoan?) und neolithische Steingeräte, darunter Spitzen, Picken, Hacken, polierte Beile, zylindrische Stößel und Mikrolithen (Fig. 2, 1–4).
- Wizini: verrollte Geröllgeräte (Fig. 2, 5), mikrolithische Geräte, vergesellschaftet mit Hacken, einen Spalter, einen Grabstockbeschwerer *(kwe)*.
- Bukero: mikrolithische Geräte und ein poliertes Beil.
- Dapola: diverse Artefakte aus unterschiedlichen Kulturepochen, darunter paläolithische Steingeräte in einer Mischung von „Guinea-Aterian"-Technik und mesolithischen Gerätetypen (Steinbeil, Seiten- und Endkratzer, Meißel; Fig. 2, 6–11). Die neolithischen Steingeräte sind u. a. mit zahlreichen Mikrolithen (ohne Beimischung anderer Geräte in Dapola-Süd), Hacken, Pfriemen und Steinbeilen vertreten.
- Galgru (konnte nicht lokalisiert werden): acht lange Steinbeile, davon sieben ungeschliffen.

Auffallend ist die große Zahl von paläolithischen Steingeräten, die hier seit dem Bestehen der „Geröllkultur" in Gebrauch gewesen sein dürften (z. B. in Wessa und Wizini). Das Acheuléen ist in Tagbaladugu und Diarabakoko, das Sangoan möglicherweise in Wessa und Dapola, im letztgenannten Ort sind auch das „Guinea Aterian" und das Epipaläolithikum vertreten. Funde mit mikrolithischen Geräten sind auch aus Leraba und Nabere belegt und liegen vergesellschaftet mit Hacken und Steinbeilen in Wizini, Bukero und Dapola vor. Es drängt sich hiebei die Vermutung auf, eine Übergangsphase zwischen der epipaläolithischen akeramischen und der neolithischen Industrie anzunehmen, die möglicherweise jener zwischen Rim I und Rim II beobachteten sterilen Schicht entspräche.[16]

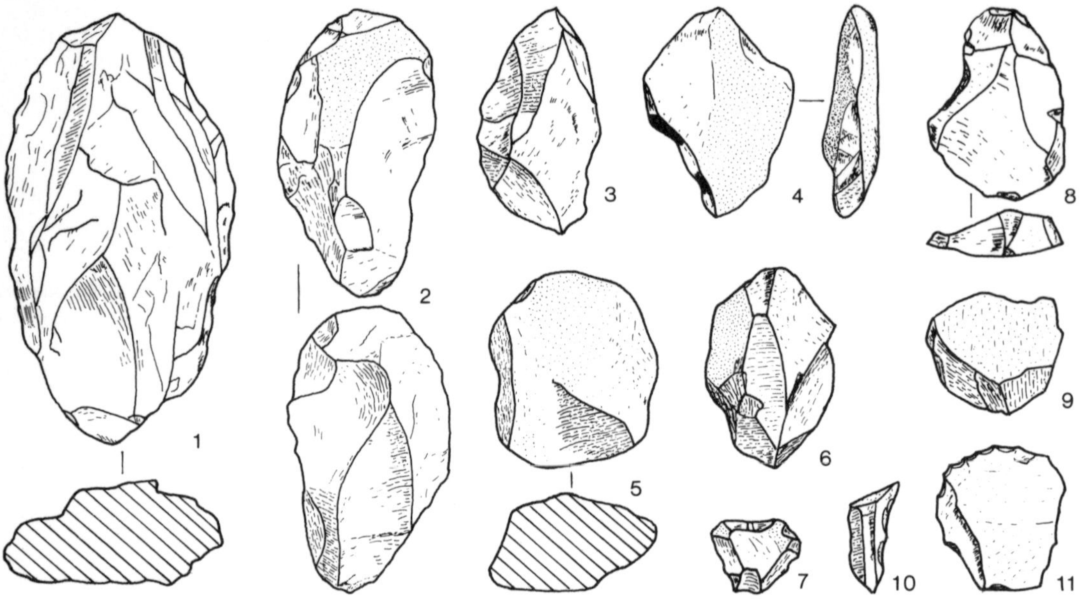

Fig. 2: Beispiele von Steingeräten unterschiedlicher Kulturperioden (nach Davies, O., 1964).
Wessa, linke Uferseite: 1: Hacke („Black Volta Culture"), 2: ungeschliffenes Handbeil (Sangoan?), 3: ungestielte Spitze.
Wessa, rechte Uferseite (Flußterrasse): 4: Geröllgerät.
Wizini (Flußterrasse): 5: Geröllgerät.
Dapola: 6: kleine Picke, 7 und 11: Endkratzer, 8: Seitenkratzer, 9: Meißel, 10: Klinge (alle End-MSA?, Nr. 6: spätes Langoan?).
Mit Ausnahme der beiden Pebble-tools sind alle Geräte aus Quarz gefertigt; ihre Reproduktion ist nicht maßstabgenormt.

– 1967

Der katholische Missionar J. Hébert meldet „... nombreuse pièces de néolithique ..." aus Kumi, die Père Ferron aufsammeln konnte; nähere Angaben fehlen.

– 1972

In dem von R. Guitat zusammengestellten Verzeichnis neolithischer Stationen in Burkina Faso werden dreißig Fundorte mit Artefaktmaterial bekanntgegeben. Darunter sind auch jene Plätze mit den von Labouret gebrachten Objekten angeführt, auf die erstmals Verneau aufmerksam macht (s. – *1922*). Diese Artefakte werden im IFAN, Dakar, aufbewahrt, wo sie unter folgenden Nummern inventarisiert liegen:
- Diéfula, H.-V. 57–44,
- Kankalaba, H.-V. 57–49,
- Karaborola, H.-V. 57–45,
- Karankasso, H.-V. 57–46 (s. – *1922*),
- Lumana, H.-V. 57–47,

- Siénana, H.-V. 57–50,
- Subakaniédugu, H.-V. 57–51,
- Téna, H.-V. 57–52.

Leider ist Guitats Verzeichnis lückenhaft und besitzt einige fehlerhafte Angaben, die sowohl gewisse Fundorte (s. – *1925*), mehrere Koordinaten wie auch zwei Stellen in der Bibliographie betreffen.[17]

– 1973

Von April 1970 bis Sommer 1972 unternahm Wai-Ogosu, Bassey Eteyen vom Departement of Archaeology in Legon, Ghana, mehrere archäologische Surveys im Norden (Rim und Ti-n-Edia) und im Südwesten (Region Banfora und Bobo-Julasso) von Burkina Faso. Das Ergebnis dieser Forschung, das u. a. auf mehreren archäologischen Testgrabungen basiert (z. B. bei Sindu und im Felsbildabri bei Kawara), fand in seiner Dissertation (Berkeley, 1973) seinen Niederschlag. In diese unpublizierte wissenschaftliche Abhandlung Einblick zu bekommen, war mir leider nicht möglich.

Im gleichen Jahr gibt Roger de Bayle des Hermens den Fund eines runden, scheibenförmigen Steines mit bikonischer Lochung aus der Nähe von Buan (nordwestlich von Houndé) bekannt.

– 1981/82

Nördlich des „Bobo-Plateaus“ im Wohngebiet der Bobo werden mehrere Fundstellen von G. Le Moal gemeldet. Einer dieser Plätze namens *kulo* liegt knapp 5 km südsüdwestlich von Kurumani und weist eine große Ausdehnung mit dicht verstreutem lithischem Fundgut auf. Besonders hoch ist der Anteil von nichtbearbeiteten Abschlägen, die den schwach gewellten Lateritboden sehr gedrängt besetzen und auf den Ort einer Werkstatt schließen lassen. Die Stücke sind aus hartem Sandstein, der von der naheliegenden Falaise entnommen wurde. Unter den aufgesammelten Artefakten werden „pointes sur éclat“ (darunter eine sehr schöne Spitze mit 9 x 6 cm Größe) sowie diskoide (6,5 x 6 cm) und bifaziale (12,8 cm) Instrumente erkannt. Obwohl sie eine große Konformität mit Geräten aus dem unteren Paläolithikum (ESA) haben, werden sie trotz ihres altertümlichen Aussehens jünger datiert.[18]

Nahe von Koreba und zwischen Kwere und Koxoma (Kogoma) sind sphäroide Steine bekannt, die von den Bobo *bèllè dogo* genannt werden. Sie lassen sich in zwei Formengruppen teilen: in leicht abgeflachte Steinkugeln mit zwei Polenden und in sorgfältig geglättete zylindrische Stücke aus kristallinem Fels. Beide Formen sind außergewöhnlich groß – die Kugeln besitzen häufig 15 cm Durchmesser und die Zylinder 30 cm Höhe. Ihr ursprünglicher Verwendungszweck ist unbekannt, doch werden heute die Steine von den Schmieden gerne als Schlegel gebraucht, um die Metalluppe zu hämmern.

Etwa 2 km nordwestlich von Zokoéma befinden sich aufrechtstehende, nicht skulptierte Monolithen *(bara dogo)*. Einer ragt 1,35 m aus dem Boden, ist 35 bis 40 cm breit und wird *bara dibi* (eingeschlagener, eingerammter Stein) genannt; der andere mißt bloß 35 cm Höhe und ca. 25 cm Breite, wird als „Tochter“ des großen Steinblocks angesehen und heißt *bara dibi dalla*. Weitere Monolithen im Bobo-Gebiet gibt es unter anderem bei Tâguna, bei Kadô und 17 km nördlich von Duma. Gemäß den Überlieferungen waren die Monolithen von verschiedenen Objekten aus poliertem Stein begleitet, die von ihren Entdeckern aufgesammelt und zu ihren Dorfaltären getragen wurden. Unter ihnen überwiegen die Stößel und Beile, denen die Bobo den Namen *bara dibi nôma* (Kinder des aufrechtstehenden [eingeschlagenen] Steins) geben, um zu zeigen, daß es sich für sie um ein solidarisches Ensemble handelt. Die 25 bis 30 cm langen Stößel zeigen an ihren Enden eine kugelige Wölbung und gehören zu der in dieser Region nicht häufig vorkommenden Formengruppe von steinernen Reibern[19]; die handgroßen polierten Beile stimmen mit der in Westafrika üblichen Ausführung überein.

– 1984

Die Entdeckung einer Fundstelle mit Beilen, walzenförmigen Geräten und dem Bruchstück einer runden, durchlochten Steinscheibe (Außendm.: 104 mm, Dicke: 24 mm) erfolgte durch einen Mitarbeiter des „Projet Hydraulique" bei Gué an der Komoé (briefliche Mitteilung).

Fundort	Koordinaten	Literatur
Banfora (Region)	10°38' N – 4°45' W	Hubert, H., 1925; Davies, O., 1964, 1967
Beregadugu	10°46' N – 4°44' W	Mauny, R., 1957
Bondrola	?	*Ibid.*
Boromo (Umgebung)	11°45' N – 2°56' W	Davies, O., 1964, 1967
Buan	11°55' N – 3°42' W	de Bayle des Hermens, R., 1973
Bukero	10°40' N – 2°57' W	Davies, O., 1964
Bussara	10°32' N – 4°34' W	Mauny, R., 1957
Dapola	10°34' N – 2°55' W	Davies, O., 1964, 1967
Diarabakoko	10°28' N – 4°46' W	*Id.*, 1959, 1964, 1967
Diéfula	10°15' N – 4°42' W	Guitat, R., 1972
Djipologo (Djikorogo)	10°56' N – 3°07' W	Davies, O., 1964
Djombo – s. Gaoua	?	Bequaert, M., 1948
Duna	10°37' N – 5°07' W	Mauny, R., 1957
Farakoroso	9°48' N – 4°20' W	de Zeltner, F., 1924
Fendoro (Fandyoro)	10°44' N – 4°34' W	Mauny, R., 1957
Fo	11°53' N – 4°31' W	*Ibid.*
Galgru	?	Davies, O., 1967
Gaoua (Region)	10°20' N – 3°11' W	Bequaert, M., 1948
Gué	9°56' N – 4°36' W	briefl. Mitteilung
Kan (Kana?)	11°51' N – 3°22' W (?)	Mauny, R., 1957
Kankalaba	10°45' N – 5°17' W	Guitat, M., 1972
Karaborola	?	*Ibid.*
Karfigela	10°42' N – 4°49' W	Davies, O., 1964
Kassara	10°37' N – 4°46' W	Verneau, R., 1922
Kawara	10°38' N – 5°13' W	Mauny, R., 1957
Koreba	11°40' N – 4°35' W	Le Moal, G., 1981/82
Koro	11°08' N – 4°12' W	Henninger, J., 1954; Guitat, R., 1972
Kumi	11°08' N – 4°25' W	Creac'h, P., 1945; Hébert, J.,

Fundort	Koordinaten	Literatur
		1967; Shaw, Th., 1981
Kurumani	11°51' N – 4°25' W	Le Moal, G., 1981/82
Labola	10°41' N – 4°38' W	Mauny, R., 1957
Laro	11°18' N – 2°51' W	Davies, O., 1964, 1967
Leraba (Brücke)	10°10' N – 5°04' W	*Id.*, 1964
Lumana	10°35' N – 5°21' W	Guitat, R., 1972
Mina	11°01' N – 4°49' W	Davies, O., 1964
Nabere (Nationalpark)	10°55' N – 3°39' W	*Ibid.*
Niaoué	10°50' N – 3°54' W	Verneau, R., 1922
Siénana (Siéniana)	10°32' N – 4°46' W	Guitat, R., 1972
Sindu	10°39' N – 5°10' W	Mauny, R., 1957
Sitakili – s. Gaoua	?	Bequaert, M., 1948
Subakaniédugu	10°28' N – 5°01' W	Guitat, R., 1972
Tagbaladugu	10°46' N – 4°41' W	Davies, O., 1964
Tangouera (Tangara)	10°34' N – 4°44' W	Verneau, R., 1922
Téna	10°45' N – 5°25' W	*Ibid.*; Guitat, R., 1972
Téoulé (Kanton)	11°44' N – 5°47' W	*Ibid.*
Tieforo (Tiéfora)	10°37' N – 4°33' W	Mauny, R., 1957
Torondi-Konkon – s. Gaoua	?	Bequaert, M., 1948
Wessa (Ouessa)	11°03' N – 2°49' W	Davies, O., 1959, 1964, 1967
Wettara (Ouettara)	10°20' N – 3°33' W (?)	Mauny, R., 1957
Wizini (Ouizine)	10°56' N – 2°52' W	Davies, O., 1964, 1967
Zokoéma (Djigouéma)	11°41' N – 4°17' W	Le Moal, G., 1981/82

Tabellarische Übersicht der bis 1984 gemeldeten Fundlokalitäten lithischen Materials aus dem Südwesten von Burkina Faso (vgl. dazu Fig. 27). Die Koordinaten wurden aus den einschlägigen Karten M 1:200.000 ermittelt: Bobo-Dioulasso NC-30-XX, Houndé NC-30-XXI, Léo NC-30-XXII, Niéllé NC-30-XIII, Banfora NC-30-XIV, Gaoua NC-30-XV–XVI und Kong NC-30-VIII.

III. Das Verbreitungsgebiet der Fundstätten

In diesem Band werden nur jene Stationen aufgenommen und nur solche Funde vorgelegt, die im Siedlungsgebiet der in meinem Forschungsprojekt angeführten ethnischen Einheiten liegen. Das sind in erster Linie die Natioro, Wara und südlichen Tussian, zu denen im Verlauf der weiteren Untersuchung die Senufo im Raum Kankalaba–Konadugu–Baguéra und die Bobo östlich von Bobo-Julasso hinzukamen.[20] Diese weite Region, die sich von der Leraba Occidentale bis zum Woloﬂuß erstreckt, mußte notgedrungen in mehrere Abschnitte aufgeteilt werden. Damit ergaben sich vier regional begrenzte Fundareale, die vorwiegend in den bergigen Zonen und den felsigen Falaise-Abbrüchen liegen und sich in

- das Fundareal A im Siedlungsgebiet der Natioro,
- das Fundareal B im Siedlungsgebiet der Wara,
- das Fundareal C im Siedlungsgebiet der Tussian und
- das Fundareal D im Siedlungsgebiet der Bobo gliedern (Fig. 3).

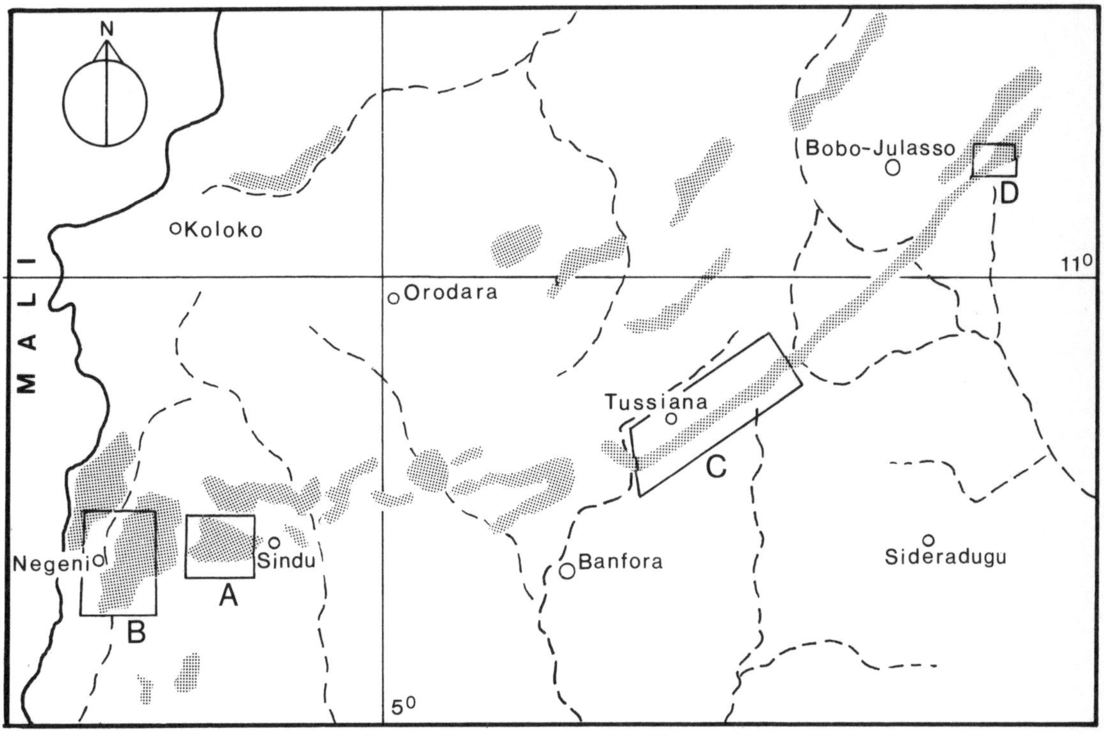

Fig. 3: Topographische Übersicht der Fundareale.

IV. Das Fundareal A

Das Fundareal A liegt im südlichen Wohngebiet der Natioro[21] zwischen den beiden Wasserläufen Badini (Natioro-Name: *Bapia*) im Osten und Kô *(Kolo)* im Westen, wo sich der große, bis weit über die Grenze nach Mali und in die Elfenbeinküste reichende Siedlungsraum der Senufo erstreckt.[22] Kleine, verschieden hohe und verwitterte Sandsteinplateaus und erodierte Klippenformationen teilen das Areal in zahlreiche uneinheitliche Geländeabschnitte, die zum überwiegenden Teil mit einem dichten Pflanzenkleid bedeckt sind, welches mithilft, die Morphodynamik der Hangabtragung zu hemmen. Meine archäologischen Untersuchungen *(field archaeology)* konzentrierten sich überwiegend auf das schroffe Felsgelände bei Kawara *(Kôhna)* und Tinba *(Ǹgoh)*[23] in Richtung Mpogona, das zwei strukturell unterschiedliche Anlagen erkennen läßt:

Die eine setzt sich aus einer Anzahl von natürlichen Felsgrotten (Abris) zusammen, die sowohl am Fuß als auch im oberen Teil der bis zu fast 500 m steil ansteigenden und sich nördlich der Straße Sindu–Lumana–Baguéra erstreckenden Falaise liegen. In einigen der von den Unbilden der Witterung meist gut geschützten Felsvorsprüngen und -nischen befinden sich Bauten aus Stein und Lehm, Steingeräte, Keramiken, Metallobjekte sowie auch Felsbilder und Näpfchen.

Das zweite Ensemble besteht aus Wüstungen, die sich auf den Schichtstufenrändern und Plateauabschnitten der nach Süden und Südwesten abfallenden Falaise erstrecken. Sie enthalten unter anderem Mauerreste, Steinringe und verschiedene Objekte aus Ton, Stein und Metall.

1. DIE FELSGROTTEN (ABRIS)

Von den im Fundareal A recht häufig vorkommenden, oft vom dichten Pflanzenkleid verborgenen und dadurch erschwert zugänglichen Felsgrotten konnte ich im Verlauf von mehreren Explorationen sieben mit Hinterlassenschaften menschlichen Kulturgutes entdecken: vier wurden näher untersucht und im vorliegenden Katalog aufgenommen.

1.1 Grotte I (Felsbildabri)

Koordinaten: 10°38'15" N – 5°13'18" W[24]

Lage und Raumbeschreibung: Etwa 300 m nordnordwestlich von Kawara, gemessen vom Chefgehöft (Watara), liegt eine von Ost (105°) nach West (285°) verlaufende Felserhebung, deren Südseite im unteren Teil auf einer Strecke von knapp 75 m unterhöhlt ist. Der langgestreckte Abri hängt an der Westseite bis zu 5 m, an der Ostseite bis zu 9 m über; seine Orientierung beträgt 160° bis 200° (Fig. 6 und 7).

Grabung: Da ich bis zur Drucklegung dieses Bandes nicht in Erfahrung bringen konnte, an welcher Stelle Wai-Ogosu seine Testgrabung im Abri durchgeführt hat (s. Abschnitt II: *~ 1973*), habe ich von einer weiteren Grabung Abstand genommen.

Inventar intérieur:

Architektur: Am Ende der östlichen Abrihälfte befindet sich der aus Lehm bestehende Überrest einer baulichen Konstruktion (Fig. 23).

Lithisches Material:
Vier retuschierte Abschläge (ein Stück in Form eines Kratzers) (Fig. 29, 1),
ein Abschlagkratzer,
ein Schlagstein.
Die vier Objekte sind Oberflächenfunde aus dem östlichen Grottenabschnitt.

Keramik: Zwischen der Felswand b und den ihr vorgelagerten Felsblöcken wie auch in der östlichen Grottenhälfte fanden sich insgesamt über zwanzig, vorwiegend verzierte Scherben (vier Stück in Fig. 41, 1–4).

Felsbilder[25]: Sie sind das augenfälligste Fundgut und bestehen aus einer hohen Zahl von Piktographen, die die Rückwand des Unterstandes bedecken (Fig. 101–104).

Inventar extérieur:

Vor dem Abri steigt das Gelände von Süden nach Norden (zu seiner Rückwand hin) an und ist durch einige niedere Felsbänke und Versturzfelsen aufgeworfen (Fig. 7).

Lithisches Material:
Ein Nukleus, Typ b[26],
drei Absplisse,
ein Seitenkratzer mit leicht konvexen Seiten und groben Retuschen,
ein geometrisches Werkzeug, Typ 3, a, A[27].

Keramik: Sieben eindruckverzierte Scherben, die der gleichen Ware angehören wie jene im Inneren des Abri.

Metallobjekt: Ein Fragment eines Messers (Fig. 46, 5).

Näpfchen[28]: Auf sechs Felsflächen beziehungsweise Blöcken befinden sich in unterschiedlicher Verteilung fingerhutförmige Vertiefungen von wenigen Zentimetern Durchmesser; vier dieser Anlagen wurden aufgenommen (Fig. 114–117).

Eine große horizontale Felsplatte mit fünf Dutzend Näpfchen liegt etwa 600 m südwestlich vom Abri entfernt (Fig. 125).

Aufenthalte: November 1971, Sommer 1983, Winter 1987/88, Winter 1989/90 und Winter 1991/92.

1.2 Grotte II (Speichergrotte A)

Koordinaten: 10°37'55" N – 5°13'42" W

Lage und Raumbeschreibung: Im westlichen Siedlungsabschnitt von Kawara erhebt sich entlang der von Sindu nach Baguéra führenden Straße eine rund 650 m lange Felserhebung, die das südliche Ende des Fundareals A markiert. Am obersten Rand ihres westlichen Steilabsturzes liegt in knapp 400 m Höhe eine tiefe Felsgrotte, die von der Ebene her kaum sichtbar ist. Ihr Zugang erfolgt von Alt-Kawara I oder durch einen Aufstieg in felsigem, von dichtem Gestrüpp verwachsenem Gelände im Westen der Felserhebung.

Die durchschnittliche Höhe der Grotte liegt zwischen 1,50 und 1,70 m, das Höchstmaß von über 2 m wird erst kurz vor dem Abbruch erreicht. Die Länge, gemessen an den noch vorhandenen Baulichkeiten, beträgt 9,20 m, die Orientierung zeigt 280°. Ihr Boden besteht aus gewachsenem Fels, der nach vorne schräg zur Felswand abfällt (Fig. 8 und Abb. 5).

Inventar:

Architektur: Im südlichen Abschnitt der Grotte stehen zwei altertümliche, schon vom Verfall gekennzeichnete Speicher (Fig. 9). Der größere wird von einer Mauer umkrönt, die den Abri bis zur Felsdecke füllt. Früher standen in der Nähe des Steilabbruches noch zwei andere runde Bauten (a und b in Fig. 8), deren Reste ich 1983 und 1987/88 noch sehen konnte, die 1991/92 aber nicht mehr existierten; auch die dahinterstehende niedere Lehmmauer ist verschwunden. Da keiner der Bauten von den Unbilden der Witterung erreicht werden kann, ist ihre Zerstörung durch Menschenhand nicht auszuschließen. Der hintere Teil des zentralen Nordabschnittes, dort wo die Felsdecke nur noch einen Meter über dem Boden liegt, wird von einer 2,5 m langen Steinmauer versperrt. Den nördlichen Abschluß bildet der Rest eines Mischmauerwerkes, das aus Stein und Lehmmörtel besteht.

Lithisches Material:
Ein Abschlag,
zwei Schlagsteine,
ein Reibstein, Typ c, einflächig.

Keramik: In der unmittelbaren Umgebung des nördlichen und nordöstlichen Grottenabschnittes ist der Boden mit zahlreichen Scherben bedeckt (drei Stück in Fig. 41, 5–7).

Metallobjekt: Ein Messer mit gerundeter Spitze (Fig. 46, 2).

Näpfchen: Wird die Grotte in nordöstlicher oder östlicher Richtung verlassen, stößt man in beiden Fällen auf kleine Unterstände, deren felsiger Boden in der Mehrzahl napfartige Vertiefungen besitzt.

Aufenthalte: Sommer 1983, Winter 1987/88 und Winter 1991/92.

Gegenüber der Grotte II befindet sich in fast gleicher Höhe ein kleiner Abri mit dem Überrest einer aus Stein und Lehm gefertigten Baukonstruktion. Eine hohe Zahl von Topfscherben bedeckt den Boden des Abri und den seiner Umgebung; in der Nähe liegt eine zerbrochene Reibschale (Typ b, länglichoval).

1.3 Grotte III (Artefaktabri)

Koordinaten: ca. 10°38'20" N – 5°13'38" W

Lage und Raumbeschreibung: Folgt man jener felsigen Erhebung, in der sich die Grotte I befindet, bis zu ihrem westlichen Ende und ändert dort die Richtung nach Norden, wird alsbald ein kleiner Kessel erreicht. Nordwestlich davon erheben sich langgestreckte Schichtstufenränder mit Resten ehemaliger Siedlungsplätze (Alt-Kawara II mit dem Quartier der Kulibali). Kurz vor der fast senkrecht aufsteigenden Felswand befinden sich einige Unterstände, die Topfscherben und gelegentlich auch Steingeräte (z. B. den Chopper in Fig. 30, 6) als Oberflächenfunde beherbergen.

Die Grotte III liegt nahe am nordwestlichen Rand des Abri-Ensembles und ist gekennzeichnet durch eine hohe Zahl von Steinen und Geröllblöcken, die den Boden ihrer östlichen Hälfte bedecken. Im kleineren westlichen Abschnitt befinden sich, abgesehen von einem großen Versturzblock am Eingang der Grotte, nur wenige Steine.

Die Gesamtlänge des Abri beträgt 27 m, die des westlichen Abschnittes 10,20 m. Die größte Höhe erreicht die Westseite mit 5,30 m, wo der Fels bis zu 4 m überhängt; seine Orientierung beträgt 185° (Fig. 10).

Grabung: Der Boden im westlichen Grottenteil steigt zur Rückwand hin leicht an und läßt Ablagerungen erkennen, die zweifellos von menschlicher Nutzung stammen. In diesem Sektor wurde eine Grabung durchgeführt. Das Ausmaß des rechteckigen Grabungsfeldes beträgt 2 x 1 m. Der Boden wurde in Stufen von 10 cm abgetragen und zwar von Nord nach Süd. Stratigraphisch lassen sich drei Ablagerungsschichten erkennen:

A) 0–10 cm: graubraunes, schwach verfestigtes Feinmaterial ohne gröbere Anteile; keine Fundobjekte.

B) 10–50 bzw. 60 cm: rotbrauner Fein- bis Mittelsand, kantengerundete Kiespartikel bis 2,5 cm Durchmesser sowie vereinzelte Grobkieskomponenten bis 7 cm Durchmesser; zahlreiche Keramikscherben, Steingeräte, zwei Kauri-Schneckengehäuse und im Top ein Eisenobjekt.

C) 50–90 cm: rötlichgelber verfestigter Sand, lokal stärker verfestigt, Kiese und Sandsteingerölle (letztere mit bis zu 20 cm Durchmesser); Keramikscherben und Steingeräte.

In 90 cm Tiefe wurde das natürliche Sandsteinbett erreicht.

Inventar:

Lithisches Material[29], Oberflächenfunde:
Zwei Nuklei, Typ a und b,
ein retuschierter Abschlag,
zwei geometrische Werkzeuge, Typ 1, a und 2, c,
ein Schlagstein;

im Grabungsfeld:

	Schicht:	Tiefe:
Ein Nukleus, Typ a	C	–59 cm
vier Absplisse: zwei Stück	B	–14 cm, –26 cm
zwei Stück	C	–78 cm, –85 cm
vierunddreißig Splitter:		
neunundzwanzig Stück	B	um –40 cm
fünf Stück	C	–52 bis –60 cm
drei retuschierte Abschläge:		
ein Stück (Fig. 29, 2)	B	–37 cm
zwei Stück	C	–67 cm, –75 cm
ein Abschlagkratzer (Fig. 29, 5)	B	–45 cm
ein Klingenkratzer (Fragment) (Fig. 29, 10)	C	–81 cm
ein Endkratzer mit konvex geformten Arbeitskanten	C	–73 cm
vier geometrische Werkzeuge:		
ein Stück, Typ 1, a, A	B	–33 cm
drei Stück Typ 1, a;		–56 cm
2, a; 4, a	C	–70 cm, –78 cm
drei Querschneider: ein Stück in Fig. 29, 15	C	–63 cm, –66 cm, –72 cm
zwei Klingen:		
ein Stück mit bilateralen Seitenretuschen	C	–74 cm
ein Stück in Fig. 29, 12	C	–80 cm
drei Schlagsteine:		
zwei Stück	B	–17 cm, –22 cm
ein Stück	C	–54 cm

Keramik, Oberflächenfunde: Neun Scherben im westlichen Grottenabschnitt (zwei Stück in Fig. 41, 8 und 9), zwei in der östlichen Grottenhälfte;

im Grabungsfeld: Vierzehn Scherben in Schicht B (zwei Stück in Fig. 42, 11 und 14), fünf in Schicht C (zwei Stück in Fig. 42, 12 und 13).

Metallobjekt: Ein Fragment eines schmalen Messers im Grabungsfeld, –12 cm (Fig. 46, 6).

Diverse Objekte: Zwei Kauri-Schneckengehäuse im Grabungsfeld, –32 cm und –40 cm.

Die Grabung lieferte kein Knochenmaterial und keine Pflanzen- oder Holzkohlenreste.

Näpfchen: Der große, am Eingang liegende Versturzfelsen besitzt an seiner zur Rückwand gerichteten Seite drei leicht vertiefte, runde Hohlformen von 4,5, 5 und 6 cm Durchmesser.

Aufenthalt: Winter 1987/88

1.4 Grotte IV (Speichergrotte B)

Koordinaten: 10°38'40" N – 5°14'00" W

Lage und Raumbeschreibung: Die Grotte IV befindet sich an der Westseite der hier in mehreren groben Stufen abfallenden Falaise. Sie liegt im Schutz von Klemmblöcken unterschiedlicher Größe und in dichtem Baum- und Pflanzenkleid verborgen, die dem Auge ihre Entdeckung, sei es von der Ebene oder vom Steilabfall aus, versagt. Der Aufstieg zur Grotte erfolgt ab der ersten Plateaustufe durch mühsame Kletterei bis hin zu einer etwa 4 m hohen, senkrecht aufragenden Felswand, die nur mit Hilfe einer Leiter beziehungsweise Stange oder eines Seiles erklommen werden kann und den einzigen Zutritt bildet. Der Grottenboden besteht aus natürlichem Fels, es gibt keine Ansätze von Ablagerungen.

Die Gesamtlänge der Grotte beträgt knapp 24 m, wovon nur der zentrale Teil durch seine natürliche Gegebenheit eine menschliche Nutzung zuläßt. In diesem Abschnitt hängt der Fels bis zu 5 m über; die größte Höhe beträgt 3,80 m, und die Orientierung schwankt zwischen 260° und 280° (Fig. 12).

Inventar:

Architektur: An der Rückwand stehen drei runde Speicher, die die ganze Höhe der Felsspalte füllen. An den Speicher 3 schließt sich ein aus Steinen ausgelegter Halbkreis von knapp 4 m Durchmesser an, dessen Öffnung durch die Rückwand des Abri geschlossen wird. Die Bausteine dürften vorwiegend aus den unterhalb der Grotte liegenden Geröllhalden entnommen und mit Seilen in die Grotte gezogen worden sein. Das Innere der Steinsetzung ist etwa 7 cm hoch mit graubraunem Feinsand belegt, der vermutlich von dem etwas tiefer gelegenen, mit einer schwachen Pflanzendecke versehenen Zwischenplateau stammt und in Körben in die Grotte transportiert wurde.

Lithisches Material:
Ein scheibenförmiges, in der Mitte bikonisch gelochtes Objekt im Speicher 2 (Fig. 31, 9),
ein Schlagstein,
ein Rillenstein (Fragment) (Fig. 30, 8), } im Steinkreis.
Zwischen Speicher 2 und 3 liegen einige Steinblöcke, von denen zwei als Sitzsteine interpretiert werden können. Daneben befinden sich:
Eine Reibschale, Typ b (Fig. 13; a in Fig. 12) und
ein Stößelreiber, Typ d (Fig. 13).

Keramik: Ein altertümliches Gefäß mit Rollgeflecht im Speicher 1 (Abb. 12), TL-Analyse (B 146): minimal 450±100 Jahre (1540 n. Chr.), maximal 635±75 Jahre (1355 n. Chr.), dreizehn Scherben im Steinkreis (zwei Stück in Fig. 41, 10 und 11).

Metallobjekte: Ein Armring (Fig. 49, 4),
zwei Armreifen (ein Stück in Fig. 47, 9), } im Speicher 1,
zwei Ohrringe (Fig. 47, 8),
ein lanzettförmiges Messer (Fig. 46, 1),
neun Pfeilspitzen, Typ C (Fig. 47, 3), } im Speicher 2,

sieben Pfeilspitzen, Typ D (Fig. 47, 4) (alle geschäftet),
fünf Pfeilspitzen, Typ B (Fig. 47, 2) (davon zwei geschäftet), } im Speicher 3,
sieben Pfeilspitzen, Typ C (Fig. 47, 3) (alle geschäftet),
zwei Pfeilspitzen, Typ C (Fig. 47, 3) im Steinkreis.

Diverse Objekte: Ein Köcher aus getrocknetem Fell (Fig. 50, 3) im Speicher 3.
Aufenthalte: Winter 1987 und Winter 1989/90.

2. DIE WÜSTUNGEN (RESTES DE VILLAGES)

Die alten Siedlungsplätze und Quartiere, in die heute schon der wilde Busch hineinwächst, zeigen noch deutliche Spuren ihrer einstigen Nutzung. Ihr Vorkommen konzentriert sich in der Nähe von Kawara und Tinba, von wo drei Stationen in diesen Katalog aufgenommen wurden.

2.1 Alt-Kawara I

Koordinaten: 10°38'10" N – 5°13'35" W

Lage: Die Wüstung liegt hoch oben im östlichen Abschnitt jener Felserhebung, in der sich auch die Speichergrotte A befindet. Ihr Ausmaß beträgt, gemessen an den baulichen Überresten, ca. 70 x 16 m und reicht an der zur Straße Sindu–Baguéra liegenden Südseite fast bis zum Steilabfall. Am westlichen Siedlungsrand (in Richtung Speichergrotte A) befinden sich kleine Wassertümpel, davor liegt der Opferplatz *(luipele)* von Kawara.

Die Wüstung gehört zum alten Wohngebiet der Kulibali.

Inventar:

Architektur: Die baulichen Konstruktionen beschränken sich nur mehr auf etwa ein Dutzend kleiner Steinringe, die den Boden in unregelmäßiger Anordnung bedecken. Nach den noch vorhandenen Fragmenten zu urteilen, dürfte ihre Ausbreitung einst mindestens doppelt so groß gewesen sein. Leider lassen die oft nur mehr in Bruchstücken erhalten gebliebenen Ringe keine genaue Ermittlung ihrer Zahl zu. Die nicht zerstörten Ringe weisen einen äußeren Durchmesser von 2,30 bis 2,70 m auf, sie besitzen eine kleine Öffnung, deren Orientierung keine einheitliche Richtung zeigt.

Lithisches Material[30]:
Ein Nukleus, Typ a,
vier Absplisse,
zwei retuschierte Abschläge,
drei Abschlagkratzer (+ ein Stück in Fig. 29, 6),
+ ein Seitenkratzer mit geraden Seiten und groben Retuschen,
zwei geometrische Werkzeuge: Typ 1, a, C (+ Fig. 30, 3) und Typ 3, a, A,
zwei Schlagsteine,
zwei Reibsteine: ein Stück Typ c, einflächig,
ein Stück Typ c, dreiflächig,

ein Fragment eines Reibers (Fig. 31, 7),
eine Reibplatte, Typ a,
eine Reibschale, Typ b, rektangulär.

Keramik: Die Zahl der Scherben ist groß, und ihr Vorkommen beschränkt sich nicht allein auf die Wüstung. Auch peripher bedecken sie – mitunter flächenhaft – den felsigen oder mit dichtem Busch bewachsenen Boden und kommen selbst in den kleinen, nahe der Wüstung liegenden Felsnischen und Aushöhlungen vor; (drei Stück in Fig. 42, 1–3).

Metallobjekt: Eine Tülle (Fig. 47, 6).

Aufenthalte: Sommer 1983, Winter 1987/88 und Winter 1991/92.

2.2 Alt-Kawara II

Koordinaten: 10°38'20" N – 5°12'45" bis 5°13'30" W

Lage: Die weitläufige Wüstung erstreckt sich, grob gesprochen, nördlich der heutigen Streusiedlung und gehört dem alten Siedlungsgebiet der Kone, Watara und Kulibali (von Ost nach West) von Kawara an. Als Ausgangsort und Orientierungshilfe wurde wieder das Chef-Gehöft gewählt, von wo es nur knapp 300 m bis zum ersten felsigen Stufenrand und damit zum alten Quartier der Watara sind. Entlang der steinigen Erhebung befinden sich kleine Abris mit Versturzfelsen und Klemmblöcken, die den Bogenschützen bei feindlichen Überfällen ausreichend Schutz boten und zur Verteidigung ihrer Siedlung dienten. Schmale Fußpfade verbinden die Quartiere oder führen zu den umliegenden Dörfern: So führt vom Quartier der Watara ein Pfad durch den Siedlungsabschnitt der Kone nordwärts zu dem der Sanogo und weiter nach Sindukoroni, einer ostwärts nach Sindu, einer südostwärts durch das Quartier der Traore nach Konadugu, einer südwestwärts nach Bledugu und einer westwärts durch das Quartier der Kulibali nach Tinba, um bloß die wichtigsten zu nennen.

Mit der Umsiedelung von Kawara in die Ebene und damit an die Straße Sindu–Baguéra wurde Ende der sechziger Jahre begonnen, heute ist der alte Ort vollkommen verlassen.

Inventar:

Architektur: Von den baulichen Konstruktionen sind nur mehr wenige Steinringe übrig geblieben, und auch sie wurden in den letzten Jahren zerstört oder, wie im Quartier der Watara und Kone, meist zu Klaubsteinhaufen am Rande neuer Felder aufgeworfen. Die Ringe gehören dem gleichen Typus wie jene in Alt-Kawara I und Alt-Tinba an; ihr äußerer Durchmesser liegt zwischen 2,50 und 3 m.

Im westlichen und nördlichen Abschnitt der Wüstung liegen einige runde, in den Boden seicht eingelassene und seitlich mit unbehauenen Steinen befestigte Vertiefungen. Ihr Durchmesser beträgt 10 bis 12 m, die Dicke der Mauer etwa einen Meter. Sie besitzen eine Öffnung von je 0,80 bis 0,95 m Breite, die bei den noch erhalten gebliebenen Konstruktionen nach Norden beziehungsweise Nordosten orientiert sind.

An der südwestlichen Peripherie des Kulibali-Viertels steht der Rest einer niederen, etwa einen Meter starken Mauer aus unbehauenen Natursteinen mit Spuren von Lehmmörtelbewurf.

Lithisches Material[31]:
+ Ein Chopper (Fig. 30, 6)[32],
fünf Nuklei: drei Stück Typ a, ein Stück Typ b und ein Stück Typ c,
vierzehn Absplisse,
sieben retuschierte Abschläge (+ zwei Stück in Fig. 29, 3 und 4),
zwei Abschlagkratzer (+ ein Stück in Fig. 29, 7),
+ ein Seitenkratzer mit leicht konvexen Seiten und feinen Randretuschen,
+ ein Rundkratzer (Fig. 29, 9),
+ ein kombinierter Seiten- und Endkratzer,
+ ein Klingenkratzer (Fig. 29, 11),
vier geometrische Werkzeuge: Typ 1, a, A (+ Fig. 30, 2), 1, b, A (Fig. 30, 5), 2, c, B und 3, d, A (Fig. 30, 4),
+ eine Klinge (Fig. 29, 13),
+ eine Spitze (Fig. 29, 14),
+ ein Walzenbeil,
vier Schlagsteine,
vier Reibsteine: ein Stück Typ a (Fig. 31, 4),
zwei Stück Typ b,
ein Stück Typ c, doppelflächig,
eine Reibplatte, Typ a (Fig. 31, 3),
drei Reibschalen: ein Stück länglichoval,
ein Stück rund (Fig. 31, 2),
ein Stück mit eingepickten Punkten am Rand der Eintiefung, } Typ b,
ein Steinring (Fragment) (Fig. 31, 8).

Es ist eine merkwürdige Tatsache, daß die Fundstellen von vielen der aufgelisteten steinernen Werkzeug- und Gerätetypen bei den ehemaligen Behausungen der Schmiede liegen. Es erhebt sich damit die Frage, warum die – für den gesamten Untersuchungsraum oftmals einzigartigen! – Artefakte nicht mitgenommen wurden. Die von mir befragten Schmiede im Wohngebiet der südlichen Natioro, denen ich die Objekte vorlegte, konnten (oder wollten) darüber keine Erklärung geben. Auch die Bewohner von Kawara vermochten keine aufschlußreichen Angaben zu liefern.

Keramik: Ein Sakralgefäß in einer kleinen Grotte am Fuß der Felserhebung (Abb. 11),
eine hohe Zahl von Scherben mit Kerbdekoration im Gesamtraum der Wüstung (drei Stück in Fig. 42, 4–6).

Metallobjekte: Ein Messer mit sekundär bearbeitetem Rücken (Fig. 46, 3),
eine Pfeilspitze, Typ C (Fig. 47, 3),
ein Blechstück, durchlocht (Fig. 47, 12).

Näpfchen und Schalen: Auf zahlreichen horizontalen Felsflächen und -blöcken befinden sich napfartige Vertiefungen und kleine länglichovale Schalen. Sie kommen auch in den kleinen Unterständen am Fuß der Falaise vor, wo sie manchmal mit Rillen verbunden sind.

Aufenthalte: Winter 1987/88, Winter 1989/90 und Winter 1991/92.

2.3 Alt-Tinba

Koordinaten: 10°38'50" N – 5°14'28" W

Lage: Das in diesem Katalog aufgenommene Quartier von Alt-Tinba[33] befindet sich im nordwestlichen Abschnitt des Fundareals A auf der Höhe eines langgestreckten, von Nord nach Süd verlaufenden Plateaus mit einem in Richtung zum Wasserlauf Kô liegenden Steilabfall. Das Gelände ist durch grobe Felsblöcke zerschnitten, was die Orientierung und damit den Zugang für einen Fremden trotz eines schmalen, doch oft unterbrochenen Pfades erschwert. Die Fundstelle liegt gut geschützt zwischen mehreren hohen verwitterten Sandsteinwänden eingebettet und weist eine flächenhafte Ausdehnung von ca. 70 x 20 beziehungsweise 35 m auf (Fig. 15).

Inventar:

Architektur: Wie in Alt-Kawara I und II bestehen auch hier die baulichen Überreste vorwiegend aus Steinringen. Sie liegen einzeln oder in unregelmäßiger Anordnung von kleinen Gruppen nahe bei den senkrecht aufsteigenden Felswänden. Ihr Außendurchmesser variiert von 2,40 bis 3,10 m, ihre jeweilige Öffnung ist fast immer von der Felswand abgewendet und läßt keine einheitliche, in manchen Fällen aber eine zueinander ausgerichtete Orientierung erkennen. Im südlichen Abschnitt der Fundstelle liegt ein mit Steinen ausgelegter und nach Osten (110°) ausgerichteter Halbkreis (B in Fig. 15).

Der nordöstliche Zugang wird fast gänzlich von einer 13 m langen und etwa einen Meter hohen und einen Meter breiten steinernen Mauer versperrt. Die Steine sind unbehauen und zum Teil sehr groß. Drei weitere bis zu 20 m lange Mauern gleicher Konstruktion mit einigen in ihrer Nähe liegenden Steinringen befinden sich nicht weit vom Steilabfall entfernt.

Grabung: Um den größten Steinring (A in Fig. 15) wurde ein Grabungsfeld von 3,50 x 3,60 m gelegt. Wie im Artefaktabri wurde auch hier der Boden in Stufen von 10 cm abgetragen, aber schon bei 29 cm Tiefe der natürliche Sandsteinfels erreicht (Fig. 17). Die Grabungsschicht besteht durchgehend aus leicht verfestigtem Mittelsand mit einzelnen kleinen Sandsteingeröllen. In 7, 12 und 26 cm Tiefe fand sich je eine Topfscherbe, im Top eine eiserne Pfeilspitze.

Lithisches Material:
Zwei Nuklei, Typ a und b, pyramidal,
fünfzehn Absplisse,
fünf retuschierte Abschläge,
drei Abschlagkratzer,
ein Endkratzer mit schräg geformten Arbeitskanten,
ein geometrisches Werkzeug, Typ 2, a, A (Fig. 30, 1),
ein Flachbeil (Fig. 30, 7),

sieben Schlagsteine,
vier Reibsteine: zwei Stück Typ c, einflächig,
zwei Stück Typ c, doppelflächig (Fig. 31, 6),
ein Stößelstein, Typ b (Fig. 31, 5),
drei Reibschalen: zwei Stück Typ b, länglichoval (Fig. 31, 1),
ein Stück Typ c.

Keramik, Oberflächenfunde: Über sechs Dutzend, vorwiegend verzierte Scherben in der Nähe der Steinringe (drei Stück in Fig. 42, 7–9),
ein pilzförmiges Töpferwerkzeug (Stößel) beim Stein-Halbkreis (Fig. 18);
im Grabungsfeld, Steinkreis A: Drei verzierte Scherben: ein Stück in Schicht A (Fig. 42, 10), ein Stück in Schicht B und ein Stück in Schicht C (Fig. 19), TL-Analyse (B 104): maximal 130±20 Jahre (1860 n. Chr.).

Metallobjekte: Eine Pfeilspitze, Typ A (Fig. 47, 1),
eine Nadel (Pfriem) (Fig. 47, 7).

Näpfchen: Sie befinden sich in ungeordneter Verteilung auf drei horizontalen Felsflächen und auf einer 102 x 45 cm großen, in der Nähe von Steinring A auf den Boden liegenden Steinplatte (Steinsitz? Vgl. Fig. 121) (Fig. 16).

Aufenthalte: Winter 1987/88 und Winter 1989/90.

*

Das Auftreten der stark unterschiedlichen Steingeräte (die auf eine große Vertrautheit mit diversen Arbeitstechniken schließen lassen), der Tonscherben, Reibschalen und Läufersteine sowie die Konzentration der Steinringe lassen als ihre Hersteller, Erbauer beziehungsweise Benützer eine multifunktionale Gemeinschaft mit geschlechtlicher Arbeitsaufteilung annehmen. Die Existenzsicherung wie auch die Sicherstellung einer gewissen wirtschaftlichen Unabhängigkeit fordern (noch heute) von den Männern die Tätigkeiten, welche Macht- und Produktionsmittel schaffen und von den Frauen diejenigen, welche sich auf die Familie, den Haushalt und die Nahrungsmittelverarbeitung beziehen. In beiden Fällen handelt es sich um Aktivitäten, die auf einer intensiven Nutzung der natürlichen Ressourcen und der ökologischen Gegebenheiten ihrer Umwelt basieren.

Die Quantität und die Qualität des vorliegenden Fundmaterials läßt auf eine weitgehend subsistenz-orientierte Gesellschaft schließen, die in den Falaise-Abschnitten einen besseren Schutz vor kriegerischen Bedrohungen fand und durch wirtschaftliche Notwendigkeiten gezwungen war, eine verstreute Siedlungsweise einzunehmen. Seitdem es permanente Kriegsgefahren nicht mehr gibt, braucht dem Überleben, dem Schutz der Vorräte und des Kulturgutes nicht die gleiche Vorsicht zukommen wie noch vor etwa 70 Jahren. Dies zeigt sich auch deutlich darin, daß heute die Speicher vorwiegend außerhalb der Gehöfte errichtet werden (s. in Fig. 14) und die Grottenspeicher weitestgehend ihre Funktion als gut geschützte und versteckte Aufbewahrungsböden verloren haben.

3. DAS FUNDINVENTAR

3.1 Die Architektur

Die in sich geschlossenen Bauelemente bestehen im Fundareal A vorwiegend aus Stein, Lehm oder einem Mischmauerwerk von Stein und Lehmmörtel. In den Wüstungen tritt als häufigste Konstruktion die einfache Ringform auf, die mit unterschiedlich großen, unbehauenen Steinen gesäumt ist. Ihr äußerer Durchmesser variiert von 2,30 bis knapp über 3 m. Jeder Ring besitzt eine kleine Öffnung, die unter 0,80 m liegt; alle größeren Abmessungen sind erst später durch das Entfernen der Torsteine oder Zerstörung entstanden. Das Verteilungsmuster der Anlagen und ihre Konzentration in den alten Quartieren (z. B. in Alt-Tinba, Fig. 15) lassen in ihnen Bestandteile von Wohnstrukturen vermuten. Zu dieser Annahme passen gut ihr mehr oder weniger regelmäßig angeordneter Zwischenraum und die divergente, oft zueinander gerichtete Orientierung ihrer Öffnungen.

Ganz anders sind die wenigen großen Ringanlagen in Kawara II gestaltet (s. Abschnitt 2.2, *Architektur*). Ursprünglich trug jeder dieser Bauten auf der im Kreis angeordneten Lage von Steinen eine niedere Lehmmauer. Sie ist heute nicht mehr vorhanden. Wie eine wesensgleiche, noch in Verwendung stehende Konstruktion bei den benachbarten und mit den Natioro verwandten Wara in Negeni erkennen läßt, handelt es sich hiebei um vertiefte Viehkrale. Ähnliche Bauten gleicher Gebrauchsart sind von mehreren altertümlichen Bevölkerungsgruppen Westafrikas bekannt (z. B. von den Basari [Tobote] in Nordtogo), die jedoch anstelle der Lehmmauer zahlreiche Dornenäste aufschichten. Möglicherweise wurden auch die niedrigen Steinmauern in Alt-Tinba, die wohl vormals als Befestigungen dienten, durch Dornenhecken ergänzt. Mit steinernen, mitunter recht niederen Umfassungsmauern wurden in den letztvergangenen Jahrhunderten zahlreiche Dörfer und Quartiere umgeben. Solche befestigte Anlagen, die vielleicht zur Zeit des europäischen Mittelalters erbaut wurden, sich aber bis in das Sahara-Neolithikum zurückverfolgen lassen (z. B. auf dem Bergrücken Tichit-Walata in Mauretanien), konnte ich unter anderem um Aribinda (Region Sum, Burkina Faso), in vielen Orten im Siedlungsgebiet der Songhay, bei den Dogon in der Falaise de Bandiagara, auf der Kuppe des Guraoberges beim Debosee, in Bankor beim Fagibinsee, in Tondidaru, Nioro, auf den Felsen um Kita, in den Homboribergen (alle in Mali), in den gebirgigen Teilen von Nordtogo, Nordbenin und andernorts feststellen. Sie alle weisen auf eine Bautradition hin, die sich auf die sahara-sudanische jungsteinzeitliche Tradition aufschichtet und sich im Westsudan bei einigen Ethnien bis in die jüngste Vergangenheit erhalten hat.[34]

Der Stein als Baumaterial ist auf den felsigen Hügeln in reichster Weise vorhanden und läßt sich obendrein, bedingt durch Klimaeinflüsse, leicht absprengen. Seine Zweckbestimmung galt daher in Gebieten, wo Savanne und Wald den Boden bedecken und wo schon in einer frühen Siedlungsperiode vorwiegend mit pflanzlichen Werkstoffen und Lehm gebaut wurde, besonders der Befestigung von Wohneinheiten, um bei feindlichen Auseinandersetzungen Widerstand leisten zu können.

Der Lehm hingegen dient vor allem dem Wohnzweck. Der Lehmbau, sowohl in Form des Lehmmörtelbaues in der charakteristischen Schichtentechnik mit Mörtelbewurf als auch des (jüngeren und entwickelten) Lehmziegelbaues, gehört zu den weitestverbreiteten Bautechniken im Untersuchungsgebiet. Es scheint, daß sich im westlichen Sudan mit dem Lehmmörtelschichtenbau auch das runde Haus mit Flachdach und der Kuppelspeicher verbreitet haben, die beide vorwiegend bei Ethnien mit altnigritischen Kulturzügen auftreten.

Das Baumaterial einer heute nur mehr 1,60 m langen Mauer in der Grotte II besteht aus unbehauenen Steinen und Lehmmörtel. Wie noch vorhandene Spuren zeigen, gehört sie zu dem erhalten gebliebenen Teil einer runden Einfriedung von knapp 3 m Durchmesser, die einst den nordöstlichen Grottenabschnitt einnahm und laut Aussage meiner Informanten als Aufenthaltsort für Sklaven bestimmt war.

Die beiden alten Speicher (Fig. 9) und die Lehmwand in derselben Grotte weisen ein recht grobes und körniges Mörtelmaterial auf. Das Gemenge dürfte aus Laterit mit ausreichendem Tonanteil bestehen. Laterite haben die Eigenschaft, beim Wechsel der Luftfeuchtigkeit schwächer zu schrumpfen und zu expandieren als andere Bodenarten. Dies hängt mit ihren natürlichen Tonanteilen zusammen, die den unlösbaren Materialien ihren Zusammenhalt geben und die Zwischenräume füllen. Das beste Gemenge für Bauzwecke soll etwa 20% Verhärtungssplitt enthalten.[35] Dem frischen Mörtel werden meist noch feingehacktes Stroh und Blätter, häufig auch Holzspäne und Viehdung sowie Termitenerde beigefügt. Anschließend wird das Gemisch mit den Füßen zu einem geschmeidigen Brei gemengt und dabei der im Härtungsprozeß wichtigen Humussäure die bestmögliche Verteilung geboten. Die organischen Stoffe führen durch die Wirksamkeit der darin enthaltenen Mikroorganismen zu guter Aushärtung des Lehmmörtels und begünstigen somit die Stabilisierung des Mörtelgemenges.

Der Speicher 1 der Grotte II besitzt eine leicht kegelige Form und einen annähernd runden Grundriß, seine Höhe beträgt 1,60 m, sein innerer Bodendurchmesser 1,10 m. Die Außenwand ziert ein breites eingraviertes Fischgrätenband – ein Relikt des traditionellen Wandschmucks vieler altertümlicher Bevölkerungsgruppen Westafrikas.

Der Speicher 2 hat eine Zylinderform, seine Höhe mißt 1,05 m, sein innerer Bodendurchmesser 0,90 m.

Beide Bauten sind im mittleren Abschnitt durch jeweils eine ovale Öffnung zugänglich, Kompartimente fehlen. Bei Speicher 1 befinden sich oberhalb seiner Öffnung weiße Spuren geopferten, in Wasser gelösten Mehls. Eine ca. 14 cm dicke, bis zur Felsdecke reichende Lehmmauer verbindet die beiden Bauten und setzt sich von Speicher 1 in Richtung Steilabfall fort, so daß sie den südlichen Grottenzugang versperrt (heute schon teilweise verfallen).

Zu einem ganz anderen Typus gehören die Speicher in Grotte IV. Sie stehen an die rückwärtige Felswand gelehnt und füllen die ganze Höhe der Felsspalte. Ihr Fundament bildet der felsige Grottenboden, der vordere Bodenteil von Speicher 3 sitzt auf einer niedrigen Steintreppe. Alle drei Bauten verfügen über einen annähernd runden Grundriß und einen zylindrischen Aufbau, der bei Speicher 3 leicht kegelig zur Grottendecke verläuft. Das Baumaterial besteht aus einem Lehmmörtelgemisch und bei Speicher 3 noch zusätzlich aus einigen unregelmäßigen und unbehauenen Natursteinen, die besonders im unteren Bereich eingelassen sind, um die Festigkeit der Wand zu erhöhen.[36] Zugänglich sind die Bauten durch jeweils eine im oberen Abschnitt angebrachte rechteckigovale Öffnung, die entweder mit einem (mit Lehm abgedichteten) Holzdeckel oder von mit Lehm zusammengehaltenen Steinen verschlossen waren; Kombartimente fehlen bei allen drei Bauten. Da sie von keinem Regen erreicht werden können und kaum einer Verwitterung ausgesetzt sind, dürfte ihr Alter, wie jenes der Bauten in Grotte II, aller Wahrscheinlichkeit nach recht groß sein.

Die Bauten in der Grotte IV erinnern sehr an analoge Konstruktionen in den Homboribergen, wie z. B. an jene in den Falaise-Schluchten bei Walam, von denen ich 1990 mehrere besuchen konnte. Einige sind bereits stark brüchig und zerfallen, andere hingegen, deren Besuch einem Fremden normalerweise verboten ist, befinden sich noch in einem recht guten Zustand und werden als Aufbewahrungsorte für alte Gefäßkeramiken verwendet.[37] Der (nur heutige?) Bestimmungszweck der Grottenspeicher zur Aufbewahrung von Wertgegenständen sowohl profanen als auch sakralen Charakters scheint offensichtlich zu sein.

Nicht unerwähnt soll der bauliche Überrest im östlichen Abschnitt der Grotte I bleiben, der aus einem bis zu 11 cm hohen und 7 bis 9 cm breiten, wulstigen Viereck aus Lehm mit Innenteilung besteht (Fig. 23).

3.2 Das lithische Material

Im Areal A kommt ein aus verschiedenen Werkzeug- und Gerätetypen bestehendes lithisches Material in allen sieben Fundlokalitäten vor. Sein Verbreitungsschema ist nicht einheitlich, was vor allem an den strukturell unterschiedlichen Anlagen (Grotten oder Wüstungen), deren flächenhafter Ausdehnung und natürlicher Bodenbildung (gewachsener Fels, Erde oder Sand), an der kulturellen Gegebenheit (Lagerstätte oder Siedlungsplatz) und der Intensität ihrer archäologischen Erkundung (Oberflächenuntersuchung oder/und Testgrabung) liegt.

Aus der jeweiligen Gesamtzahl der in den vier Grotten und drei Wüstungen geborgenen steinernen Objekte, die sich aus einem Kerngerät, mehreren Nuklei, Absplissen, nicht einwandfrei klassifizierbaren Abschlägen, Kratzern, geometrischen Werkzeugen, Querschneidern, Klingen, Spitzen, Beilen, Schlagsteinen, Reib- und Stößelsteinen, Reibschalen und Reibplatten, Steinringen und einem Rillenstein zusammensetzen, ergibt sich die ungleiche Proportion von 2 : 1 zugunsten der Wüstungen.

Typologische Übersicht der Fundobjekte[38]:

Kerngerät:
Der einzige aus dem Areal A nachweisliche Chopper ist ein Oberflächenfund aus einer Grotte bei Alt-Kawara II. Er ist etwa zu einem Viertel bearbeitet und besitzt halbrunde Arbeitskanten (Fig. 30, 6).

Nuklei und Absplisse:
Die Sammlung lithischen Materials enthält einen hohen Anteil an Abfallstücken, besonders an Nuklei und Absplissen, die vor allem in den Wüstungen als Oberflächenfunde vorkommen. Die vorhandenen zwölf Kernsteine gliedern sich, geordnet nach der Häufigkeit ihres Vorkommens und ihrer Größe, in drei Formengruppen:
a) in die unregelmäßige (sieben Stück),
b) in die polyedrische (vier Stück, davon eines leicht pyramidal) und
c) in die diskoide (ein Stück).

Ihre Maße sind allgemein klein. Die unregelmäßigen Kernsteine sind die größten (bis zu 100 mm) und besitzen eine vielfältige rechtwinkelige, viereckige und primatische Formgebung, die erhebliche Maßdifferenzen aufweisen. Die vier Polyeder sind sowie die eine Scheibenform rundgestaltig, letztere mit starkem peripherem Abschlag und leicht abgesplißter Oberkante. Zwei Nuklei zeigen grobe Abnutzungsspuren an den Rändern, was darauf hindeuten könnte, daß sie nicht nur übriggebliebene Reste bei der Geräteherstellung sind, sondern in dieser Form einen eigenen Gebrauchswert besitzen. Im übrigen wurden die Abschläge in direkter Schlagtechnik von den Kernsteinen gewonnen und besitzen meist breite, unfacettierte Flächen im Winkel von 90° zum Abschlagkörper.

Splitter:
Einwandfrei erkennbare Splitter konnten nur im Grabungsfeld der Grotte III festgestellt werden. Ihre größte Streuung konzentrierte sich im nordwestlichen Abschnitt der Grabung bei –40 cm (Schicht B), das Gesteinsmaterial ist vorwiegend Quarz.

Retuschierte Geräte:
Sie sind in nahezu allen Fundstationen in unterschiedlicher Ausformung und Qualität erhalten, die in einigen Fällen ihre jeweilige Funktion nicht immer eindeutig bestimmen lassen. Für ihre Herstellung dürften verschiedenartige Perkuteure verantwortlich gewesen sein: Nach einer gröberen, vorbereitenden Phase ungefährer Formgebung wurden offenbar leichtere Retuschiergeräte (Presseure) eingesetzt, deren unterschiedliche Ausführung durch den Charakter ihres Verwendungszweckes bestimmt wird. So besitzen einige Abschläge die typischen vertikalparallelen beziehungsweise semiparallelen Retuschen von Endkratzern, andere, die offensichtlich gerade Seitenflächen besaßen, wurden durch Retuschen in konvexe Seitenschaber mit grob gezahnten Rändern umgearbeitet; vertreten sind auch bifazial retuschierte Abschläge mit dünn gezahnten Rändern.

Kratzer:
Das Inventar an einwandfrei erkennbaren Kratzern ist nicht groß und gliedert sich typologisch in:

a) Seitenkratzer (drei Stück): Sie besitzen entweder gerade oder leicht konvexe Seiten mit vorwiegend groben Retuschen; ein Exemplar zeigt feine Randretuschen, die beitragen, die konvexe Seite des Kratzers zu betonen.
b) Endkratzer (zwei Stück): Ein Objekt besitzt schräg, das andere konvex geformte, dicke Kratzerkappen; beide tragen steile Retuschen, die sich am Rand leicht verzahnen.
c) Kombinierter Seiten- und Endkratzer (ein Stück): Er zeigt sehr dichte Retuschen an den Arbeitskanten, die im Zentrum parallel zur Vertikalen verlaufen.
d) Rundkratzer (ein Stück): Er ist plankonvex geformt und weist fast den gesamten Umfang bedeckende steile Retuschen auf (Fig. 29, 9).
e) Klingenkratzer (zwei Stück): Sie repräsentieren den entwickeltsten Typ dieser Spezies; ein Exemplar besitzt eine konvergente halbrunde Kratzerkappe (Fig. 29, 11).

Geometrische Werkzeuge:
Gemessen nach der Quantität folgen nach den Abschlagkratzern und korrekt erkennbaren Kratzern die geometrischen Werkzeuge. Es ist schwierig, diese Spezies von Steingeräten, die funktional vorwiegend im Bereich schneidender oder sägender Tätigkeit eingeordnet werden, von morphologisch ähnlichen Geräteelementen zu trennen. Dies liegt unter anderem daran, daß es sehr viele fein nuancierte formale Variationen gibt. Ihr verhältnismäßig hoher Fundanteil belegt zweifelsfrei, daß sie sich nahezu überall großer Beliebtheit erfreuten, die in erster Linie an ihrer relativ einfachen Herstellbarkeit und ihrer vielgestaltigen Verwendbarkeit lag.

Zur Erstellung einer Typologie wurden folgende, ihnen im Fundareal A und B zu eigen liegenden Stilmerkmale heranzogen:

- die Gesamtform: Segment (1), am Scheitel abgerundetes Trapez (2), Trapez (3), Dreieck (4);
- die Differenzierung der Retuschen: durchgehend unifazial retuschiert (a), durchgehend und teilweise bifazial retuschiert (b), durchgehend bifazial retuschiert (c), durchgehend unifazial mit proximaler Ausnahme retuschiert (d);
- das Charakteristikum der Schneide: konvex (A), konkav (B), sinuös (C).

Die Tabelle in Fig. 36 zeigt das Ergebnis dieser Untersuchung, wobei eindeutig die Häufigkeit bei den durchgehend unifazial retuschierten, konvex geformten Segmenten liegt.

Querschneider (drei Stück, davon ein Exemplar in Fig. 29, 15?).

Klingen (drei Stück):
Ein Objekt ist durchgehend dextrolateral und terminal retuschiert (Fig. 29, 12), die beiden anderen Stücke besitzen bilaterale Seitenretuschen (ein Exemplar in Fig. 29, 13 gleicht einer Spitze).

Spitze (ein Stück):
Bilateral steil retuschiert mit terminaler Spitze, ventral bilateral (Fig. 29, 14).

Beile:
Sie gliedern sich in ein Flachbeil und in ein Walzenbeil. Ihre Klassifikation erfolgt nach H. Hubert, 1925 (s. Abschnitt II).
Flachbeil: L 64; IL 12, 8; IT 4, 5; H 1, 1; T a, d; R c; B c, c; B_1 c, p; d; O v; C x; S l; P m, p, b; A p; feinkörniger Sandstein (Fig. 30, 7).
Walzenbeil: L 64; IL 17, 1; IT 8, 2; H 6, 3; T a, d; R a; B a, p; B_1 a, p; a; O e mit sekundären Schlagspuren; C x; S e; P s, p, b; A p; Sandstein.

Die Maße und Indizes der zwei Beile sind in der graphischen Disposition von Fig. 37 enthalten.

Bei den bisher angeführten Artefaktgruppen ist das am häufigsten verwendete Material der lokal vorhandene Sandstein, gefolgt von dem als kieseliger Einschuß in den Sandsteinformationen auftretenden Quarz. Relativ selten sind Steingeräte aus Granit, Schiefer und Silex (s. Histogramm in Fig. 34).

Schlagsteine:
Die Schlagsteine bilden eine zahlenmäßig häufig vorkommende Artefaktgruppe, die in allen Fundstationen auftritt. Sie besitzen eine unterschiedliche Formgebung, wobei die ovale und sphäroide Objektform am häufigsten vertreten ist. Meist weisen beide Enden, manchmal auch die Seiten, starke Nutzungsspuren auf, und ihre Flächen sind partiell bearbeitet, offensichtlich, um eine bessere Griffigkeit zu erreichen. Weniger oft kommen quadranguläre und rektanguläre Schlagsteine vor, die, nach den Spuren ihrer Abnützung zu schließen, ihre Existenz als unregelmäßig geformte Kernstücke begannen und später als „Mörserkeulen" ihre Verwendung fanden. Mit nur einem Exemplar ist die halbovale Form vertreten, deren distale Enden infolge schwerer Schläge gerundet sind und grobe Abschlagspuren aufweisen.

Mit ihren Maßen von 62 bis 111 cm Länge können die Schlagsteine in die Kategorie der großen Steingeräte im Fundareal A gereiht werden. Das Material ist ausschließlich feinkörniger Sandstein.

Reib- und Stößelsteine:
Einer noch höheren Größenklasse als die Schlagsteine gehört die Gruppe der Reib- und Stößelsteine an, die vor allem in den alten Siedlungsplätzen häufig als Fundobjekte auftreten. Ihre vom jeweiligen Verwendungszweck bestimmte Formen gliedern sich in vier Gruppen:

a) die flachovale Form (ein Stück). Sie besitzt einen länglichen, fast zylindrischen Querschnitt und zwei extensive planparallele Arbeitsflächen, die sich an ihren Rändern rundbogig vereinen. Die Länge eines Objektes von über 20 cm läßt zu seinem Gebrauch beide Hände zu, die es zwischen Fingerspitzen und Handballen auf einem planen Unterstein führen (Fig. 31, 4);
b) die zylindrischrunde Form (drei Stück). Sie ist mit zwei Arten vertreten: Die eine wird durch einen runden Querschnitt, gerundete Ecken, aber gerade bifaziale Seiten mit Gebrauchsspuren charakterisiert; ihr Verwendungszweck ist eindeutig der eines Reibers. Die andere (Fig. 31, 5) besitzt gleichfalls einen runden Querschnitt, doch befinden sich hier die Gebrauchsspuren in verstärktem Ausmaß an den gerundeten Polen. Dies deutet darauf hin, daß dieses Objekt nicht nur zum Reiben, sondern auch zum schlagenden Zerkleinern von Substanzen benutzt wurde;
c) die rundovale Form (acht Stück). In dieser Gruppe besteht eine große Artenvielfalt. Ihr Querschnitt ist meist rund oder eiförmig, vier Objekte sind einflächig, drei sind doppelflächig (davon ein Stück in Fig. 31, 6), und ein Instrument zeigt eine stark plankonvexe Formgebung mit drei Flächen. Die Arbeitsflächen sind gut geglättet und weisen diese Geräte als Reiber aus;
d) die rektanguläre Form. Sie ist mit nur einem Exemplar vertreten, das einen rundovalen Querschnitt besitzt und den einzigen Stößelreiber im Fundgebiet A repräsentiert (Fig. 13).

Ein formal seltenes Objekt ist der in Fig. 31, 7 gezeigte, nur mehr aus einem Fragment bestehende Reiber.[39] Sein Griffteil besitzt einen runden Querschnitt und verläuft sehr harmonisch in die Reibkugel über, die keine Abnützungsspur aufweist. Die Befragung der Alten in den Dörfern Kawara und Tinba führte zu keinem Ergebnis über seine Verwendung.

Sämtliche Geräte dieser Spezies sind aus dem lokalen Sandstein gefertigt und zeigen gegenüber den Schlagsteinen eine sehr ausgeprägte Formgebung.

Reibplatten und Reibschalen (Handmühlen):
Sie sind zahlenmäßig kaum weniger häufig als die Reib- und Stößelsteine vertreten, mit denen sie eine funktionelle Einheit bilden. Ihre Formgebung ist uneinheitlich, und die vorwiegend von Reib- und Mahlspuren geprägten Arbeitsflächen lassen grundsätzlich drei unterschiedliche Ausführungen erkennen:

a) die flache Form (zwei Stück). Sie besteht jeweils aus einer länglichovalen, vier bis sieben Zentimeter starken Steinplatte mit einer ebenen, völlig glattgeschliffenen Arbeitsfläche (Fig. 31, 3),[40] die sich in Verbindung mit dem flachovalen Läuferstein in Fig. 31, 4 bestens für die Zerkleinerung von (Hirse-)Körnern zu Mehl eignet. Beide Reibplatten bestehen aus Sandstein;
b) die flach-eingetiefte Form (sieben Stück). Hier herrscht eine Vielzahl von länglichovalen (Fig. 31, 1), runden (Fig. 31, 2) und rektangulären Objekten mit seichten länglichrunden oder flachen zylindrischen Vertiefungen als Arbeitsflächen vor. Einige der Platten und Schalen dürften in ihrem natürlichen Zustand ebene Flächen besessen haben, die infolge des

Gebrauchs allmählich zu leicht konkaven Depressionen ausgeschliffen wurden; das Material ist Sandstein. Eine Variante bilden die aus Granit bestehenden Reibschalen, die meist größer sind und etwas tiefere Einsenkungen besitzen als die aus Sandstein gefertigten Exemplare (Fig. 13). Eine Schale weist am Rande der Eintiefung mehrere kleine eingepickte Punkte auf.

Ihr Verwendungszweck galt wohl neben dem Zerkleinern von Körnern besonders auch dem Pulverisieren von Naturfarben und dem Zerquetschen von Blättern, Stengeln und Wurzeln. Nach der Beschaffenheit ihrer Oberfläche zu urteilen, haben dort vorwiegend bipolare Reibbewegungen stattgefunden, mit Ausnahme der runden Reibschale, die nur rotierende zuläßt;

c) die stark-eingetiefte Form (ein Stück). Sie ist von gedrungener Gestalt und besitzt eine tiefe, ovale Einsenkung, die eher konzentrische Reibbewegungen zuläßt. Wie einige Schlagspuren am Muldenbogen zeigen, für die anscheinend stampfende Bewegungen eines Stößelreibers verantwortlich sind, dürfte dieses Gerät auch als Mörser verwendet worden sein, wobei es sich bei den zu pulverisierenden Substanzen nicht notwendigerweise ausschließlich um Vegetabilien, sondern auch um mineralische Färbestoffe gehandelt haben kann. Das Gesteinsmaterial ist Granit.[41]

Auch bei diesen Steingeräten, auf beziehungsweise in denen mittels reibender, stampfender oder quetschender Bewegungen wahrscheinlich überwiegend vegetabilische Nahrung aufbereitet wurde, zeigt sich ganz eindringlich, daß zwar bedeutende formale Divergenzen auftreten, aber klare funktionale Abgrenzungen nur erschwert oder kaum möglich sind. Auffallend ist der Standort jener eher massigen und schweren Reibschale aus Granit (Fig. 13), die kaum zum Transport geeignet scheint und höchstwahrscheinlich mit Seilen in die Speichergrotte B gehievt wurde. Es wäre aber mit Sicherheit zu kurz gegriffen, hieraus abzuleiten, daß die Benutzer ortsgebunden waren. Es ist durchaus angebracht, in diesem Fall an eine nur zeitweise Nutzung zu denken.

Rillenstein:

Das aus der Grotte IV stammende Gerät aus feinkörnigem Sandstein besitzt mehr oder weniger gut gerundete Kanten und zwei planparallele Flächen mit jeweils mehreren eingeschliffenen Rillen. Sie verlaufen geradlinig in unterschiedlichen Richtungen, manche überschneiden, ja überlagern einander und bilden so ein komplexes Netz. Ihr Querschnitt ist halbrund ähnlich einem U, ihr Durchmesser liegt zwischen 3 und 5 mm und die Rillentiefe zwischen 1,4 und 2 mm. Das Gerät ist einschließlich der Bruchstelle und der Rillen gleichmäßig dunkel patiniert (Fig. 30, 8).

Rillen- und Poliersteine sind durch ihre vielfache Gebrauchszwecke relativ häufige Fundobjekte. Sie wurden vor allem zum Glätten von Holz-, Horn- und Knochengeräten, zum Schleifen und Zurichten von Pfeilschäften, zur Oberflächengestaltung (Polierung) von verschiedenartigen lithischen Objekten (z. B. Lippenpflöcke)[42] und für die Rundung und Kalibrierung von spezifisch bestimmten Objekten (z. B. Perlen) aus unterschiedlichen Materialien verwendet. Man ist geneigt, je nach dem Rillenprofil (U oder V) den Verwendungszweck dieser Geräte zu ermitteln. Es scheint jedoch schwierig, eine strenge Teilung aufrechtzuerhalten. Die breite U-förmige Rille, in der Länge meist sehr glatt, scheint durch das Kalibrieren von Perlen (und Straußeneiplättchen), die schmale U-Form durch das Schärfen, Glätten und Polieren von Knochen- und Holzgeräten entstanden zu sein. Andererseits wissen wir nicht genau, welche Unterscheidungen zwischen Knochen- und Holzbearbeitung zu treffen sind. Wir haben aber den Beleg, daß auf einem mit schmalen U-förmigen Rillen versehenen Stein sowohl Schäfte für Knochenwerkzeuge als auch Spitzen aus hartem Holz poliert wurden.

Der V-förmige Rillenquerschnitt, wie er z. B. auf einigen Steinplatten im Fundareal C (Fig. 86–88, 95) und D aufscheint, dürfte vor allem auf das Hin- und Herziehen eiserner Pfeilspitzen zurückzuführen sein.

Steinringe:

Runde, scheibenförmige, mit einer bikonischen Lochung versehene Steine, wie das in Fig. 31, 9 gezeigte Objekt, sind aus weiten Gebieten Afrikas bekanntgeworden. Besonders aus der Äquatorzone[43] und dem südlichen Teil des Kontinents[44] liegen mehrere Fundberichte vor. In Hinblick auf unsere Kenntnisse über dieses Thema verdient das aus der Grotte IV, Speicher 2, vorliegende Gerät hervorgehoben zu werden, um so mehr, da es in einer Region gefunden wurde, wo diese Gegenstände relativ selten zu sein scheinen. Die charakteristische sanduhrförmige Lochung wurde erreicht, indem von beiden Seiten zu bohren begonnen wurde. Der Lochdurchmesser beträgt nur 9 mm, was gegenüber anderen analogen Stücken klein ist (vgl. Fig. 28, a).

Trotz der nicht geringen Auseinandersetzung mit diesen Steinringen[45] ist es in vielen Fällen nicht möglich, sie funktionell zweifelsfrei richtig zuzuordnen.[46] Es ist anzunehmen, daß einer ihrer ursprünglichen Verwendungszwecke der eines Keulenkopfes war, durch dessen Schaftloch ein Stiel gesteckt wurde, den man dann noch zum besseren Halt verkeilte. Damit würde sich auch der höhere Arbeitsaufwand einer ovalen beziehungsweise bikonischen Lochung befriedigend mit der Absicht erklären lassen, eine bessere Befestigungsstabilität zu erreichen. Der grundlegende Unterschied dieser Steinkopfkeule gegenüber vielen anderen in Afrika verbreiteten Keulen besteht darin, daß Schaft und Kopf getrennt werden können. Keulen müssen jedoch nicht notwendigerweise nur als Waffen verwendet werden. Vielmehr sind sie sicher auch als Schlagwerkzeuge gebraucht worden, wie die starken Abnützungsspuren einiger Stücke zeigen, die wohl vom Anprall gegen die Unterlage, dem Amboß, herrühren.

Die steinernen Keulenköpfe hängen aber auch eng mit jenen durchbohrten Steinen zusammen, die von einigen ackerbautreibenden Völkern Afrikas als Beschwersteine beziehungsweise Wuchtsteine für ihre Grabstöcke verwendet wurden. Der hölzerne Grabstock *(diggin stick)* war in weiten Teilen Afrikas zum Umgraben des Bodens, Ausheben der Knollenfrüchte und Herstellen der Saat- und Setzlöcher ein wichtiges Ackerbaugerät. Um den Stock schwerer zu machen und dadurch das Einstoßen in die Erde zu erleichtern, wurde ein durchbohrter Stein am oberen Ende beziehungsweise an der unteren Hälfte des Stockes aufgesteckt. Sollte die Hebelwirkung des Grabstockes intensiviert werden, wurde der Steinring an seinem Kopfende montiert. In Nordostafrika verwendeten die Galla und die Somal Grabstock-Beschwersteine noch vor wenigen Dezennien. Dieselben Steine, auf einen kürzeren Stiel gesteckt, dienten ihnen als Mörserstößel. In Südafrika wurden durchbohrte Steine als Grabstockbeschwerer von den Buschmännern benutzt, die sie *kwe* nennen. Ihre Verwendung dürfte weit zurückreichen und wird von zahlreichen Felsbildern bezeugt (Fig. 28, b–j; ob hier die in den Händen einiger Männer gezeigten Geräte Steinkopfkeulen sind, kann nur vermutet werden, da in diesem Gebiet die hölzerne Keule mit kugelförmigem Schlagende genauso in Gebrauch stand).

Heute verwenden oft die Fischer diese Steine, die sie irgendwo zufällig finden, als Netzsenker, und in Zaïre (Katanga) werden sie als magische Steine betrachtet, denen man unzählige Kräfte und Fähigkeiten zuschreibt. So muß in vielen Fällen die Frage offen bleiben, ob es sich bei den jeweiligen Stücken um Waffen, Werkzeuge, Hilfsmittel, Schmuck, prämonetäre Zahlungsmittel oder um Objekte rituellen und magischen Charakters gehandelt hat.

Ganz andersgestaltig ist das Fragment eines Steinringes aus Alt-Kawara II (Fig. 31, 8). Er besitzt eine leicht ovale Form, einen trapezoiden Querschnitt und weist einen Innendurchmesser von ca. 4,7 cm auf. Das Verhältnis seiner Breite zur Dicke beträgt 1,8 zu 1,3 cm, sein Rohmaterial ist Schiefer. Aufgrund seines Durchmessers und der absoluten Zahlen für Höhe und Dicke wäre seine Verwendung als Keulenkopf zu ungünstig und kann daher ausgeschlossen werden. Überhaupt scheint er, nach seinem Querschnitt zu urteilen, für eine Befestigung an Holzstäben nicht gut geeignet gewesen zu sein. Sein geringer Innendurchmesser klammert aber auch seine Bestimmung als Armring aus.[47] Auch der Vergleich mit rezentem ethnographischem Material und die Befragung der Alten führte in diesem Fall zu keinem Ergebnis über seine mögliche Verwendung. Nicht immer scheint eine funktionale Interpretation bei bestimmten Objekten zielführend zu sein, da sie verschiedentlich dem dekorativ-magischen Bereich angehören, wir sie daher nicht in ihrer originären semiotischen Potenz verstehen können und ihr Gebrauchswert uns folglich rätselhaft erscheinen muß. Aus diesem Grund wird es stets ein schwieriges Unterfangen bleiben, den Verwendungszweck der Steingeräte im einzelnen zu bestimmen und daraus die Lebensweise der damaligen Menschen und ihre Umweltbedingungen abzuleiten. Wohl aber lassen die speziellen Ausprägungen einiger Artefakte im Fundareal A auf eine gute Beherrschung des Materials schließen.

3.3 Die Keramik

Die Keramik gehört zu den wichtigsten – und archäologisch zu den empfindlichsten – Kulturindikatoren. Eine stilistische und chronologische Gliederung der vorhandenen Töpferware und deren Charakterisierung ist daher von grundlegender, ja aufgrund des rasanten Kulturwandels von dringlicher Bedeutung.[48] Im vorliegenden, die Fundareale A, B und C einschließenden Untersuchungsraum ist die Töpferei eine Domäne der Frau, im Siedlungsgebiet der südlichen Natioro (Fundareal A) die der weiblichen Jeli[49], die in einem gesonderten Viertel von Kawara leben. Ihr Sortiment an Gefäßkeramik entspricht den allgemeinen Anforderungen der Gemeinschaft und umfaßt Kochgefäße für Hirsebrei und Saucen, durchlochte Gar- und Räuchertöpfe, diverse Behälter und Schalen wie die schwierig herzustellenden großen Bier- und Wassergefäße.

Die Dekorformen der Jeli-Gefäßkeramik bestehen aus nur wenigen geometrischen Elementen, die aber vielfältige Kombinationsmöglichkeiten ergeben und durch unterschiedliche Verfahrensweisen zu zahlreichen Dekorvariationen erweitert werden können. Die meisten Töpferinnen besitzen ihren eigenen Dekorstil, den sie stets beibehalten und an ihre Töchter beziehungsweise Lehrlinge weitergeben, wodurch ein umfangreiches, aber festes Dekorinventar entsteht, anhand dessen sich die Tradition der Spezialisierung zurückverfolgen und die Herstellerin des Gefäßes identifizieren läßt. Die Dekoration erfolgt vor dem lederharten Trocknungsgrad des Gefäßes mit Hilfe einfacher Verzierungswerkzeuge, mit denen gezogen, gekratzt, gedrückt und abgerollt wird und damit nahezu alle bekannten Dekorformen aufgebracht werden können (Abb. 8).

Gebrannt werden die Gefäße außerhalb der Siedlung, wobei in der Regel die Frauen ihre Tonwaren häufig gemeinsam brennen und damit eine enge Form der Zusammenarbeit bilden. Der Vorteil des gemeinsamen Brennens liegt zum einen in der unterschiedlichen Brenndauer der einzelnen Gefäßtypen, zum anderen im Einsparen von Brennholz. Nach dem Brand folgt die Nachbehandlung der Gefäße (mögliche Oberflächenschäden werden ausgebessert), die Prüfung ihrer Klangschönheit und die Festlegung des Preises (er ist abhängig von Form und Farbe sowie von Klang und Dekor des Gefäßes). Eine gute Handwerkerin hat ihren festen Kundenstamm, für den sie arbeitet und der bestimmte Typen bei ihr in Auftrag gibt. Gewöhnlich aber erfolgt der Austausch der Tonwaren über die Märkte, die in den größeren Dörfern an wechselnden Tagen, meist im 5-Tages-Rhythmus (wie z. B. in Kawara) stattfinden, in den großen Orten jedoch auf bestimmte Tage festgelegt sind. Die Jeli-Töpferinnen decken den Bedarf an Gefäßkeramiken aber nicht nur bei den Natioro und umliegenden Bewohnern, sondern auch bei den Senufo und Wara auf dem Markt von Baguéra, 25 km westlich von Kawara.

Nicht von den Jeli gefertigt, sondern eine Eigenerzeugung der Natioro ist das kugelige Gefäß aus einem kleinen Abri bei Alt-Kawara II (Abb. 11). Es besitzt eine runde Basis, eine weite Öffnung und einen nach außen gewölbten niederen Rand. Am Bauch sind drei Chamäleons mit nach oben gerolltem Schwanz abgebildet. Das Gefäß ist umlaufend mit einem gewebten Baumwollband überzogen, an dem oben zwischen den Relieffiguren jeweils drei Kauris *(wẽnse)* angenäht sind; auch am unteren Stoffrand sind offene Kauris (16 Stück) herunterhängend befestigt. H: 15 cm, maximaler Dm.: 19 cm, H eines Chamäleons: 7,5 cm.

Neben seinen Namen – *takunan tonowan* (*takunan:* „Fetisch") – heben auch die reliefartig gearbeiteten Dekorelemente und die Porzellanschneckengehäuse den sakralen Charakter des Gefäßes hervor (Gebrauchskeramiken tragen, abgesehen von Reliefringen [s. Fig. 42, 7], keine plastischen Verzierungen); die Anzahl der zoomorphen Motive[50] und die dazwischen aufgenähten Kauris betonen seine Verwendung für Männer. Bemerkenswert ist der nach oben gerollte Schwanz der Chamäleons, der in der Natur normalerweise nach unten geringelt ist und nur in einer Schreckphase nach oben gestreckt wird. Diese technische Besonderheit ist sehr vielen plastischen Darstellungen von Chamäleons eigen (egal, ob sie aus Lehm geformt oder aus Metall gegossen sind) und bei mehreren Bevölkerungsgruppen Westafrikas verbreitet.[51] Die Natioro-Informanten konnten keinen Hinweis auf eine mögliche Erklärung oder besondere Symbolik dieser Kuriosität geben. Das Chamäleon dürfte jedoch in engem Verhältnis zum männlichen Geschlecht stehen und seine Darstellung die Funktion als Schmuckgegenstand oder Sakralobjekt, in vielen Fällen beides erfüllen (etwa bei den aus Gelbguß gefertigten Armreifen/-ringen, Fingerringen und Anhängern mit zoomorphen Dekorelementen wie Motiven). Im allgemeinen gilt das Chamäleon als Sinnbild für Reichtum und Glück.

Eine besondere Beachtung verdient der keramische Depotfund aus dem Speicher 1 in Grotte IV. Er besteht aus einem rotbraunen Gefäß mit nach außen gebogenem, zum großen Teil abgebrochenem Rand und gewölbter Basis, dessen Körper ein abgerolltes Geflechtmuster ziert. H: 19,5 cm, maximaler Dm.: 20 cm (Abb. 12).[52] Die TL-Analyse (B 146) ergab ein maximales Alter von 635±75 Jahren (1355 n. Chr.).

Das Gefäß gleicht keiner der heute im gesamten Untersuchungsraum erzeugten und verwendeten Töpferware, entspricht aber in seiner Form und seinem Dekor jener mittelalterlichen Keramik aus der Falaise de Bandiagara, Region Sanga, die der Tellem-Kultur, Phase 3, zugeordnet wird, mit der es auch chronologisch (13.–14. Jh.) ident ist.[53] Eine große Ähnlichkeit besitzt das Gefäß außerdem mit der Tonware aus Nokara und dem Dogon-Isolat Sarnyéré (alte Phase: 17.–18. Jh.) zwischen Douéntza und Hombori.[54] Es scheint, daß sich die externen Einflüsse für die Evolution bestimmter Keramiken kaum unterscheiden lassen, wie auch ihr Handel selten eine Frage der Entfernung war.[55]

In dem archäologisch noch wenig berührten Areal A ist aber nicht nur das Vorkommen des alten Tongefäßes ungewöhnlich und die Existenz einiger der im vorstehenden Abschnitt aufgelisteten Steinartefakte erstaunlich, sondern auch der Bodenfund eines Töpferhandwerkzeuges (Formstein, Stößel, Amboß) aus gebranntem Ton überraschend.[56] Das Gerät besitzt eine breite, sehr leicht gewölbte Arbeitsfläche (Dm.: 11,3 cm) mit starken Abnützungsspuren und einen zylindrischen, oben leicht knopfförmigen Halteknauf (Dm.: 3,8 cm) mit einer künstlich erzeugten, in der Mitte der oberen Wölbung liegenden Vertiefung (Dm.: 1,3 cm, T: 1,1 cm). Die Oberfläche des Gerätes ist weitgehend glatt, seine Gesamthöhe beträgt 7,3 cm (Fig. 18).

Der Verwendungszweck des Objekts liegt im Modellieren von Gefäßen. Schon beim ersten Herstellungsvorgang, dem Vorformen, wird es oft dazu verwendet, den Tonklumpen ebenmäßig abzuflachen und ihn deckungsgleich an die Formunterlage (meist konkav beim Schlagtreiben, konvex beim Abformen) zum Anliegen zu bringen. In den weiteren Phasen, jener des Aufbauens und Ausformens der Topfwand, übt es den nötigen Gegendruck zu den eigentlich treibenden, mit einem schlegelartigen Hilfsmittel (z. B. einer hölzernen Spatel) von außen auf die Gefäßwand geführten Schläge aus. Da innerhalb der einzelnen Herstellungsphasen oft unterschiedliche Kombinationen praktiziert werden, ist sein Gebrauch nicht nur auf eine Grundtechnik fixiert. Bei den Dogon im schon vorhin erwähnten Sarnyéré sind die Keramikproduzenten Männer,[57] die das Verfahren des Abformens (über einem alten, halbkugeligen Topfboden) mit der Aufbautechnik (Aufwulsten des Gefäßoberteiles) verbinden und dabei den Stößel und das Schlagholz verwenden: Der Töpfer legt auf den abgeformten Gefäßunterteil einen Wulst aus geschmeidigem Ton und klopft ihn mit einer in der rechten Hand gehaltenen befeuchteten Holzspatel glatt. Gleichzeitig hält er mit der linken Hand den mit trockenem Pulver eingeriebenen Stößel an der Innenwand des Topfes dagegen. Das Wasser auf der Spatel verleiht der Außenwand ein glänzendes Aussehen, die pulverisierte Erde auf der Arbeitsfläche des Stößels verhindert sein Anhaften auf der Innenwand.[58]

Im Gebiet von Koro-Toro (Tschad) besitzen einige der pilzförmigen Töpferwerkzeuge an der Seite leicht eingeritzte und an der konkaven Unterseite tief eingeschnittene Verzierungen. Die verzierte Unterseite fungiert als Matritze und hinterläßt ihr Abdruckmuster auf der Innenwand des Gefäßes.[59]

Reich ist das Fundareal A an dekorierten Keramikscherben, wobei der Anteil der Randstücke nur wenig unter dem der Wandfragmente liegt. Mit Ausnahme der in Grotte III, Schicht B und C wie in Alt-Tinba, Steinring A, durch Grabung zum Vorschein gebrachte Tonware, handelt es sich um Oberflächenfunde, die den Boden der einzelnen Stationen oft in großer Zahl bedecken. Die meisten Scherben sind gut erhalten und ihr schlechter Zustand nimmt erst mit der Grabungstiefe zu. Allgemein betrachtet, läßt die Keramik (mit Ausnahme jener aus dem Grabungsfeld in Grotte III) zwei grundsätzliche Fabrikationsarten erkennen:

a) Bei der einen, eher kleinen Scherbengruppe (Beispiele in Fig. 41, 5, 9, 10 und Fig. 42, 2, 8) verlaufen die Wände auf kurze Strecken ungleichmäßig, was offensichtlich auf den Druck der einzelnen Finger beim Modellieren zurückzuführen ist. Ihre Oberfläche ist rauh, die Dicke beträgt zwischen 6 und 18 mm, die der Randknicke bis zu 23 mm; die Ränder sind in den meisten Fällen nach außen gekrümmt und haben eine Breite von 12 bis 66 mm. Die Farbe der Scherben variiert von Gelbbraun bis Schwarzbraun und erreicht an der Innenseite oft ein dunkles Braun. Zwei Fundstücke besitzen an der Bauchseite eng nebeneinanderliegende Durchbohrungen (Dm.: 6–7 mm), die sie als Teilstücke von Räuchertöpfen oder Gargefäßen ausweisen (Fig. 41, 5 und 42, 8).

b) Die zweite, umfangreichere Scherbengruppe (Muster in Fig. 41, 1–4, 6–8, 11 und Fig. 42, 1, 3–7, 9, 10) zeigt in der Mehrzahl eine bessere Oberflächenbehandlung: die Tonware ist glatter und besitzt meist gleichlaufende Außen- und Innenwände, die Dicke schwankt zwischen 5 und 15 mm, die der Randknicke erreicht höchstens 21 mm; die Ränder haben nur im Ausnahmefall eine parallele, oben runde und nach innen gekrümmte Form (Fig. 42, 3, 6), viel häufiger sind sie nach außen gewölbt (z. B. Fig. 42, a–c) und am Rand verdickt (Fig. 42, 5); ihre Breite liegt zwischen 15 und 57 mm. Die Farbe der Scherben variiert von Gelbbraun bis zu einem satten Rotbraun, wobei die Außenwände vieler Fragmente mit einem roten Überzug belegt sind (z. B. Fig. 41, 3 und Fig. 42, 7, 9, 10), der sich bei einigen Exemplaren auch auf dem inneren Gefäßrand und Randknick befindet, bei drei Stücken außerdem auf der Innenseite des Bauchteiles, und der damit dem Gefäß eine große Farbwirkung verleiht.[60]

Wenn wir zur Einordnung der traditionellen subsaharischen Gefäßtypen ihre analog dem Funktionsbereich charakteristischen, formalen Merkmale heranziehen[61] und diese mit den der beiden Scherbengruppen vergleichen (z. B. mit der Morphologie des Randes, der Formgebung der Körperteile und der Proportion), weist die Mehrzahl der Bruchstücke auf Bestandteile von großen, bauchigen Gefäßen mit überwiegend gewölbtem Rand hin, wie dies vor allem bei der Kategorie von Vorratsbehältern (Fig. 38) und der teilweise identischen Gattung von Transportgefäßen der Fall ist. Gut dazu paßt die aufwendige Musterung, die besonders jene großen Gefäße erhalten, die man täglich verwendet (z. B. Wassergefäße), die immer gesehen werden, mit denen man daher angeben kann, und die zur Aufnahme von Heilmitteln, Substanzen und persönlichen Gegenständen sowie zu ganz besonderen Anlässen bestimmt sind. Beachtliche Größe erreichen auch Biergefäße, die über ihre eigentliche Funktion des In-sich-Bergens hinaus obendrein wertvolle Prestigeobjekte sind. Das Bier nimmt in der afrikanischen Gesellschaft einen hohen Stellenwert ein, sei es als Opfergabe für die Verstorbenen oder ganz einfach als Genußmittel unter Freunden, wo es im Kreis der Männer zur Stärkung der sozialen Bande beiträgt. Die Gefäße, in denen Bier aufbereitet beziehungsweise aus denen es ausgeschenkt wird, sind formal sehr schön und oft aufwendig verziert, besonders jene, die den Kunden zum Bierkonsum anlocken sollen.[62]

Die Dekorformen, Funktionen und Typen der Jeli-Töpfereierzeugnisse folgen in Band 2.

3.4 Die Metallobjekte

Im Gegensatz zum breitgefächerten Inventar des lithischen Fundmaterials, das sich in der Mehrzahl aus Gebrauchsgegenständen zusammensetzt, bieten die metallenen Objekte ein einheitlicheres Bild. Mit Ausnahme eines kupfernen Armringes (Fig. 49, 4) bestehen sämtliche Gegenstände aus geschmiedetem Eisen. Die Objekte lassen sich klar voneinander trennen und in drei Kategorien gliedern:

A. Werkzeuge, Waffen und Gebrauchsgegenstände,

B. Schmuck, C. Sakralobjekte.

Nach den großen Schlackenhaufen zu schließen, dürfte einst die Zahl der Schmiede bei den Natioro recht groß gewesen sein. Wie noch die vorhandenen Spuren zeigen, befanden sich viele ihrer Arbeitsstätten sowohl in Alt-Kawara II als auch in der sich nach Westen (nach Tinba) und Süden (Quartier der Traore von Kawara) ausbreitenden Ebene.

A. Werkzeuge, Waffen und Gebrauchsgegenstände

- Messer *(sumbia)*, dreieckig mit gerundeter Spitze; Dornschäftung. Auf beiden Klingenseiten befinden sich grobe Schlagspuren, die durch Strecken der Seitenflächen entstanden sind. Das Gerät ist stark vom Rost befallen, die Ränder sind teilweise ausgebrochen. L: 11,8 cm, B: 2,4 cm (Fig. 46, 2).

- Messer *(sumbia)* mit steiler, an der Spitze ausgebrochener Schneide und dickem, leicht gewelltem Rücken, der mehrere Schlagmarken besitzt, die vermutlich von einem Perkuteur herstammen, der die Druckperkussion des Instrumentes zu erhöhen versuchte; Dornschäftung. Die Patina ist dunkel, die Seitenflächen sind partiell mit Rost besetzt. L: 10,9 cm, B: 2,6 cm (Fig. 46, 3).

- Messer (Fragment) mit gerade abgebrochenem Klingenteil und Dornende; beidseitig starker Rostbefall. L: 3,7 cm, B: 3,5 cm (Fig. 46, 5).

- Messer (Fragment) mit fehlender Spitze und teilweise vom Rost abgebrochenen Rändern; Dornschäftung. L: 5,6 cm, B: 1,6 cm (Fig. 46, 6).

- Pfeilspitze *(ńdian)*, Typ A: Dreieckig, die zwei Widerhaken sind einreihig rückweisend, der Dorn extrem lang; starker Rostbefall mit Ausnahme des Dornendes. L: 15,8 cm, B: 1,3 cm, Dornl.: 12,4 cm (Fig. 47, 1).

- Pfeilspitze *(ńdian)*, (fünf Stück, davon zwei geschäftet *[ńdianwian]*) Typ B: Vierkantig spitz zulaufend, die fünf Widerhaken sind abwechselnd eingeschnitten, Dornschäftung; einheitlich dunkel patiniert mit Ausnahme der beiden geschäfteten Pfeile, deren Spitzen frische Schleifspuren aufweisen. L: 15,4 cm, B: 0,8 cm (Fig. 47, 2).[63]

- Pfeilspitze *(taba)*, (neunzehn Stück, davon sieben geschäftet *[tabawian]*) Typ C: Vierkantgeschliffen, nach oben spitz zulaufend, seitenalternierend je ein rückweisender Widerhaken eingeschnitten; Dornschäftung. L: 9,4 cm, B: 1,4 cm (Fig. 47, 3).

- Pfeilspitze *(taba)*, (neunzehn Stück, alle geschäftet) Typ D: Dreieckig mit hexogonalem Querschnitt, zwei einreihig rückweisende Widerhaken seitenalternierend eingeschnitten; Dornschäftung. L: 9,2 cm, B: 1,8 cm (Fig. 47, 4).

- Tülle mit abgeschliffenen Arbeitskanten am unteren Ende und starken Rostansätzen in der Wölbung. L: 5,1 cm, B: 1,5 cm (Fig. 47, 6).
  Ihr Verwendungszweck kann vielfältig sein, so auch – nach dem Aufsetzen auf einen Holzstab – als Grabstock zum Ausheben kleiner Pflanzen, Knollenfrüchte und Wurzeln.

- Nadel (Pfriem) mit dornförmiger Spitze und einem mittels Lappenschäftung befestigten Ring. L: 6,4 cm, B: 0,3 cm, Außendm. des Ringes: 1,2 cm (Fig. 47, 7).

Die Form und Dimension der genannten Objekteinheiten wird ausschließlich von ihrem Verwendungszweck bestimmt, und sie besitzen daher nicht die saubere Arbeitsausführung und Materialqualität, wie dies oft die Schmuckstücke und sakralen Gegenstände zeigen. Die Messer z. B. als vielseitig verwendbare Arbeitsgeräte sind rein funktionell, und ihre unterschiedliche Form ändert nichts am einheitlichen Grundtypus. Dasselbe gilt für die Pfeilspitzen, die mit zwei oder vier scharfen Seitenkanten, zwei bis fünf Widerhaken und einem einfachen Dorn ausgestattet sind.

B. Schmuck

Zu den häufig von Schmieden erzeugten Schmuckobjekten gehören eiserne Armreifen und Ohrringe, von denen schon der Architekt H. Hugershoff, Begleiter der 2. DIAFE (1907–1909), zwei Armbänder in Sindukoroni kopieren und einen Ohrring in Kawara sehen konnte.[64]

- Armreif *(sian* oder *sién)* (zwei Stück), offen, rund, tordiert, an den Enden einfach spiralig eingeschlagen; leichte Rostspuren am Tordierungsgrund. L Hauptachse (außen): 7,8 cm (Fig. 47, 9).
  Ähnliche eiserne Reifen sind bei zahlreichen Bevölkerungsgruppen Afrikas verbreitet.[65]

- Ohrring *(nianpiotosiè)*[66] (zwei Stück); Dm. (außen): 2,6 und 2,5 cm (Fig. 47, 8).

- Armring mit Rillenprofilierung, vierfach symmetrisch unterbrochen; die Unterbrechungen sind jeweils in der Mitte hügelig erhoben. Das Schmuckstück ist zur Gänze stark patiniert. Dm. (außen): 8,4 cm (Fig. 49, 4).

Metallanalyse[67]:	Cu	Zn	Fe	Ni
	97,9	1,5	0,4	0,1

Der Armring verdient besondere Beachtung, da er einerseits das einzige im Fundareal A entdeckte Kupferobjekt ist, auf der anderen Seite in seiner Form und Ausführung genau jenem Stück entspricht, das Leutnant L. Desplagnes aus dem großen Tumulus von El Walaji (16°11'34" N – 3°26'47" W) am nördlichen Ende des Niger-Inlanddeltas bergen konnte.[68] Leider ließen die damaligen Grabungstechniken noch keine genaue Datierung zu. Erst bei der Kampagne 1954–1955 in der nahegelegenen Anlage von Kuga konnte eine Datierung nach der Radiokarbon-Methode vorgenommen werden, die den Bau des Grabhügels in die Zeit um 1000 n. Chr. (950±150) legt.[69]

Abgesehen von einer schon sehr frühen Kupferverarbeitung in der Republik Niger (Region In-Gall und Tegidda-n-Tesemt), in Mauretanien (Akjout) und in den Regionen von Nioro, wurden im übrigen Afrika südlich der Sahara Kupfer und seine Legierungen erst nach dem Eisen bekannt. Die archäologischen Grabungen in Jenne-jeno enthüllten zwar einige Kupferornamente aus dem 4. Jh. n. Chr., doch dürfte dieses Kupfer aus den Minen der Sahara gekommen sein. Wenn auch damit der erste Nachweis eines interregionalen Kupferhandels vorzuliegen scheint,[70] konnten die damaligen aus Ochsen- und Pferdekarren bestehenden

Transportmittel sicher nur wenige Rohmaterialien aus so weit entfernten Gebieten herbeischaffen. Erst mit der Einfuhr des Kamels in die Sahara, die mit regionalen Unterschieden im 7. Jh. n. Chr. verstärkt begann, konnte sich ein nennenswerter Warenaustausch zwischen dem Sudan und dem Maghreb entwickeln. Die Folge war, daß die Produkte der Kupferminen in Mauretanien, bei Nioro und andernorts immer mehr von importiertem Material zurückgedrängt wurden, welches alsbald den Markt zu dominieren begann.

Im 9. Jh. existierte in Tegdawst, dem alten Awdaghast und großen Warenumschlagplatz der Transsahara-Karawanen, bereits ein gut entwickeltes Kupferhandwerk, das unter anderem Schmuckstücke hervorbrachte, die zum Teil als Erzeugnisse eines in vereinfachter Form verwendeten Wachsausschmelzverfahrens betrachtet werden können. Diese Technik dürfte sich im Ghana-Reich, in das Awdaghast im 10. Jh. einverleibt wurde, relativ schnell verbreitet haben und erreichte nach dessen Zerfall und der damit verbundenen Verlagerung der politischen und wirtschaftlichen Zentren auch außerhalb der Peripherie Ghanas gelegene Gebiete. Inwieweit hier die Kupferindustrie aus der Region Agades einen Einfluß ausübte, kann heute noch nicht gesagt werden.[71] Erstaunlich ist, daß in dem schon erwähnten Jenne-jeno, das noch vor dem 13. Jh. aufgegeben wurde, bis heute noch kein sicherer Beleg für das Wachsausschmelzverfahren gefunden werden konnte. Der früheste Beweis für die Ausübung dieser Technik geht auf den Anfang des 12. Jh.s zurück (850±45 B. P.) und stammt aus dem *toggere* Dupwil bei Mopti.[72] Ein weiterer Fund aus dem 11./12. Jh. kommt aus Sanga und dürfte mit großer Wahrscheinlichkeit der Tellem-Kultur angehören.[73] In jener Zeit, die mit der Auflösung des Ghana-Reiches verbunden ist, aber auch im darauffolgenden Großreich Mali, das sich in seiner Blütezeit im 13. bis 14. Jh. von der Sahara bis zum tropischen Regenwald in Guinea erstreckte, dürfte Kupfer noch relativ selten und teuer gewesen sein und blieb es auch trotz dem sich verstärkenden Import aus den nördlich der Sahara gelegenen Handelszentren sicher bis zum Erscheinen der Europäer an der Guineaküste. So lesen wir in den 1505–1508 niedergelegten Berichten des Portugiesen Duarte Pacheco Pereira: „de Jany … e aly val muito o latam e cobre …" („in Jenne … sind Messing und Kupfer sehr viel wert …").[74]

Das erste Auftreten der europäischen Kaufleute an der Küste im heutigen Ghana übte einen tiefgehenden Einfluß auf das gesamte Hinterland von Oberguinea aus. Es brachte aber nicht die ökonomische Revolution, wie man vielleicht annehmen könnte, da es schon *vor* Beginn des westafrikanischen Seeverkehrs wichtige transkontinentale Fernhandelswege gab. Der Handel wurde fast ausschließlich von mandesprechenden Händlern ausgeübt, die sich schon früh aus dem Massina, dem Zentrum der Nord-Mande-Diaspora, absetzten und intensive Anstrengungen unternahmen, um die Handelsstruktur entlang der damals wichtigsten kontinentalen Fernhandelsverbindung zwischen Jenne und der Guineaküste zu rationalisieren. Dieser Handelsweg führte in 15 Tagesreisen von Jenne nach Sya (Bobo-Julasso) in das Wohngebiet der Bobo, in weiteren 15 Tagesreisen nach Kong in die Siedlungsregion der Senufo, und in nochmals 15 Tagesreisen nach Bigho (Bitu), das von Jula (Mande), Bono (Akan) und mandesprechenden Schmieden *(numu)* bewohnt war.[75] Entlang dieser Route ließen die Mande-Händler kleine Gruppen zurück, die sich mehr oder weniger in die lokale Bevölkerung integrierten. Ein anderer, höchstwahrscheinlich früherer Karawanenweg führte von Sya über Buna, jenem Ort im Herzen des Kulango-Volkes, der zu Beginn des 17. Jh.s zur Hauptstadt des Reiches der Dagomba-Dynastie wurde. Etwa zur gleichen Zeit gründeten einige Malinke (Proto-Jula) das Gonja-Reich, nachdem sie sich mit den lokalen Bevölkerungsgruppen der Bigho-Region vereinigt hatten.

Bigho, das im Norden des geschlossenen Waldlandes lag, war der Endpunkt des bedeutsamen Karawanenweges und markierte die südlichste Grenze der Mande-Siedlungen, wenn sich auch einzelne Gruppen noch weiter im Süden in schon bestehenden Orten niederließen. Obwohl Bigho heute nicht mehr existiert, haben sich noch immer Mande-Sprachen – u. a. Jula – in diesem Raum erhalten. In den südlich anschließenden dichten Regenwäldern, die von den großen Karawanen nicht durchquert werden konnten, wurden die Waren in Kopflasten auf kleinen Handelspfaden weiter bis zur Küste transportiert. Die Mande-Händler erreichten somit schon vor der Ankunft der Europäer das Gebiet um São Jorge da Mina (Elmina) an der Küste des heutigen Ghana, wo der Handel mit den Portugiesen gleich zu Beginn zum Austausch von afrikanischem Gold gegen europäische Feuerwaffen, Metalle (Kupfer, Messing) und Sklaven aus – vorwiegend – Benin führte.

Durch die Zunahme des Handels konnte sich traditionelles Wissen und handwerkliches Können relativ rasch verbreiten und zu einer interethnischen Befruchtung führen. So gelangte u. a. die Schmalbandweberei vom westlichen Sudan in die Westgebiete des Golfs von Guinea, wo sie je nach Aufnahmefähigkeit und besonderer Begabung der jeweils betroffenen Ethnien verschiedene Formen annahm.[76] Immer mehr Innovationszentren neuer handwerklicher Techniken entstanden, die auch dem Wachsausschmelzverfahren zu entscheidenden Wachstumsimpulsen verhalfen.

In der zweiten Hälfte des 15. Jh.s geriet der Westsudan durch Sonni Ali, den berühmtesten Repräsentanten der Sonni-Dynastie der Songhay, erneut in eine politische Umwälzung. Timbuctu, das seit 1325 dem Mali-Reich angehörte, fiel 1468, Jenne, das nördliche Absatzgebiet für Akan-Gold, 1477 an die Songhay-Vorherrschaft. Die Folge war, daß die Mande-Händler für eine gewisse Zeit von ihren Quellen abgeschnitten waren, was zu einem klaren Handelsvorteil für die Portugiesen führte. Diese besaßen bereits zu Beginn des 16. Jh.s das Monopol für die Verteilung von Kupfer und Messing im überseeischen Raum, womit allein in São Jorge da Mina ein Umsatz von 37% erzielt werden konnte (neben 40% mit Kleidung und Stoffen und 10% mit Sklaven).[77] Die Portugiesen verhandelten Kupfer in erster Linie als Fertigware in Form von Armreifen *(manilha)*, die später auch aus einer Kupfer-Zink-Legierung bestanden und bald allgemeine Tausch- und Zahlungsobjekte im westlichen Afrika wurden. Ihr Wert richtete sich nach ihrem Gewicht, das meist zwischen 500 und 1000 g lag, aber auch über 4 kg erreichte; ihr Formenschatz war unerschöpflich.

Die in Lissabon zwischengelagerten und für den Export nach Westafrika bestimmten Waren gelangten in die Küstengebiete Guineas,[78] wo aber ihre Verteilung in die weit entfernten Regionen des Nordens durch erneute Krisen im Sudan vorerst gehemmt wurde. Immer stärker zeichnete sich dort der durch interfamiliäre Auseinandersetzung ausgelöste, beginnende Niedergang des Songhay-Reiches ab. Aber auch Kriege begannen das Reich immer mehr zu schwächen. Der 1539 inthronisierte Askia Ishaq, ein Sohn des großen Mohammed I., mußte die ersten militärischen Auseinandersetzungen mit Marokko bestehen; sein Nachfolger, der von 1549 bis 1582 regierende Askia Dawud, ein weiterer Sohn Askia des Großen, verstrickte sich in zahlreiche Kleinkriege mit den Mossi und Fulbe, während im Norden die Bedrohung durch die Marokkaner immer größer wurde. Die Handelsbeziehungen zwischen der Guineaküste und dem Nigerbogen waren daher auch in jener Zeit großen Unsicherheiten ausgesetzt. Damals dürfte der Großteil an Kupfer und seinen Legierungen in das Land der Akan-Völker gewandert sein, wo eine Metallindustrie schon länger existierte.

Zu Beginn des 18. Jh.s kam es zur Gründung des Kong-Reiches unter Seku Watara (gest.

um 1740). Durch den Bund mit den Watara-Kriegern, die der animistischen Bevölkerung ihre Machtposition aufzwangen, und die Zunahme islamischer Händler, denen ausreichend Schutz vor der feindseligen Landbevölkerung geboten wurde, konnte Kong alsbald zu einem immer stärker werdenden politischen Gebilde heranreifen. Die Hauptinteressen des Reiches lagen ohne Zweifel in der Kontrolle seiner weitverzweigten Handelswege und wichtigen Umschlagplätze. Auf den Territorien der Senufo entstanden daher immer mehr Niederlassungen der Jula, die Kong nicht zuletzt durch ihren Reichtum und ihr religiöses Prestige zu einem bedeutenden Handels-, Wirtschafts- und später auch Bildungszentrum aufwerteten. Seine größte Ausdehnung erreichte das Kong-Reich in der erste Hälfte des 18. Jh.s unter Sekus Bruder Famagan. Es erstreckte sich nach Norden bis zum Bani gegenüber von Jenne, nach Westen bis zum Bambara-Reich von Segu und nach Süden zu den Jimini und Ano bis zum Waldland der Brong (Abron); damit überragte es alle anderen Staaten, die bis dahin südlich des Nigers bestanden hatten.

Die großen Handelswege und immer feiner werdenden Querverbindungen gestatteten nun eine größtmögliche Verteilung der Handelsware, welche mit der damit verbundenen Expansion verschiedener Wirtschaftszweige die bäuerliche Bevölkerung mehr und mehr in das marktbestimmende Geschehen involvierte. Noch fehlen uns die Informationen über die materiellen Grundlagen des Gießerhandwerkes bei den ethnischen Einheiten in unserem Untersuchungsgebiet. Es wäre aber sicher falsch anzunehmen, daß sie zur gleichen Zeit wie die Akan-Völker diese Technik zu praktizieren begannen. Denn während die Akan bereits gegen Ende des 15. Jh.s die ersten Goldgewichte in verlorener Form herstellten, die sich aus dem System der islamischen Gewichte im westlichen Sudan und den portugiesischen Einheiten wie Peso und Cruzado als eigenes Gewichtsmaß für den Goldstaub entwickelten, blieben die Waren ihrer nordwestlichen Nachbarvölker (z. B. der Senufo und der ihnen kulturell nahestehenden Völker) vorwiegend auf Lebensmittel und Eisenprodukte beschränkt. Die entscheidenden Wachstumsimpulse, die eine massenhafte Verbreitung des Gelbgusses und der erzeugten Produkte erlaubten, erhielten die dortigen Handwerkergruppen erst in der Blütezeit des Kong-Reiches. Eine Weiterentwicklung folgte im anschließenden, von Angehörigen der Traore gegründeten Kenedugu-Reich, das wie Kong vom Handel der Jula lebte. Seine Hauptstadt Sikasso wurde am 1. Mai 1898 von den inzwischen auftretenden Franzosen eingenommen und in ihren Kolonialbesitz einverleibt.

C. Sakralobjekte

Diese Kategorie weist nur ein Objekt auf:

- Messer *(sumbia)* mit gekrümmtem Rücken und nach oben gebogener Schneide; die Spitze ist gerundet, die Profilierung des Dornes reicht knapp 6 cm in die Klinge. Das Messer ist einheitlich dunkel patiniert, es weist wenige Rostansätze auf, sein Gebrauch ist nur Männern bestimmt. L: 22 cm, B: 3,6 cm (Fig. 46, 1).

3.5 Diverse Objekte

- Geschäftete Pfeile *(tabawian)* (sechzehn Stück). Jeder Schaft besteht aus einem möglichst gleichmäßig starken Rohrgrashalm von durchschnittlich 37 cm Länge, in dem die Pfeilspitze eingedornt und mit einem Bindestreifen aus einer dünnen Lianenfaser umwickelt

und fixiert ist. Das Vorderende des Schaftes ist leicht verdickt, das Pfeilende ohne besondere Vorrichtung. Eine Befiederung der Pfeile liegt nicht vor.
Sämtliche Pfeile sind mit Pflanzengift *(bakah)* versehen, was die dunkel gefärbte Wicklung und die harzigen Giftreste am Vorderende des Schaftes erkennbar machen.

- Köcher *(fowa?)* aus Leder *(fava)*, randparallel mit einem Lederband zusammengenäht. Der Köcherboden verjüngt sich zu einer Spitze, wofür das Fell in feuchtem Zustand eingedreht wurde. In einer Schlaufenrichtung ist ein Leinenfaden geflochten, der verknotet zweimal um den Köcher geschlungen ist. Der Köcher besitzt keinen Holzkörper und ist nur aus Fell gefertigt, das beim Trocknen leicht einschrumpfte. Der Köcher kann bis zu elf Pfeile aufnehmen. L: 37,2 cm, Öffnung: 2,9 x 4,8 cm (Fig. 50, 3).

- Eisenstück, flach, durchlocht. H: 4,4 cm, B: 2,6 cm, D: 0,3 cm, Lochdm.: 0,4 cm (Fig. 47, 12).

3.6 Die Felsbilder

Es sind ausschließlich Piktographen, die zwei Felswände (a und b) der Westseite und zwei lange Zeilen der östlichen Felswand von Grotte I bedecken (Fig. 101–104). Den Bewohnern von Kawara und Tinba sind die Malereien bekannt, sie bezeichnen sich aber nicht als deren Schöpfer. Wie jedoch meine wiederholt gemachten und bis 1971 zurückreichenden fotografischen Aufnahmeserien von den Felsbildern zeigen, fügen die Anwohner dem bestehenden Bildensemble gelegentlich neue Figuren hinzu (1991 geschah dies in Form meines Landrovers). Als Malstoff wird eine Mischung von Erde, Viehdung und Wasser verwendet und mit der Hand mittels zwei oder drei Fingern dick auf die Felswand aufgetragen. Bedingt durch diese sehr einfache Technik läßt sich eine frisch gemalte Figur leicht von den alten Bildern unterscheiden. Die dafür verwendete Farbe ist nicht von großer Haltbarkeit – sie trocknet ein, bröckelt ab und die Darstellung verschwindet innerhalb weniger Jahre. Die im vorliegenden Katalog reproduzierten Piktographen wurden im Dezember 1987 aufgenommen, wobei nur wenige neue anthropomorphe Figuren in der Dreifinger-Maltechnik zu sehen sind (s. dazu die Darstellungen unter der Figur 3 und Darstellung 4 in Fig. 102). Sie dürften Versuche der heutigen Bevölkerung sein, die älteren Malereien zu kopieren.

Das gesamte Felsbildensemble besteht fast ausnahmlos aus anthropomorphen Figuren. Sehr verblaßte und nur noch bruchstückhafte Tierdarstellungen sind an den Westwänden a und b vorhanden, doch ihres natürlichen Vorbildes bereits vollkommen entzogen. Stilistisch lassen die Abbildungen zwei Richtungen erkennen, die für die Piktographen des westsudanischen Raumes typisch zu sein scheinen:[79]
den **schematischen Stil**, in dem Einzelheiten wenig berücksichtigt werden (z. B. Nr. 1 in Fig. 101), und
den **geometrischen Stil**, in dem das natürliche Vorbild zu linearen Figuren und geometrischen Zeichen abstrahiert wird (z. B. die linke Männchengruppe in Fig. 102).

Welcher der beiden Stile hier der ältere ist, kann durch die auftretenden mutuellen Überlagerungen der Bilder und den hohen Unterschied an Farbintensität innerhalb einer einheitlichen Darstellungsform nicht geklärt werden, so daß er als Aussagewert für eine relative Zeitbestimmung entfallen muß. In ihrer Gesamtheit lassen die Piktographen vier differenzierte Gruppen erkennen, die den genannten stilistischen Eigenheiten voll gerecht werden:

Die **erste Gruppe** ist durch Flächigkeit und vereinfachte, kräftige Umrisse gekennzeichnet. Die Farbtöne schwanken zwischen Ocker, Braun, Beige und – vereinzelt – einem hellen Grau. Die Größe der Figuren beträgt bis zu 129 cm, die Dreifinger-Maltechnik kommt vor. Das Hauptmotiv in dieser Stil- und Formengruppe ist die große Gestalt 1 in Fig. 101, welche laut Aussage meiner Informanten eine Frau in Blätterkleidung darstellen soll, die auf dem Kopf ein Wassertransportgefäß *(ńkangan)*[80] trägt. Widersprüchliche Angaben erhielt ich über die Figur 3 in Fig. 102 (Felswand b). Man einigte sich schließlich auf die bildliche Darstellung eines Wahrsagers beim Verfahren des „Schenkelschlagens". Beide Felswände sind auch mit dem Abdruck eines Handpositives versehen.

Die **zweite Gruppe** zeigt ausschließlich kleine, durchschnittlich 22 cm hohe menschliche Figuren, die mitunter vereinzelt, meist jedoch in Gruppen aufrecht und in der Mehrzahl einheitlich ostwärts schreiten. Der Querbalken zwischen ihren Armen ist überwiegend in die Marschrichtung verlängert. Die Farbtöne bewegen sich hier von sehr hellem Grau bis Gelbbraun. Während bei einigen Figuren die Farbe schon stark verblaßt ist, wirkt sie bei anderen noch recht kräftig. Es könnte dies ein Hinweis dafür sein, daß die Zeichnungen nicht alle zur gleichen Zeit entstanden sind, wofür auch das Auftreten der Übermalungen spricht.

Die Darstellungen der ersten und zweiten Gruppe befinden sich an der Westseite von Grotte I auf den Felswänden a und b, die drei Figuren in Fig. 103 auf der schmalen Zwischenwand von a und b (s. Fig. 7).

Die **dritte Gruppe**, 60 m östlich von Felswand b, besteht aus einer Zeile plumper Menschenfiguren und einem unterteilten Rechteck, ausgeführt in einem kräftigen, dick aufgetragenen Weiß. Darunter, in der Nähe des Grottenbodens, die **vierte Gruppe** mit nicht mehr klar erkennbaren Figuren geringer Größe in schmutzigem Weiß (Fig. 104).

3.7 Die Näpfchen und Schalen

Das Vorkommen von Näpfchen *(famwian*, franz.: *cupules)* beschränkt sich im Areal A nicht nur auf einzelne Felsflächen oder Fundstationen, sondern gehört zu einem recht häufigen Erscheinungsbild im Gesamtraum des Untersuchungsgebietes.[81] Im allgemeinen befinden sich die fingerhutförmigen Vertiefungen, manchmal bis zu hundert an der Zahl, in großen, mehr oder weniger horizontalen Felsplatten oder Gesteinsblöcken unterschiedlicher Größe (Fig. 114–117 und Fig. 125). Eine Ausnahme stellt der flache Näpfchenstein (Steinsitz?) aus Alt-Tinba dar (Fig. 16). Der Durchmesser und die Tiefe der Hohlformen weisen große Verschiedenheiten auf: Die kleinen Grübchen haben einen Durchmesser von wenigen Zentimetern und sind nur etwa 8 mm tief, so daß sie nur bei schräg einfallenden Sonnenstrahlen gut sichtbar werden. Die größten mit einem Durchmesser von 23 cm und einer Tiefe von 11 cm (Tröge) stellen das andere Extrem dar. Zwischen diesen beiden Gruppen gibt es eine Unzahl von Hohlformen verschiedener Größe und Tiefe; begleitende Eintragungen wie Rillen, Radkreuze und dergleichen fehlen.

Weniger oft kommen länglichovale, schalenförmige Vertiefungen (franz.: *cuvettes, meules*) vor, wie sie z. B. aus dem Gebiet um Aribinda in der Nordprovinz Sum in hoher Zahl bekannt sind.[82] Ähnlich den Näpfchen befinden sie sich in horizontalen oder leicht schrägen Felsplatten, sind meist ungeordnet über die Felsflächen verteilt und besitzen große Unterschiede in ihrer Länge und Tiefe (die größte Schale ist 29 cm lang und 6,5 cm tief); ihre Oberfläche ist vorwiegend glatt. Die Fig. 126 zeigt eine Ansammlung von Schalen aus dem Gebiet der „Nähnadelfelsen“ bei Sindu.

Mit dem Phänomen der fast weltweit verbreiteten Näpfchen und Schalen haben sich schon viele Forscher und interessierte Laien befaßt, wobei sich eine Vielzahl an Meinungen zur Frage nach ihrem Zweck bildete. Gerne werden sie uneingeschränkt als Menschenwerk angesehen, wobei die Deutungsmöglichkeiten weit auseinandergehen. Das Spektrum reicht von Abbildungen der Gestirne über Aufzeichnungen von Siedlungsgrundrissen, steinernen Wegweisern und Getreidemaßen bis zu Leuchtzeichen für Totentransporte und vorgeschichtlichen Kultsteinen für Opfer, Zeremonien, Ahnen- und Sonnenkulte. In den letzten Jahren kristallisierten sich vor allem zwei Theorien über die alten Usancen des Näpfchen-Schalen-*kults* heraus: Zum einen die Gesteinsstaubgewinnung für Heilzwecke an Mensch und Tier sowie zur Abwehr böser Geister und zum anderen die Initiation, wobei es sich in der (archaischen) Betrachtungsweise um eine rituelle Markierung des Eintritts in das „streng disziplinierte Mannesalter“ („Stirb und Werde“) gehandelt haben mag.

Wieviel diese Betrachtungen für sich haben mögen, sei dahingestellt. Bei den zahlreichen Erklärungsversuchen wird häufig vergessen, daß hinter dem Erscheinen vieler Näpfchen und Schalen ein natürlicher Vorgang steht: die Verwitterung. So kann für die Entstehung der Vertiefungen der durch Druck beziehungsweise Ablagerung bewirkte schichtmäßige Aufbau des Gesteins verantwortlich zeichnen: Das Wasser hat die Möglichkeit, sich immer wieder an derselben Stelle zu sammeln und auf das Gestein einzuwirken; die anfallende Kohlensäure wirkt dabei lösend und fördert die *Hydrolyse*, die – wie auch die durch Absorption von Wasser verursachte Quellung und Volumensvergrößerung von Mineralien und die dadurch hervorgerufene Sprengung der Gesteine *(Hydratation)* – nicht ohne Wirkung bleibt. Diese Vorgänge der Auflockerung des Gefüges und der Kristallgitter von Gesteinen können so in langen Zeiträumen zur Bildung von Hohlformen führen.[83]

Das soll nun nicht heißen, daß sämtliche Näpfchen und Schalen auf natürliche Entstehungsvorgänge (an denen chemische und chemisch-biologische Verwitterung maßgebend beteiligt sind) zurückgeführt werden können. Bei genauer Betrachtung lassen sich die künstlichen Vertiefungen durch ihre Herstellungstechniken (Punzung führt zu unregelmäßigen Schlagmarken, ein „punktförmiger Rillenschliff“ zu ebenmäßigen, runden Hohlformen) in vielen Fällen von den natürlichen unterscheiden. Nur bei sehr stark verwitterten Felsoberflächen, wie sie im Untersuchungsgebiet oft vorkommen, können Zweifel entstehen. Alle einwandfrei erkennbaren künstlichen Näpfchen und Schalen aus den Fundarealen A, B und C wurden aufgrund ihrer umfassenden Ganzheit von Merkmalen zu einer Typologie herangezogen und zwar in dem Bewußtsein, daß sie keine einheitlichen „Massen“, sondern vielmehr differenzierte, individuelle Schöpfungen sind, deren Sinngebung sich von Kultur zu Kultur ändern kann und aus diesem Grund verschieden und sorgfältig einzeln analysiert werden muß. Es wird Aufgabe des Folgebandes sein, der sich mit der Interpretation des vorliegenden Fundmaterials befaßt, dies in ausreichendem Maße auch für das Phänomen der Näpfchen und Schalen zu tun.

Vorweggenommen seien wenige Bemerkungen über die schalenförmigen Einkerbungen, die von den umwohnenden Bevölkerungsgruppen oft mit „traces de Dieu“ oder „pieds des ancien hommes“ bezeichnet werden. Es ist verlockend, in ihnen Handmühlen zu sehen, in denen früher gemahlen wurde (wie dies noch heute einige Mossi-Mädchen vor ihrer Hochzeit symbolisch tun). Dazu sind sie aber im Fundareal A zu eng und liegen außerdem oft zu knapp nebeneinander, um gleichzeitig von mehreren Personen verwendet zu werden. Für die Ausübung reibender, stampfender oder quetschender Tätigkeiten sind die an anderer Stelle schon beschriebenen Reibplatten und Reibschalen klassischer Machart (Abschnitt 3.2) mit Sicherheit besser geeignet.

V. Das Fundareal B

Das westlich vom Siedlungsgebiet der Natioro liegende Fundareal B umfaßt den Wohnraum der Wara[84] mit ihren Dörfern Niansoghoni, Uturu, Negeni, Klani, Mẹ, Pansa, Faniagara und Surani (Solane). Die alten Siedlungen befinden sich auf den verschieden hohen Stufenrändern der hier steil aufsteigenden und an mehreren Stellen mit Erosionskerben gekennzeichneten Falaise; heute sind sie in die Niederungen verlegt oder, wie Mẹ und Pansa, aufgegeben worden.[85] Die Beweggründe der Umsiedlung sind vor allem der oft auftretende drohende Wassermangel in den Bergen, die damit verbundene körperlich anstrengende Lebensweise und die verkehrstechnisch günstigere Lage in der Ebene. Ein weiteres Motiv, sich von den gut geschützten, für jeden Fremden schwer zugänglichen Bergdörfern zu trennen, ist die heute überall herrschende, von der europäischen Kolonialmacht gebrachte Sicherheit.[86] In den Bergen geblieben sind einige sakrale Stätten (Altäre, Heiligtümer etc.) und verschiedene, zum Teil noch ihr Inventar beherbergende Bauten und Einrichtungen.

4. ALT-NIANSOGHONI

Koordinaten: 10°35'38" N – 5°25'19" W

Lage: Knapp sechs Kilometer nördlich des Senufo-(Kulele-)Ortes Baguéra erheben sich die südlichen Ausläufer einer weiten Bergregion mit dem Quellgebiet des Nanfana-Wasserlaufes. Gegenüber der kleinen katholischen Kirche führen einige steile Pfade in die heute völlig verlassene Ansiedlung. (Mir wurden sechs genannt, von denen einer geheimgehalten wird.) Die Wege sind unterschiedlich angelegt und zuweilen mit flachen Steinen befestigt. An einer Stelle wurde mir gezeigt, daß der Pfad mit aufgeschichteten Gesteinsbrocken verbarrikadiert werden konnte.[87]

Nach einer mündlichen Überlieferung, aufgenommen 1983 von Pater H. Kimmich, „besaß die Siedlung Niansoghoni zwei ‚Quartiere‘: das auf der Anhöhe liegende der Traore und das hinter dem zweiten Felsen befindliche der Watara/Kulibali.[88]

Die Weißen, die mit der Zählung der einzelnen Bevölkerungsgruppen beauftragt waren, kamen in die Region von Niansoghoni und besuchten das Quartier der Watara-Kulibali. Sie fragten, ob das Dorf einen Chef hätte und man erklärte ihnen, daß sich dieser auf der Anhöhe im Quartier der Traore befände. Die Weißen stiegen hinauf, wo sie von einer Frau empfangen wurden, die ihnen Trinkwasser anbot. Als die Weißen den Dorfchef zu sehen verlangten, erklärte ihnen die Frau, daß sie zur Zeit selbst dieses Amt innehätte, da der letzte Chef – ihr Mann – in einem Kampf gegen Tyèba, Machthaber von Kenedugu[89], umgekommen sei. Einige Zeit vorher war der selbe Dorfchef bei einem Kampf gegen die Jula von einem Pfeil ins Auge getroffen worden. Daher kommt es, daß die Jula das Dorf Niansoghoni ‚das Dorf eines Chefs mit durchstochenem Auge nennen‘.[90] Die Weißen fragten die Frau des alten Chefs, ob sie einen Sohn hätte, was diese bejahte. Also ernannten die Weißen den Sohn zum Dorfchef; sein Name war N'zon. Bis zum Erwachsensein ihres Sohnes blieb die Mutter ausübender Chef. Das Amt wurde nie von dieser Familie abgegeben.“

Vor der Ankunft der Weißen war Niansoghoni (Wara-Name: *Kwomu*) Hauptsitz der Wara; es ist ihr erstes Dorf. Alle anderen Dörfer wurden später gegründet und zwar in der Reihenfolge: Uturu *(Wotu)*, Surani *(Somu)* (etwa zur gleichen Zeit wie Uturu), Negeni (Ober-Negeni: *Nikinu*, Unter-Negeni: *Pumpungi*), Klani *(Tyiẹnu)*[91] und Faniagara *(Pala)* (von Surani aus). Alle jährlichen Feste und Zeremonien nehmen ihren Anfang in Niansoghoni und dürfen erst anschließend in den anderen Dörfern abgehalten werden.

Inventar:

Es wurden zwei Anlagen untersucht: Der große Abri mit den alten Baulichkeiten und eine kleine mit Steinen versperrte Höhle, etwas unterhalb der aufgelassenen Siedlung.

Architektur: An der Rückwand des großen Felsüberhanges befinden sich mehrere alte Bauten, die zum Teil mit graviertem und modelliertem Schmuck überzogen sind (Fig. 22 und Abb. 2 und 3). Angeschlossen daran stehen eine Gruppe moderner Zylinderspeicher sowie einige Kegeldachhütten.

Lithisches Material:
Zwei Absplisse,
ein geometrisches Werkzeug, Typ 1, c, A (Fig. 32, 7),[92]
drei Schlagsteine,
ein Reibstein, Typ b, einflächig,
ein Reibstein, Typ c, einflächig,
eine Reibschale, Typ b, länglichoval.[93]
Die beiden Reibsteine fanden sich in der kleinen Höhle in Koexistenz mit Gefäßkeramiken.

Keramik: Die mit Lehmwülsten und geometrischen wie figürlichem Zierat versehenen Bauten (Abb. 3) beinhalten auch einige Tongefäße, bei deren Aufnahme ich schon 1983 von meinem Begleiter und Informanten gebeten wurde, nichts davon zu verlautbaren. Aus Achtung vor diesem Ersuchen meines Mitarbeiters, der auch dem Wunsch der Alten aus der Sippe der Traore *(Bandòbã)* von Niansoghoni-Bas entspricht, möchte ich dem nachkommen (im Winter 1991/92 standen die Bauten leer). Das hier aufgenommene keramische Fundgut beschränkt sich daher nur auf das Inventar einer kleinen Höhle, die unterhalb des Dorfes im dichten Pflanzenwuchs verborgen liegt. Ihr Eingang ist mit eng aufeinandergeschichteten Steinen verschlossen, deren Fugen mit kleinem Geröllmaterial sorgfältig gefüllt sind. Auf dem Grottenboden und auf Steinblöcken stehen elf dekorierte Gefäße: sechs Vorratsbehälter, vier Saucenschalen und ein gebrochener, umgestülpter Behälter (acht Gefäße in Fig. 38).

Die folgenden, in den Fundkatalog aufgenommenen Objekte konnte ich in zwei alten Häusern an der Rückwand des Abri entdecken.

Metallobjekte: Eine große Außenanschlagglocke (Fig. 49, 1) im Haus 1,
sechs Pfeilspitzen, Typ D (Fig. 47, 4) im Haus 2.

Diverse Objekte: Ein hölzerner Schlüsselteil (Fig. 50, 1), } im Haus 1,
ein Hornbehälter (Fig. 50, 2),

eine Halskette (Abb. 19),
ein Kopfaufsatz (Helm) (Fig. 48, 3), } im Haus 2.

Aufenthalte: November 1971, Sommer 1983, Winter 1987/88 und Winter 1991/92.

5. ALT-UTURU

Koordinaten: 10°37'32" N – 5°25'26" W

Lage: Die Autopiste erreicht kurz nach Niansoghoni auf ihrer rechten Seite ein hohes, steil aufragendes Felsgebilde mit den Siedlungsplätzen von Alt-Uturu. Die zu den verlassenen Quartieren führenden, heute schon stark vom Busch verwachsenen Fußpfade überqueren die Piste, verlieren sich aber (besonders in der feuchten Jahreszeit) alsbald im dichten Gestrüpp. Als zuverlässige „Richtungsweiser" dienen die bei den alten Wohnvierteln stehenden hohen Baobabs *(tuwa)*.

Inventar:

Keramik: Die Fundstellen mit ihrem Besitzstand an Tonware sind:
a) Die in der Nähe der Quartiere liegenden Plätze *(nyanika)* mit ihren großen, alten Canaris und bombenförmigen Gefäßen *(lakinipe)* (Fig. 39, 4 und Abb. 10),
b) ein Sakralbau mit dem Gefäßtyp *legisunnu*,
c) mehrere Felsspalten und Abris mit Vorratsgefäßen rezenter Erscheinung (ein Stück in Fig. 39, 5),
d) die Quartiere mit zahllosen Streufunden von vorwiegend verzierten Scherben (drei Stück in Fig. 43, 1–3).

Metallobjekt: Eine Handglocke (Fig. 48, 1).

Aufenthalte: Sommer 1983, Winter 1987/88 und Winter 1991/92.

Verschiedene, im Sommer 1983 unternommene Surveys im felsigen Bereich oberhalb Alt-Uturus und entlang der beiden Flanken der Felserhebung führten zur Entdeckung von einigen Grotten mit Baukonstruktionen, die in der Mehrzahl von der Niederung aus nicht sichtbar sind. Damals war ihr Besuch infolge des jahreszeitlich bedingten dichten Pflanzenwuchses, der jeden Zugang erschwerte beziehungsweise verhinderte, ohne Zusatzausrüstung nur im Ausnahmefall möglich. Im Winter 1987/88 wurde das Unternehmen neu gestartet, und es konnten dabei sechs Grotten mit dreiundvierzig Lehmbauten entdeckt und untersucht werden. Hinterlassenschaften menschlichen Kulturgutes enthielten nur zwei der Bauten, die in diesem Katalog in der Folge vorgestellt werden.

5.1 Grotte V (Speichergrotte C)

Koordinaten: S. Alt-Uturu.

Lage und Raumbeschreibung: Die Grotte V liegt hoch oben auf der Nordseite der großen Felserhebung von Alt-Uturu. Der Aufstieg ist schwierig und der letzte Abschnitt nur mit einer Leiter oder Stange möglich. Die Gesamtlänge der Felsspalte beträgt 22,50 m, die durchschnittliche Höhe 1,50 m, und die Tiefe schwankt zwischen 3,60 und 4,50 m; ihre Ausrichtung liegt um 17°. Es gibt keine Ansätze von Ablagerungen (Fig. 20).

Inventar:

Architektur: Im mittleren Abschnitt der Grotte stehen neun runde Speicherbauten, welche in der Mehrzahl die ganze Höhe der Felsspalte füllen und zwei unterschiedliche Baustile erkennen lassen. Die Werkstoffe zur Errichtung der Bauten dürften wie bei Grotte IV mit Seilen hinaufgezogen worden sein.
Metallobjekte: Vier Pfeilspitzen, Typ C (Fig. 47, 3),
zwölf Pfeilspitzen, Typ D (Fig. 47, 4), davon vier geschäftet, } im Speicher 7,
neun Pfeilspitzen, Typ E (Fig. 47, 5), davon zwei geschäftet,
ein Armreif (Fig. 47, 11),
zwei Fußknöchelringe (ein Stück in Abb. 14 oben), } im Speicher 8.

Diverse Objekte: Ein Köcher aus Holz (Fig. 50, 4) im Speicher 7.

Aufenthalt: Winter 1987/88.

6. OBER-NEGENI, ORT

Koordinaten: 10°39'38" N – 5°24'25" W

Lage: Der Ort liegt auf einem von NW nach SO verlaufenden Schichtstufenrand des Plateaus und verfügt über einen dermaßen weitreichenden Siedlungsraum, daß er mit der Zeit zum größten der Wara heranwachsen konnte (Fig. 21). Nach der Volkszählung von 1982 umfaßte er mit Unter-Negeni 1347 Einwohner (im Vergleich zu Niansoghoni: 634 Ew.; Uturu: 413 Ew.; Faniagara: 230 Ew. und Surani: 94 Ew.). Ein Netz von Zu- und Abgängen verbindet das Dorf mit der Ebene und den umliegenden Örtlichkeiten (Fig. 4) und führt in die sakralen Bezirke: Bei Ober-Negeni und Klani befinden sich einige heilige Areale und Opferplätze, die nur den Wara oder nur den Senufo, aber nicht den Jula zugänglich sind; eine dieser Stellen liegt am Plateaufuß beim nördlichen Wegabschnitt nach Ober-Negeni, ein heiliger Marigot am Weg zum Quartier der Traore.

Inventar:

Die beiden Orte Ober- und Unter-Negeni dienten mir in erster Linie zu Ermittlungen über den ethnologischen Fragenkomplex, wobei der Schwerpunkt auf der Untersuchung des historischen Hintergrundes der Wara in Verbindung mit ihrer Herkunft und religiösen Orga-

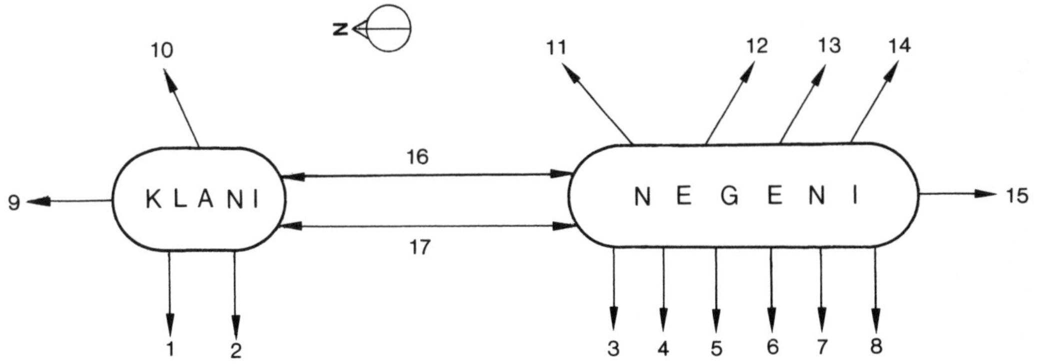

Fig. 4: Die Wegverbindungen von Klani und Ober-Negeni.

1	*komilękunu*	=	der bevorzugte Pfad,
2	*kamisękunu*	=	der nur von bestimmten Personen bevorzugte Pfad,
3	*wanki*	=	der in den Wald führende Pfad,
4	*fanosi*	=	der gefährliche Pfad,
5	*boé*	=	der normale Pfad (nach Nussu führend),
6	*nawanki*	=	der Pfad für die Rinder,
7	*niosi*	=	der am meisten benützte Pfad,
8	*nabossi*	=	der erste Pfad,
9	*męwankula*	=	der nach Faon (Mę, Pansa) führende Pfad,
10	*bato*	=	der in die Berge (nach Kankalaba) führende Pfad,
11	*tambleki*	=	der Pfad mit den vielen Kieselsteinen,
12	*nakumunu*	=	der nach Tamassari führende Pfad,
13	*pala*	=	der nach Faniagara führende Pfad,
14	*taqanki*	=	der Pfad mit den vielen Schottersteinen (nach Lumana führend),
15	*yarotu*	=	der nach Uturu und Niansoghoni führende Pfad,
16	*sinu*	=	der über die heilige Quelle führende Pfad,
17	*lofonu*	=	der kurze, aber schwierige Pfad über die heilige Quelle.

nisation lag. Ein vielfältiges Betätigungsfeld wurde mir auch in der Brousse, nördlich, östlich und südöstlich von Ober-Negeni geboten. Aus der alten Wohnsiedlung beschränkt sich das Fundmaterial nur auf die Keramik, Näpfchen, Schalen und Tröge.

Keramik: Seit der Auflassung des Ortes umfaßt die Tonware nur mehr bombenförmige Gefäße (*lakinipe*, Fig. 39, 4 und Abb. 10) und zahlreiche Oberflächenfunde von meist verzierten Scherben (drei Stück in Fig. 43, 4–6).

Näpfchen, Schalen, Rillen und Tröge: Der Reichtum an fingerhutförmigen, oft mit Rillen verbundenen Hohlformen und länglichovalen schalenförmigen Vertiefungen ist sehr groß. Bevorzugte Stellen sind vor allem mehrere, am westlichen Dorfrand und in der Falaise liegende Felsplatten und Steinnischen sowie die Steinsitze der Versammlungsplätze im Ort. Eine flache Felsplatte (220 x 150 cm) besitzt drei runde Tröge (Dm.: 30–32 cm, Tiefe: 7–11 cm) (Abb. 25).

Aufenthalte: November 1971, Sommer 1983, Winter 1987/88, Winter 1989/90 und Winter 1991/92.

7. OBER-NEGENI, BROUSSE

Koordinaten: 10°39'10" N – 5°23'37" W

Lage: Das gesamte bergige Gebiet der Wara und das ihrer Nachbarn dürfte seit urdenklicher Zeit von Menschen, deren nackte Fußsohlen im rauhen Felsboden glatt-glänzende Pfade entstehen ließen, durchzogen worden sein. In etlichen Felsspalten, Abris und Höhlen, die oft gut versteckt liegen und zum großen Teil nur während der trockenen Jahreszeit bei schwacher Vegetationsdecke ausfindig zu machen sind, aber auch im offenen, pflanzenbewachsenen oder felsigen Gelände finden sich zahlreiche Zeugnisse menschlicher Existenz aus verschiedenen Kulturepochen. Das von mir untersuchte Areal erstreckt sich von Klani und Ober-Negeni bis über das Siedlungsgebiet der Wara hinaus in Richtung Tamassari. Darin einbezogen sind die heiligen Bezirke nahe den beiden oben genannten Wara-Orten mit der Wasserquelle *sinu* sowie die Kult- und Fluchthöhlen. Ihr durch mehrere Besuche gewonnener und durch die Aussage meiner Informanten vertiefter hoher ideologische und soziologische Aussagewert wird im Folgeband aufgezeigt werden. Das in diesem Katalog bearbeitete und aus dem Untersuchungsraum herausgestellte Fundgebiet beginnt etwa fünfzehn Gehminuten südöstlich von Ober-Negeni, Ort und endet bei einem Steilabfall einer nach Süden vorspringenden Felserhebung (*i. e.* Fünfeck in Fig. 21).

Inventar:

Architektur: In den ehemals bewohnten oder als Depot benützten Grotten und Höhlen befinden sich Bauten aus Lehm und Stein, die, bedingt durch ihren jeweiligen Verwendungszweck, recht unterschiedliche Ausführungen zeigen (Fig. 25 und Abb. 6).

Lithisches Material:
Drei retuschierte Abschläge (ein Stück in Fig. 32, 1),
ein Schaber (Fig. 32, 2),
ein Kratzer (Fig. 32, 3),
ein geometrisches Werkzeug, atypisch (Fig. 32, 6),
zwei Querschneider (Fig. 32, 4 und 5),
+ eine Klinge (Fig. 32, 8),[94]
ein Walzenbeil,
vier Schlagsteine,
ein Reibstein, Typ c, einflächig,
eine Reibschale, Typ b, länglichoval.

Keramik: Die Fundplätze mit ihrem Besitzstand an Tonware sind:
a) Zwei große Grotten mit sechzehn beziehungsweise elf Gefäßen (drei Stück in Fig. 39, 1–3),
b) ein alter Grottenspeicher mit dem Gefäßtyp *legisunnu* und einer verzierten Scherbe (Fig. 40), TL-Analyse (B 147): minimal 360±80 Jahre (1630 n. Chr.), maximal 485±75 Jahre (1505 n. Chr.),
c) das freiliegende Gelände mit Oberflächenfunden von meist verzierten Scherben (vier Stück in Fig. 43, 7–10).

Metallobjekt: Ein Messer (Fig. 46, 4).

Felsbilder: Die Wände einiger Abris sind mit monochromen und polychromen Malereien bedeckt. Die Motive bestehen aus zoo- und anthropomorphen Figuren sowie geometrischen Zeichen (Fig. 105–109).

Näpfchen und Rillen: Wie in Ober-Negeni,Ort ist auch in der Brousse das Vorkommen von napfartigen Vertiefungen und eingeschliffenen Rillen groß. Sie befinden sich vorwiegend in Grotten, Felsnischen und Höhlen (Fig. 118–120).

Aufenthalte: Sommer 1983, Winter 1987/88 und Winter 1989/90.

8. DAS FUNDINVENTAR

8.1 Die Architektur

Die baulichen Konstruktionen im Fundareal B bestehen aus mehreren differenzierten Einheiten, wie sie für eine traditionelle bäuerliche Wirtschafts- und Lebensform typisch sind: Haus, Speicher, Stall, Kultbau und sakrale Stätten. Ihre Verteidigungs- und Schutzposition, wie auch die Anlage versteckter Depots und Fluchtstätten außerhalb der Siedlungen, wird durch das natürliche Umfeld der verwitterten und von Erosionstälern geprägten Falaise, deren Steilabfälle und schroffe Erhebungen die Dörfer für einen Fremden schwer zugänglich machen, bestmöglich erreicht. Burgartige Wehrbauten, wie sie bei einigen umliegenden Bevölkerungsgruppen (z. B. Tussian, Tyéfo, Turka etc.) noch Ende des letzten und Anfang dieses Jahrhunderts von Reisenden beobachtet wurden, fehlen bei den Wara.

In Alt-Niansoghoni stehen hinter den verlassenen und bereits stark verfallenen Siedlungsvierteln im Schutz eines großen Felsüberhanges einige alte Bauten aus Lehm. Neben einer zylindrischen Bauform mit Flachdach und Lehmwulstornamenten[95] finden sich u. a. zwei stark vom Rauch geschwärzte Häuser, die über dem Türsturz mit graviertem und modelliertem Schmuck versehen sind. Im Haus *konu (kunû)*[96] (links in Fig. 22) werden die heiligen Objekte einer Familie aufbewahrt, im Haus *kûnnubá* (*kûnnu:* „Gift“[97], *bá:* Haus) (rechts in Fig. 22) wurden Kriegsverletzte geheilt und gepflegt. Seine Außenwand zeigt die Darstellung von zwei Äxten (sing.: *fèkèfèkena*)[98], die sowohl „um Krieg zu machen“ als auch beim Tanz auf dem Totenfest, im besonderen bei dem eines initiierten Heilers, ihre Verwendung fanden.[99] In der Nähe der beiden Häuser befindet sich eine kleine Hütte mit dem Halbrelief einer Pythonschlange.[100] Sie tritt als ein Wissen besitzendes Tier in Erscheinung, deren sich der Wahrsager *(kutakaya)* mit Hilfe seiner Geister bedient.

Oben an die Felswand geklebt, stehen alte Bauten, die mit rot und schwarz gefärbten, zu geometrischen Mustern zusammengesetzten Ritzzeichnungen, mit Zieraten aus aufgelegten Lehmwülsten und mit einer Tierdarstellung im Halbrelief (Elefant, *yamuna*)[101] bedeckt sind (Abb. 3). Es handelt sich um „Depots“ (*kolomu*, sing.: *konu*) für Sakralobjekte (darunter auch Tongefäße). Die Besitzer der Bauten sind die „roten“ *Bandòbã* (*Bandòmiyã*, s. Anmerkung 88), die auch die Soldaten für den Krieg organisierten. Der Elefant ist der Garant ihrer Stärke.

Die modernen Zylinderspeicher im Quartier der Traore besitzen im oberen Drittel eine viereckige Öffnung, tragen in der Regel gegen die Erosion durch Regenfälle ein konisches Schopfdach aus Stroh und zeigen einfache Muster aus breiten weißen Linien an der Außenmauer (Fig. 24, a).

Zwei alte Speicherbauten in einer heute bei den Wara nicht mehr üblichen Form befinden sich in einer kleinen Grotte in Ober-Negeni,Brousse. Beide sind etwa 1,70 m hoch, haben einen runden Querschnitt, und ihre Mauern beginnen schon im unteren Teil sich nach oben zu verjüngen. Den oberen Abschluß bildet eine Kuppel aus Lehmmörtel, die rundovale Öffnung im oberen Drittel ist offen (Fig. 25). Da sie nicht vom Fließwasser – eine Gefahr für alle Lehmbauten – erreicht werden können, fehlt bei ihnen der Rost, dessen Balken gewöhnlich auf Stützsteinen stehen – ein Merkmal fast sämtlicher Grottenspeicher. An ihrer Außenwand sind weiße Spuren geopferten, in Wasser gelösten Mehls erkennbar (Fig. 24, b).

In Ober-Negeni,Brousse kommt außerdem eine nicht geringe Zahl von Grotten und natürlichen Höhlen vor. Sie dienen als Depots für Tongefäße, Bau- und Brennholz und ähnlichem oder wurden als Unterkünfte und Wohnräume benützt. Sie liegen zum überwiegenden Teil gut versteckt und haben ihre Eingänge durch eine Mauer aus Lehm (die fallweise mit Steinen verstärkt ist) oder durch aufgeschichtete Gesteinsbrocken verbarrikadiert, die nur einen kleinen Durchschlupf freilassen. Im Inneren befinden sich des öfteren Bauten von unterschiedlicher Ausführung und Größe: Es gibt aus Lehm geformte Speicher, die vorwiegend an der hinteren Felswand der Grotte stehen und bis an die Felsdecke reichen; es gibt niedere, aus Steinen und Lehmmörtel errichtete Räume, deren Eingang mit einer flachen Felsplatte verschlossen werden kann (Abb. 6), und es gibt Mauern aus Lehm von durchschnittlich 80 cm Höhe, die den Innenraum in mehrere Kompartimente teilen. Heute sind alle diese Grotten und Höhlen verlassen. Sie beinhalten, abgesehen von wenigen Funden aus Kauri-Schneckengehäusen, keine Gegenstände mehr und weisen auch keine Spuren kultischer Verehrung auf (im Gegensatz zu jenen im sakralen Bezirk).

In der Nähe von Ober-Negeni,Ort liegen einige kleine Grotten, von denen aus die ganze Siedlung gut übersehbar ist, und Höhlen, die bei Kriegsgefahr als Zufluchtsstätten aufgesucht werden konnten.

8.2 Das lithische Material

Aus dem Areal B liegt quantitativ ein eher bescheidenes lithisches Fundgut vor. Es setzt sich ausschließlich aus Oberflächenfunden zusammen, die in Alt-Niansoghoni und in Ober-Negeni,Brousse aufgesammelt wurden. Die Fundortverteilung und die Stückzahl ist in Fig. 35 ersichtlich.

Typologische Übersicht der Fundobjekte[102]:
Absplisse.
Retuschierte Geräte, darunter
Abschläge mit zum Teil groben, vertikalen Retuschen; ein Exemplar mit gerader Seitenfläche könnte als Seitenschaber interpretiert werden (s. auch Fig. 32, 1).
Schaber mit schwach retuschierter Kante (Fig. 32, 2).
Kratzer (Fig. 32, 3).
Geometrische Werkzeuge:

Ein Segment vom Typ 1, c, A (Fig. 32, 7),[103]
ein in der typologischen Erstellung atypisches Exemplar (Fig. 32, 6).
Querschneider (Fig. 32, 4 und 5).
+ *Klinge* mit bilateral und bifazial flachen Retuschen (Fig. 32, 8).
Walzenbeil:
Die Klassifikation nach H. Hubert, 1925 (s. Abschnitt II) ergibt:
L 55; IL 13, 2; IT 7, 3; H 1, 3; T a, d; R a; B a, p; B_1 a, p; a; O e; C x; S e; P m; A s; Sandstein.

Seine Maße und Indizes sind in der graphischen Disposition von Fig. 37 enthalten.
Schlagsteine von ovaler Form mit Nutzungsspuren an den Enden und Seiten.
Reibsteine:
Zwei Objekte in rundovaler Form vom Typ c mit Oberflächenstriemungen, die auf die Technik des Mahlvorganges schließen lassen.
Ein Objekt in zylindrischrunder Form vom Typ b ist durch Pickung aufgerauht, um es im Gebrauch wirkungsvoller zu machen.
Reibschalen:
Sie sind länglichoval mit einer jeweils deutlich erkennbaren, intentionalen Vertiefung mit Randbetonung; beide Typ b.

Bei vergleichender Betrachtung des Inventars mit dem Besitzstand lithischen Materials aus dem Areal A fällt eine Konformität von morphologisch identischen Objekten sowohl bei bestimmten Werkzeuggruppen als auch bei den Gerätetypen auf. Dies kann als Zeichen formaler und technologischer Stabilität innerhalb bestimmter Kulturgemeinschaften erklärt werden. Die Beobachtung trifft darüber hinaus aber auch auf eine Anzahl von Instrumenten zu, die sich keineswegs zur regionalen Delimitierung von Kulturgruppen durch das Objektinventar heranziehen lassen. Den Verwendungszweck der verschiedenen Steinobjekte im einzelnen zu bestimmen und daraus die Lebensweise der Menschen und die Umweltbedingungen abzuleiten, ist daher ein ebenso schwieriges Unterfangen wie ihre chronologische Einstufung nach typologischen Merkmalen. Schon allein daraus, daß bestimmte Artefaktgruppen, die aufgrund ihrer relativen Häufigkeit innerhalb eines primären Distributionszentrums als typisch für eine Kultur nachgewiesen werden können, behaftet ihre paläoökologische Ausdeutung mit großen Unsicherheiten.

8.3 Die Keramik

In den Dörfern Niansoghoni, Uturu und Negeni wird nicht getöpfert, und nach der Auskunft meiner Informanten soll es dort auch keine Keramikproduzentinnen gegeben haben. Dagegen berichtet L. Frobenius, daß die Warafrauen – wohl ohne Ausnahme – irdene Töpfe anfertigen.[104] Dreißig Jahre später besagt eine Notiz von L. Tauxier, „la poterie est achetée aux femmes des cordonniers des races voisines, qui viennent la vendre chez eux";[105] gemeint sind hier in erster Linie die Jelifrauen von Kawara.

Die heute in den oben genannten Dörfern in Gebrauch stehenden Gefäßkeramiken werden von den Wara auf dem Markt von Baguéra gekauft und von den Jelitöpferinnen in Kawara und von den Senufofrauen in Kawolo produziert.[106] Dabei scheint es, daß die Wara die „ganz normale" und den allgemeinen Anforderungen der Gemeinschaft entsprechende Gebrauchskeramik zum größeren Teil aus dem Warenangebot der Senufo, und jene Tongefäße, die einen

Funktionswandel erlauben, vorwiegend aus dem Sortiment der Jeli wählen. Wie bei den meisten afrikanischen Ethnien, geraten auch bei den Wara gewisse profane und sakrale Bereiche in Berührung und bewegen sich in Wechselwirkung hin und her. Daneben gibt es aber auch Gefäße, die ursprünglich nur für sakrale Zwecke angefertigt wurden und im Vergleich zur Gebrauchskeramik markante Unterschiede in Form und Verzierung aufweisen.[107]

Keine Eigenentwicklung der Töpferinnen aus Kawara und Kawolo, deren Produktionspalette die Fortsetzung einer seit Generationen währenden Evolution ist, sind einige bei den Wara gebräuchliche Gefäßtypen, die sich aber noch nicht als fester Bestandteil ihres Keramikinventars etabliert haben und daher nur selten auftreten (Fig. 39, 1–3 und 5). Ihre Form und ihr Dekor weist auf Einflüsse aus den nördlich der Wara liegenden Gebieten hin (Raum Weleni), wo sie auch zum festen Angebot der dortigen Märkte gehören.[108]

Sehr groß ist das Vorkommen von Keramikscherben. Die meisten sind verziert und nehmen einen sicheren Platz in den beiden, schon im Abschnitt 3.3 erstellten Gruppen ein (Fig. 43, 1, 2, 4 und 5). Eine Ausnahme bilden jene Gefäßfragmente, deren Wand bis zum Rand wulstartige Erhebungen besitzt, die, je feiner die Tonware ist, gut verstrichen sind oder nur ein bis zwei sicht- und greifbare Ansatzstellen aufweisen (Fig. 43, 3). Wie die Innenseite der Wand zeigt, dürften zu diesem Verstreichen neben den Fingern auch Blätter Verwendung gefunden haben. Gelegentlich scheinen die Fragmente mit fein geschlämmter Tonschicht überzogen zu sein, die besonders die unverzierten Stellen, und hier vor allem die Innenwände, gut glättet und eine glasurähnliche Wirkung erzielt. Je derber jedoch die Scherben sind, je dichter der Ton mit Grobkomponenten durchsetzt ist, desto deutlicher zeigen sich die Ausbuchtungen an ihrer Innenwand. Auch scheinen hier die inneren Teile, besonders die stark verdickten Randwülste, nur mangelhaft vom Brand erfaßt zu sein und weisen schwarz verkohlte Reste an der oberen Bauchseite und Schulter auf. Die Dicke der Scherben liegt zwischen 7 und 16 mm, die Ränder sind ausladend, besitzen manchmal eine Inflexion und erreichen eine Breite von 21 mm; ihre Farbe variiert von Gelbbraun bis Rotbraun, bei einigen Stücken erscheint sie grau bis schwarz, was auf Sauerstoffmangel beim Brennen (reduziertes Brennen) zurückzuführen ist.

Da es sich ausschließlich um Oberflächenfunde handelt, läßt sich ihr Alter nur mit großer Unsicherheit abschätzen. Die Wara subsumieren die Scherben angesichts ihrer Technik und Dekorformen (die in Band 2 behandelt werden) als „récent" oder „ancien", wobei sie erstere eindeutig als Töpfereierzeugnisse der Jeli beziehungsweise der Senufo erkennen. Über die alte Tonware sind Informationen spärlich, und ihre Herstellung wird den „hommes avant" zugeschrieben, die das Land zu einem nicht mehr bekannten Zeitpunkt verlassen haben. Diese Scherben besitzen einen heute in dieser Region unüblichen Dekor wie auch einige völlig unbekannte Dekorelemente (Fig. 43, 3, 6–10). Zudem weist ihre technische Behandlung einige unterschiedliche Besonderheiten auf, die von der jeweiligen Handfertigkeit der einzelnen Produzentinnen herrühren dürften und keinen Beweis auf zeitliche Unterschiede in der Herstellung geben. Vielmehr scheint es, daß die Ware mehr oder weniger ein und derselben Epoche angehört.

Für das keramische Randstück aus dem alten Speicher in Ober-Negeni,Brousse liegt eine TL-Analyse (B 147) vor, die ein maximales Alter von 485±75 Jahren (1505 n. Chr.) ergibt. Die Scherbe besitzt einen waagrecht abgeflachten Rand mit außen umlaufendem Wulst, der mit parallel gesetzten, transversalen Einstichen verziert ist, und einen schwach ausgeprägten Schulterknick. Die Gefäßwand trägt unterhalb der Schulter eine einfache Einstichdekoration und weist eine Engobe auf, die eine dunkelbraune bis schwarze Farbwirkung zeigt. Wandstärke: 6 bis 8 mm, erhaltene Höhe: 94 mm, Randdm.: 220 mm (Fig. 40).

In formaler Hinsicht bestehen keinerlei Entsprechungen zu den heute im Untersuchungsraum vertretenen Gefäßkategorien, und auch beim Dekor sind keine Übereinstimmungen festzustellen. Genauso gibt es keine Gemeinsamkeiten mit dem zahlreichen Scherbenmaterial aus anderen Fundplätzen in SW-Burkina Faso. Suchen wir nach möglichen Verbindungen des vorliegenden Keramikstückes zu formal korrespondierenden Typen mittelalterlicher Provenienz, so finden wir diese erstaunlicherweise erst wieder in der Tellem-Tonware bei Sanga in der weitentfernten Falaise de Bandiagara.[109] Die dort als Typ 12 klassifizierten Gefäße der Phase 2 (11.–12. Jh.) und der Phase 3 (13.–14. Jh.) entsprechen sowohl in der Morphologie des Randes, in der Technologie des Dekors als auch in ihrer Form und Dimension unserem Keramikfund aus Ober-Negeni,Brousse. Identisch scheint auch die Anwendung der Engobe zu sein, die im vorliegenden Fall den Gefäßkörper für die Außen- und Innenwand des Randes überzieht (die dunkle Farbwirkung weist auf reduzierendes Brennen hin).

Auch auf der Tonware von Jenno-jeno im Inlanddelta des Nigers ist eine Engobe, und zwar von orangeroter bis dunkelroter Farbwirkung, in allen vier Phasen (250 v. Chr. bis 1400 n. Chr.) belegt.[110] Auch die Keramikfunde aus den *togge* Dupwil bei Sevare und Galia, östlich von Jenne, die mit der Ware aus der entsprechenden Schicht 4 von Jenne-jeno nahezu wesensgleich ist, zeigen häufig eine Engobe[111], lassen aber in formaler Hinsicht kaum Gemeinsamkeiten zu unserem Material erkennen. Angesichts des unikalen Fundcharakters scheint ein Vergleich mit der frühhistorischen Keramik außerhalb des Untersuchungsraumes noch als zu gewagt, obwohl bestimmte und schlüssige Analogien vorhanden sind. Dennoch muß festgehalten werden, daß das Randstück aus Ober-Negeni,Brousse zusammen mit dem Gefäß aus der Grotte IV im Fundareal A (s. Abschnitt 3.3) ein isoliertes Phänomen im heutigen SW-Burkina Faso darstellt.

8.4 Die Metallobjekte

So wie im Fundareal A lassen sich auch die wenigen, im Siedlungsgebiet der Wara gefundenen Metallgegenstände in drei Kategorien gliedern.[112] Die Objekte bestehen mit Ausnahme der im Gelbguß gefertigten drei Schmuckstücke aus geschmiedetem Eisen.

A. Werkzeuge und Waffen

- Messer *(sanbié)* in geschwungener Dreiecksform mit stumpfer Schneide, gerundetem Rücken und Dornschäftung. Beide Seiten des Gerätes sind dunkel patiniert und partiell mit Rost besetzt. L: 9,3 cm; B: 0,9–2,3 cm (Fig. 46, 4).

- Pfeilspitze *(talakw̃a)*[113] (vier Stück), Typ C: Beschreibung im Abschnitt 3.4 (Fig. 47, 3).

- Pfeilspitze *(talakw̃a)* (achtzehn Stück, davon vier geschäftet), Typ D: Beschreibung im Abschnitt 3.4 (Fig. 47, 4).

- Pfeilspitze *(talakw̃a)* (neun Stück, davon zwei geschäftet), Typ E: Dreieckig, mit hexagonalem Querschnitt. Zwei weite, einreihig rückweisende Widerhaken sind seitenalternierend eingeschnitten, am Körperwuchs gerundet; Dornschäftung. L: 9 cm; B: 2,3 cm (Fig. 47, 5).

B. Schmuck

- Armreif *(yampié)*, offen, oval, unregelmäßig runder bis ovaler Querschnitt, an den Ecken rechteckig geformt. L Hauptachse (außen): 7,5 cm (Fig. 47, 11).

- Fußknöchelring *(bolokona)* (zwei Stück), rundoval. Auf beiden Außenseiten ist jeweils aus einem Wachsfaden ein Steg aufgelegt, der an beiden Enden von einer Halbkugel begrenzt wird. Beide Objekte zeigen innen starke Benützungsspuren. L Hauptachse (außen): 12,4 cm, L Nebenachse (außen): 7,1 cm, Ringdm.: 0,5 cm (Abb. 14 oben).

Die Herstellung der Armreifen und Fußknöchelringe erfolgt durch den Auftrag der Wahrsager.

C. Sakralobjekte

- Außenanschlagglocke *(kegena)*. Zwei dreieckige Stücke sind zusammengeschlagen, gewölbt und mittels rundem Steg zu einer Glocke geformt; fast runder Querschnitt, Durchmesser unten größer als oben. Das Gerät ist dunkel patiniert und besitzt zwei feine Querrisse; der Anschlagring fehlt. H: 23 cm, größter Dm.: 7,7 cm, Materialstärke: 1–2 mm (Fig. 49, 1).

- Handglocke *(kogonu)* mit außen überlappender Schmiedenaht und einer oben angeschmiedeten runden Platte, an der breitesten Stelle zwei Millimeter überstehend; kreisförmiger Querschnitt. Der halbrunde Handbügel ist mittels zweier Dorne befestigt, der runde Klöppel mit Draht in einem Loch an der Deckplatte versplintet; sehr dunkle Patina. H: 5,8 cm, Dm: 3,2 cm (Fig. 48, 1).

8.5 Diverse Objekte

- Geschäftete Pfeile (sechs Stück). Jeder Schaft besteht aus einem Rohrgrashalm von 45–47 cm Länge, in dem die eiserne Pfeilspitze eingedornt ist. Die vier Pfeilspitzen vom Typ D sind im Schaft mit einem Bindestreifen aus einer dünnen Lianenfaser, die zwei Pfeilspitzen vom Typ E mit einem Kunststoffstreifen umwickelt und fixiert. Bei zwei Schäften ist das Pfeilende mit einem Lianengeflecht verdickt, die anderen vier Exemplare besitzen keine besondere Vorrichtung. Eine Befiederung ist unbekannt. Mit Ausnahme eines Pfeiles (vom Typ E) sind alle Spitzen sowie die Vorderenden der Schäfte und die Bindestreifen mit Pflanzengift versehen.

- Köcher *(bwo)* aus einem zylindrischen Holzkörper, der auf eine Wandstärke von 0,4 cm ausgehöhlt wurde; der Bodenteil des Köcherholzes bildet einen geraden Abschluß. Oben und unten ist er mit einer dreifachen Zopfverzierung versehen, die aus dünnen Lederbändern gelegt ist, die Tragschlaufe fehlt. Der Köcher kann bis zu sechs Pfeile aufnehmen. L: 36,5 cm, Dm.: 2,9 cm (Fig. 50, 4).

- Teil eines Schlüssels *(konu)*[114] aus Holz *(ûna)* in abstrakter anthropomorpher Form, rechteckig, gewölbt, der Kopf zeigt eine Frau *(tyièbe)*. Am unteren Ende ist ein Zapfen angeschnitzt. In der Mitte ist das Holz stark profiliert und an der linken Längsseite mit fünf, an der rechten mit vier unregelmäßigen Löchern durchbohrt. L: 13,8 cm, B: 4,3 cm (Fig. 50, 1).

- Behälter *(pina)* aus dem rechten Horn eines jungen Schafes. Um die Öffnung ist ein breiter Lederstreifen geklebt, er wird mittels einer randparallelen Schlingnaht zusammengehalten. Durch das Lederband ist ein Lederfaden gezogen, der mit drei Kauri-Schneckengehäusen *(andiokula)*[115] und einer Schlaufe verziert ist. H: 7,2 cm, Öffnung: 2,4 x 3,7 cm (Fig. 50, 2). Der Behälter dient zur Aufbewahrung eines Heilmittels gegen Schlangenbiß.

- Kette *(lanimi)* aus stark duftenden doppelkonischen, flächig beschnittenen Perlen aus Nußsegge *(Cyperus rontondus)*. Zwischen den achtundzwanzig Perlen befinden sich an einer Stelle vier (als Zeichen der Frau) nebeneinanderliegende, offene Kauri-Schneckengehäuse. L: 29 cm, die Größe der Perlen variiert zwischen 1,5 und 2,3 cm, ihr Durchmesser zwischen 1,3 und 1,7 cm (Abb. 19).
  Die aus weiten Teilen Afrikas bekannte Kette wird von den Frauen getragen und von den Wara auf den verschiedenen Märkten gekauft.

- Kopfaufsatz (Helm, *kônu*) aus konischem Wulsthalbgeflecht. Der Wulst ist spiralig in zwanzig Windungen vom Scheitel abwärts, am unteren Rand doppelt gewickelt. Seitlich, mit jeweils zwei Löchern, sind zwei flach geschnitzte Hörner aus Holz angenäht, die im unteren Teil etwa 2,5 cm breit mit dünnen Lederriemen umflochten sind. Die Hörner sind nach außen gekrümmt und oben spitz zusammenlaufend, ein Hornende ist leicht beschädigt; Lederreste am unteren Helmrand. H (mit Hörnern): 31 cm, Dm.: 20 cm (Fig. 48, 3).
  Der Helm wurde im Krieg getragen.

8.6 Die Felsbilder

Die im Fundareal B aufgenommenen Felsbilder befinden sich in vier Abris und einer Höhle in Ober-Negeni,Brousse. Es sind ausschließlich Piktographen, die im schematisierten und geometrischen Stil zoo- und anthropomorphe Figuren sowie diverse Zeichenformen präsentieren.

1) **Abri I**
Inventar: Die Abbildungen setzen sich aus verschiedenen geometrischen Darstellungen zusammen, die zum Teil schon sehr verblaßt sind und sich in rasterartige Feldteilungen (Scaliforme), Gitterstrukturen und Punktgruppen gliedern.
Ausführung: Mit Ausnahme der mit roter Farbe gekennzeichneten Punkte sind die Abbildungen in weißer Strichführung unterschiedlicher Breite ausgeführt.
Reproduktion: In Fig. 105 werden nur die im Original klar erkennbaren Figuren wiedergegeben.
Die Länge des Bildensembles beträgt 540 cm, die Orientierung des Abri 130°.

2) **Abri II**
Inventar: Auch dieser Abri zeigt Zeichenformen, für die sich kaum eine dem Alltagsleben entnommene Interpretation erbringen läßt. Sie sind über die Hinterwand, einige auch auf der Decke des Felsüberhanges verteilt; eine kleine Gruppe linear geformter anthropomorpher Figuren des geometrischen Stils befindet sich unterhalb des Ensembles.
Ausführung: Sie weisen eine weiße, teilweise schon sehr verblaßte Strichführung von durchschnittlich einem Zentimeter Breite auf. Die Punkte und die menschlichen Figuren sind in Rot ausgeführt.
Reproduktion: Fig. 106, wobei auch hier nur jene Darstellungen wiedergegeben werden, die eine ziemlich genaue Nachbildung des Originals erlauben; alle anderen Figuren wurden aus dem Repertoire ausgeklammert. Die Länge der Bildszene beträgt 320 cm, die Orientierung des Abri 60°.

Ebenfalls im Abri befindet sich eine Anzahl napfartiger Vertiefungen und Rillen (Fig. 118).

3) **Abri III**
Inventar: Einige, zumeist sehr schlecht erhaltene zoomorphe Figuren.
Ausführung: In vorwiegend schwarzer, vereinzelt auch in weißer Farbe.
Reproduktion: Ein Ensemble mit drei Tierdarstellungen in Fig. 107; die Länge der Szene beträgt ca. 170 cm.

4) **Abri IV**
Inventar: Eine zoomorphe Figur.
Ausführung: Weiße Farbe mit anteiliger dunkler Patina.
Reproduktion: Fig. 109.

5) **Höhle**
Inventar: Die Darstellungen befinden sich oberhalb des Einganges in zwei Meter Höhe und zeigen eine zoomorphe und mehrere linear geformte anthropomorphe Figuren.
Ausführung: Der ursprüngliche Farbton war weiß, der infolge von Witterungseinflüssen partiell bis schwarz nachdunkelte.
Reproduktion: Die in Fig. 108 gezeigte Bildszene hat eine Länge von 116 cm. Links davon sind noch andere, heute nicht mehr erkennbare Darstellungen in weißer und roter Farbe vorhanden. Die himmelskundliche Ausrichtung der Höhle beträgt 240°.

Vor ihrem Eingang liegt ein Felsblock von etwa einem Meter Höhe mit napfartigen Vertiefungen im Top.

Bei den im Abri I und II gezeigten Piktographen handelt es sich offenbar in der Mehrzahl um Symbole und Hinweiszeichen, die einst den Menschen etwas gesagt haben dürften. Es wäre vorstellbar, daß ihre Sinndeutung auch den heutigen Bewohnern dieses Gebietes (Wara) verständlich wäre oder daß sie ihren Sinngehalt auf dem Weg über intuitive Erkenntnisfähigkeit mitteilen beziehungsweise ohne langwierige Reflexion erschließen. Wie meine diesbezüglich durchgeführten Untersuchungen zeigen, lassen sich solche Mutmaßungen leider nicht immer verifizieren. So lassen sich die gitterförmigen Gebilde in Fig. 105 für den unbefangenen Beobachter mutmaßlich im Sinne von Flurplänen oder Skizzen von Feldern und Nutzland deuten, da es plausibel erscheint, daß in agrarischen Gemeinschaften der Besitz an bebautem Boden in abstrahierenden Zeichen seinen Ausdruck findet. Dieser Auslegung gegenüber steht eine ganz andere, mir gegebene Erklärung, die sich tief im magisch-rituellen Bereich verliert. Beide Interpretationsmuster, so diskutabel sie auch immer sein mögen, zeigen deutlich den unterschiedlichen weltanschaulichen Standpunkt des Interpreten, der wohl für die jeweilige Sinnesdeutung unbewußt mitverantwortlich ist. Der Versuch, in den Wesenskern einer wie immer gearteten auf Fels gemalten oder gekerbten Botschaft vorzudringen, wird daher ohne den Kontext mündlicher Überlieferung oft im Bereich des Hypothetischen haften bleiben. Dies gilt um so stärker, je weiter sich eine Gesellschaft und ihre Mythik von naturhaften und einfachen Formen entfernt und je schwieriger und subtiler ihre Geisteswelt emporwächst.

Ganz anders liegt der Sachverhalt bei den einfachen, klar erkenntlichen zoomorphen Figuren, die meist in schwarzer Farbe ausgeführt sind. Ihre Fertigung wird den Jula zugeschrieben, die von den Wara in den Abris und Höhlen als Gefangene gehalten wurden.

8.7 Die Näpfchen, Schalen, Rillen und Tröge

Auch im Fundareal B ist das Vorkommen von den in Fels und Stein vertieften napfartigen Hohlformen[116] groß. Vor allem im Gebiet von Ober-Negeni tritt eine Unzahl von runden Grübchen und ovalen Schälchen verschiedenster Größe und Tiefe auf, von denen manche Felsen nur eine beschränkte Zahl aufweisen, andere hingegen damit übersät sind. Die Eintragungen befinden sich gewöhnlich im gewachsenen Fels mit vorwiegend horizontaler oder wenig schräg geneigter Oberfläche und sind, wie das sie umgebende Gestein, meist stark verwittert. Häufig sind sie an exponierten Stellen oberhalb senkrechter Felsabstürze oder in Felsnischen mit dominierender Aussicht anzutreffen. Sie sind oft schwer erreichbar und befinden sich nicht selten an den von der aufgehenden Sonne beschienenen Abhängen. Diese mehreren Näpfchen anhaftende Position scheint die Mehrzahl der bisherigen utilitaristischen Auslegungen und Erklärungsversuche über ihre Entstehung und Funktion zu widerlegen. Man ist geneigt, für ihre Herstellung kultische Gründe zu vermuten, zum Beispiel, daß die Reibetätigkeit selbst als Gebet, als Anrufung einer Gottheit aufzufassen ist, die nur dort anwesend sein kann, wo das Ungewöhnliche wohnt: in bergigen Anhöhen oder halbdunklen Höhlen. Besonders in Ober-Negeni,Brousse gibt es eine hohe Zahl von Abris, Felsnischen und Höhlen mit begründet als artifiziell anzusprechenden Näpfchen. Oft sind sie mit U-förmigen, seichten Rillen verbunden, wie dies im Abri II auf der horizontalen Felsplatte unterhalb des Piktographenensembles deutlich der Fall ist, wo die Rillen von zehn napfartigen Vertiefungen mehr oder weniger genau in eine Richtung weisen (mit einer Ausnahme in der Bildmitte) (Fig. 118).

In der Nähe des Fußpfades, der Ober-Negeni mit Alt-Uturu verbindet, liegt eine kleine Grotte, in der sich neben einer aus geschichteten Steinen bestehenden baulichen Konstruktion auf einer kniehohen, waagrechten Felsplatte zwanzig napfartige Hohlformen unterschiedlicher Größe befinden. Auch sie sind in der Mehrzahl mit Rillen unterschiedlicher Länge (davon zwei in der Art eines Krummstabes) verbunden (Fig. 119). Eine ähnliche Komposition liegt in einer Grotte nahe des Weges nach Lumana vor (Fig. 120), wie auch in mehreren anderen von mir untersuchten Abris und Höhlen in Ober-Negeni,Brousse und Umgebung. Bei vielen dieser in Fels gekerbten Eintragungen mag ihre Herstellung selbst als der entscheidende Akt gegolten haben – und nicht das Produkt. Es mag sich damit eine Symbolik verbinden, die heute aus dem bruchstückhaften Überlieferungsgut heraus nicht oder kaum mehr restlos rekonstruierbar zu sein scheint.

Besonderes Augenmerk verdienen die Näpfchen-Steinsitze (sing.: *bamuna*) in Ober-Negèni,Ort. Es sind dies flache Steinplatten in unterschiedlicher Größe und mit einer verschieden hohen Anzahl von runden und ovalen Vertiefungen, die manchmal mit Rillen verbunden sind (Fig. 121). Sie finden sich oft mit Lehnsteinen in unterschiedlich großen Gruppen angeordnet, die in jedem Dorfviertel unter dem Schatten eines mächtigen Fromager liegen und den Versammlungsplatz bilden. Jede Sippe besitzt eine solche nach ihrem *diamu* benannte Örtlichkeit im Dorf.[117] Auf diesen Plätzen gehen aber nicht nur Vorgänge mit persönlichen Inhalten vor sich, sondern auch Abläufe, die auf kultischen Vorschriften beruhen, womit die Bedeutung der Näpfchen-Steinsitze im rituell-sakralem Geschehen betont wird.

Ähnliches kann auch über die große, flache Felsplatte mit den drei runden Trögen gesagt werden (Abb. 25). Die Anlage dient sowohl für rituelle Handlungen mit Opfervollzug (beobachtet im Juli 1983) als auch für rein profane Dienstleistungen. So z. B. schreckten und kühlten die in ihrer unmittelbaren Nähe arbeitenden, ethnisch zu den Senufo gehörenden Schmiede *(fumã*, sing.: *funi*) das heiße Metall in den mit Wasser gefüllten Trögen ab.

Die Existenz der megalithischen Denkmäler allein bei den Wara und wie diese materiellen Formen in ein geistiges übergeordnetes Ganzes eingefügt wird, zeigt eine zu einem guten Teil bis heute lebendig gebliebene „megalithische Denkweise" auf. Noch immer üben die Steinsitze und die mit Trögen versehene Felsplatte bei gewissen Zeremonien, die (wie jeder Ritus) mit äußeren Zeichen und Handlungen verbunden sind, ihre funktionellen Aufgaben aus. Die gewonnenen faktischen Feststellungen, die sich aus der Analyse des Materials ergeben und zu Erkenntnissen über wichtige Grundstrukturen der Altschicht bei den Wara führen, werden gemeinsam mit dem Versuch einer Interpretation der Felsbilder in Band 2 aufgezeigt.

VI. Das Fundareal C

Das Fundareal C, durch das die Überlandstraße zur Elfenbeinküste führt, wird zum überwiegenden Teil von der Falaise de Banfora eingenommen, die von Taga bis Takaledugu die natürliche Südgrenze des Siedlungsgebietes der Tussian bildet.[118] Einen besonderen Stellenwert meiner ethnoarchäologischen Untersuchung nimmt der Falaise-Abschnitt im Wohnraum der Tussiamba-Gruppe ein, der die Bewohner von Yerokofaso (Tussian-Name: *Kentenfon*), Tussiana *(Konse, Wînkwil)* und Nyanaba *(Nianha)* umfaßt.[119] Einige Surveys wurden auch entlang der Komoé südwestlich von Jenekafasso und außerhalb des Tussian-Gebietes im Steilabbruch bei Peni (Tyéfo-Siedlung) durchgeführt. Die dort erbrachten Funde, bestehend aus einigen Steingeräten und einer Ansammlung von Petroglyphen, werden im vorliegenden Katalog nicht vorgestellt wie auch nicht die im Sommer 1983 entdeckten und in ihrem Bestand aufgenommenen Felsbilder bei Tapokodeni, nahe Taga. Die nachstehend angeführten Fundlokalitäten befinden sich in der Nähe von Tussiana und in der Falaise zwischen Taga und Nianha und können strukturell in drei unterschiedliche Gruppen gegliedert werden: in Felsgrotten, in freiliegende Anlagen und in Erdlochräume.

9. DIE FELSGROTTEN (ABRIS)

9.1 Grotte VI (Heilige Grotte)

Koordinaten: 10°50'19" N – 4°35'20" W

Lage: Der Fußpfad von Tussiana in Richtung Daramandugu führt, beginnend am oberen Plateaurand, durch eines der Quellgebiete des Sinazigbe *(Ntapisânkè)*. Bevor er die Ebene mit den Anbaufeldern erreicht, befindet sich linkerseits ein heiliger Bezirk der Tussian. Nach den Aussagen meiner Informanten gibt es in ihm mehrere Grotten, die als Aufbewahrungsort für Sakralobjekte bestimmt sind. In eine dieser Grotten wurde mir in Begleitung eines Yibi, die als „Besitzer" der Falaise gelten, der Zutritt gestattet. Der nächstgelegene heilige Bezirk liegt etwa auf halbem Weg zu den Grotten VII und VIII am Fuße der Falaise. In seiner Nähe gibt es zwei kleine Abris, die mit einigen schlecht erhaltenen, in roter Farbe ausgeführten anthropomorphen Felsbildfiguren des geometrischen Stils ausgestattet sind.[120]

Inventar:

Keramik: Im rechten Grottenabschnitt liegen vier kleine Tongefäße (ein Stück in Fig. 39, 6) neben sieben Kauri-Schneckengehäusen und einem mit Hühnerblut und weißen Hühnerfedern beopferten, faustgroßen Stein.

Metallobjekte: Eine Außenanschlagglocke mit Anschlagring (Fig. 49, 2),
eine Handglocke (Fig. 49, 3),

ein „Fetischeisen“ (Fig. 48, 2),
ein „Schlangeneisen“ (Fig. 48, 4),
eine schlangenförmige Stichwaffe (Fig. 48, 5).

Diverse Objekte: Eine Brettmaske (vgl. Abb. 20),
ein Schemel.

Aufenthalt: Winter 1989/90.

9.2 Grotte VII (Westgrotte)

Koordinaten: ca. 10°51’08” N – 4°33’54” W

Lage: Wird der vorhin erwähnte Fußpfad von Tussiana nach Daramandugu, knapp nachdem er den Fuß des Steilabfalles erreicht hat, verlassen und der Falaise in nordöstlicher Richtung gefolgt, erhebt sich alsbald ein großer, nach Süden ragender Felsvorsprung (kurz davor steht ein kleines Gehöft). Nicht weit davon entfernt befinden sich in geringer Höhe die beiden Grotten VII und VIII.

Die Westgrotte erreicht eine Länge von 15 m, eine Tiefe von 5 m und eine Höhe von 2 m; ihre Orientierung beträgt 190°.

Inventar:

Lithisches Material:
Ein Rillenstein;
30 m östlich von Grotte VII liegt in einem Abri eine zerbrochene Reibschale von Typ b (Fig. 122).

Felsbilder: Es sind ausschließlich Petroglyphen, die sich über sieben Steinblöcke unterschiedlicher Größe verteilen (a–g) und sich entlang der Grottenrückwand von West nach Ost erstrecken (Fig. 81–85).

Näpfchen, Schalen und Rillen: Im östlichen Grottenabschnitt liegen drei Steinblöcke mit napfartigen Vertiefungen und eingeschliffenen, V-förmigen Rillen (Fig. 86–88); daneben liegt ein Block mit fünf länglichovalen, schalenförmigen Einkerbungen (Fig. 123). Am westlichen Ende der Grotte befinden sich im anstehenden Fels zwei Punktgruppen (Fig. 89).

Aufenthalt: Winter 1987/88.

9.3 Grotte VIII (Ostgrotte)

Koordinaten: ca. 10°51’08” N – 4°33’29” W

Lage: Wie Grotte VII, Orientierung: 130°–160°.

Inventar:

Felsbilder: Ein großer Teil der leicht überhängenden Grottenrückwand ist mit eingepunzten, fast ausschließlich zoomorphen Figuren bedeckt (Fig. 99). Davor liegen mehrere Steinblöcke mit dunkel patinierten und verwitterten, in wenigen Fällen nicht mehr genau identifizierbaren Abbildungen des geometrischen Stils. Die Darstellungen auf fünf dieser Blöcke (a–e) wurden in der Reihenfolge von West nach Ost aufgenommen (Fig. 90–94 und 96).

Aufenthalt: Winter 1987/88.

10. DIE FREILIEGENDEN ANLAGEN

Ihr Besitzstand besteht aus unterschiedlich großen Ansammlungen von Petroglyphen und Näpfchen, die sich in und am Fuße der Falaise befinden.

10.1 Der Felsblock *pyesloyaha*

Koordinaten: ca. 10°49'32" N – 4°35'41" W

Lage: Der große Felsblock aus makrokristallinem Quarz-Sandstein liegt am Fuße des Steilabfalls in der Nähe einer schmalen Autopiste, die entlang der Falaise zu den Zuckerrohrfeldern nach Takaledugu führt.

Name: Die Bezeichnung stammt aus der Sprache der südlichen Tussian[121]: *pyeslọ* ist der Name für ein weitverbreitetes (Brett-)Spiel,[122] das zwölf runde Schälchen für die Spielsteine besitzt; *slọ* (sing.: *sẹke*): Näpfchen, Schälchen; *yaha:* Ort, Stelle, Platz.

Inventar:

Felsbilder: Die vertikale, bis zu 345 cm hohe Ostwand des Felsblocks ist mit einem großen Petroglyphen-Ensemble überzogen, das aus zahlreichen napfartigen Hohlformen verschiedener Größe und Tiefe sowie Linien besteht (Fig. 51 und Abb. 23).

Aufenthalte: Sommer 1983 und Winter 1987/88.

10.2 Die Petroglyphen-Ansammlung *Dókotye*

Lage: Das Asphaltband (N 7) von Bobo-Julasso nach Banfora begegnet bei Kilometer 49 (36 km von Banfora) der alten ungeteerten, parallel zur Überlandstraße verlaufenden Autopiste. Wird dieser zwei Kilometer in Richtung Tussiana gefolgt, stößt man linker Hand auf einen kleinen Fußpfad. Er führt an einem Tussian-Gehöft und 640 Schritte weiter an einer Peul-Behausung vorbei und erreicht nach weiteren 1150 Schritten einen Stufenrand mit Spuren von alten Anbauflächen. Wird hier die Richtung nach Nordosten geändert, trifft man nach etwa 560 Schritten auf einen Sturzbach, der sein Wasser über den Steilhang in die Niederung führt. Einige Meter südwestlich davon erstreckt sich auf horizontalen, dunklen Sandsteinplatten (Glaukonitsandstein) von insgesamt 120 m Länge eine große Ansammlung von Petroglyphen. Die Fundstelle und der Sturzbach wird von den Tussian *Dókotye* („Dó und seine Sachen") genannt.

Die Höhe der Station beträgt 440 m.

Inventar:

Felsbilder: Auf sechs großen Platten, die von Nordosten (45°) nach Südwesten (225°) ausgerichtet sind, befindet sich eine hohe Zahl von Petroglyphen, die neben Waffen, Kultgeräten und menschlichen Fußsohlen vor allem geometrisch-symbolische Zeichen zeigen, die in der Mehrzahl aus napfartigen Vertiefungen und eingepunzten Linien bestehen (Fig. 52–80, Abb. 22 und 24).

Aufenthalte: Nov./Dez. 1971, Sommer 1983, Winter 1984/85, Winter 1987/88 und Winter 1989/90.

10.3 Die Petroglyphen nahe der Grotte VIII

Sie setzen sich aus vier Ansammlungen zusammen und liegen

a) einige Meter westlich und etwa acht Meter oberhalb der Grotte VIII auf der horizontalen Fläche eines Felsvorsprunges. Von den stark verwitterten Darstellungen wird in Fig. 97 ein Ausschnitt gezeigt.
b) 13 m westlich von Grotte VIII auf einer etwa einen Meter hohen, waagrechten Felsplatte (Fig. 95).
c) 24 m nordöstlich von Grotte VIII auf einer vertikalen Felswand (Fig. 100).
d) Auf dem oberen Abschnitt eines großen Steinblockes vor der oben erwähnten Felswand (Fig. 98).

Aufenthalt: Winter 1987/88.

10.4 Die Näpfchenwand *ǹwǟnslọyaha*

Lage: Die Fundstelle liegt entlang eines Pfades, der von Taga durch den Steilabbruch in die Ebene führt.

Name: Mit *ǹwǟnslọ* (*slọ*, sing.: *sẹke:* Näpfchen, Schälchen) wird von den Tussian eine irdene Herdplatte mit kleinen Pfannen (meist sieben oder zehn, selten zwölf) zum Backen von Hirsekuchen („marmite de galettes") bezeichnet. *yaha:* Ort, Stelle, Platz.

Inventar:

Näpfchen: Die vertikale Felswand ist von über zweihundert napfartigen Vertiefungen unterschiedlicher Größe in unregelmäßiger Anordnung bedeckt (Fig. 124).

Aufenthalt: Sommer 1983.

11. DIE ERDLOCHRÄUME

Lage: Die mir gezeigten sowie auch die wenigen von mir entdeckten Erdlochräume liegen beim Gehöft des Dorfchefs *(kwiltè̃)* von Tussiana und in der Niederung unterhalb des Steilabfalles. Ihr Vorkommen soll weite Gebiete erfassen und ihre Anzahl hoch sein. Die Aufstellung einer von mir angestrebten Dichteverteilung im Siedlungsraum der Tussiamba-Gruppe scheiterte an dem Umstand, daß einige der Erdlochräume als „sacré" gelten und mir ihre Position nicht bekanntgegeben werden konnte beziehungsweise durfte.

Inventar:

Metallobjekte: In Tussiana fanden sich in zwei Erdlochräumen mehrere im Wachsausschmelzverfahren hergestellte Metallobjekte. Es sind dies drei Armreifen (Fig. 47, 10 und Abb. 13, 1 und 2 links), zwei Armringe (Abb. 13, 1 und 2 rechts), zwei Fußknöchelringe (ein Exemplar in Abb. 14 unten) und elf Anhänger (Abb. 15–18 oben). Ihre Besitzer konnten ermittelt werden.

Aufenthalte: Winter 1987/88 und Winter 1991/92.

12. DAS FUNDINVENTAR

12.1 Die Architektur

Im Gegensatz zu den natürlichen Aushöhlungen (Grotten, Abris) in den Steilwänden der Falaise, wo der Mensch die topographische Bedingung ohne Transformation oder größere Adaption voll nützen kann, bedarf es zur Herstellung eines Erdlochraumes eines technischen Aufwandes, der auf Werkzeugen und oft auch auf Baumitteln beruht. Ein Erdlochraum stellt somit ein künstliches Produkt dar, ein „Bauwerk" im wahrsten Sinne des Wortes.

Über die geographische Verbreitung der „habitations souterraines" in Westafrika, ihren Verwendungszweck als Wohnstätten und ihre Funktion in Mythologie und Kosmologie bestimmter Bevölkerungsgruppen liegen bereits mehrere Aussagen vor.[123] Im heutigen Südwesten von Burkina Faso war es L. G. Binger, der als erster Europäer Erdlochwohnungen sah. Er erwähnt sie unter anderem aus Bobo-Julasso, wo sie an der rechten Uferseite im Quartier der Bobo durch ein rundes Loch von fünfzig Zentimeter Durchmesser an der Decke zugänglich sind.[124] Im Dorf Kumi, 16 km westlich von Bobo-Julasso, sind unterirdische Wohnlöcher noch heute zu sehen: Eine kleine Öffnung bietet den Einstieg zu einem mittels Steigbaum erreichbaren, halbkugelförmigen Raum von bis zu 4,50 m Durchmesser und 4 bis 4,50 m Höhe. Nach den Aussagen der Bobo waren sie noch in der zweiten Hälfte des neunzehnten Jahrhunderts von ihren Ahnen bewohnt gewesen.[125] Wir können von der sicheren Tatsache ausgehen, daß Kumi keine Ausnahme bildet und es in vielen Gebieten der westafrikanischen Savanne unterirdische Wohnanlagen gab. Binger berichtet von einem unterirdischen Dorf namens Diabere oder Zabere bei Sati, südwestlich von Wagadugu in der heutigen Region Léo. Es besaß nur eine einzige sichtbare Ausstiegsöffnung in der Nähe der Behausung des Dorfchefs. Alle anderen Häuser waren jeweils durch ein kleines rundes Loch von der Erdoberfläche zugänglich und die Räume mit Durchgängen verbunden.[126]

Die im Fundareal C vorkommenden Erdlochräume (sing.: *setyáha*) besitzen einen Durchmesser von 4 bis 6 m und eine Höhe bis über 2 m. Ein rundes Loch von 60 bis 80 cm Durchmesser, das durch eine ca. 50 cm starke lateritische Eisenkruste führt, ermöglicht den Zutritt. Der halbkugelförmige Raum ist senkrecht in den Boden gegraben und wird vom eindringenden Sonnenlicht erhellt. Nach den Aussagen meiner Informanten besitzen einige dieser Räume horizontale Stollen. Ob das stimmt, weiß ich nicht. Viele Erdlochräume sind heute mit Unrat und Abfällen gefüllt und lassen keine Untersuchung mehr zu. Meine Frage, ob gewisse Erdlochräume mit Gängen verbunden sind, konnte nicht eindeutig beantwortet werden. Nach J. Hébert[127] flüchteten die Tussian in unterirdische, von oben durch ein Loch zugängliche Räume, als Tyèba, Machthaber von Kenedugu, 1892 ihren Ort belagerte.[128] Die von mir befragten Tussian erklärten die Erdlochräume als ehemalige Refugien vor den Banden des Samori ibn Lafyia Ture, der im ausgehenden 19. Jh. weite Gebiete zerstören und verwüsten ließ.[129] Es heißt, daß nur jene dem Massaker entkamen, die sich in den unterirdischen Räumen versteckt hielten. Die gleiche Aussage machen die im Südosten angrenzenden Tyéfo über Erdlochräume, die in ihrem Siedlungsgebiet ebenfalls vorhanden sind.

Neben der sich anbietenden Schutzfunktion sprechen die Tussian den im ebenen Boden ausgehobenen Gruben auch einen religiösen Gehalt zu. Er ist verbunden mit der Ehrwürdigkeit der mütterlichen Erde *(setáha*, Erdherr: *setẽ)* als Wesen, welches der Gegenstand sakraler Manifestation ist.

12.2 Das lithische Material

Der Besitzstand an lithischem Fundgut beschränkt sich im Areal C auf vier Beile, eine Reibschale und einen Rillenstein.

Beile (ein Flachbeil und drei Walzenbeile):
Sie wurden als verstreut liegende Oberflächenfunde aufgesammelt und zwar: zwei Stück auf einer breiten Plateaustufe in der Falaise, ein Stück in Nianha und ein weiteres Stück in Wimpea. Ihre Klassifikation erfolgt nach H. Hubert, 1925 (s. Abschnitt II).
Flachbeil: L 70; IL 14, 3; IT 5, 3; H 1, 9; T a, d; R c; B a, c; B_1 a, c; a; O e; C d; S l; P s, p, b; A p; Quarzit.
Walzenbeil: L 79; IL 19, 3; IT 9, 9; H 6, 3; T a, d; R a; B a, p; B_1 a, c; d; O r; C x; S c; P m; A s; Sandstein.
Walzenbeil: L 75; IL 18, 3; IT 8, 8; H 7, 2; T a, a; R a; B a, p; B_1 b, c; d; O r; C x, d; S d; P m, p, b; A s; Granit.
Walzenbeil: L 65; IL 18, 8; IT 8, 4; H 5, 8; T m, e; R c; B a, c; B_1 a, c; d; O r; C x; S e; P s, p, b; A p; Sandstein.

Die Maße und Indizes sind in der graphischen Disposition von Fig. 37 enthalten.

Eine hohe Zahl von Steinbeilen aus dem Westsudan und den angrenzenden Ländern, darunter Burkina Faso, entsprechen morphologisch den zum Umbrechen und Pflanzlochgraben verwendeten eisernen Hackenklingen und werden u. a. durch ihre Größe und ihren kleinen Transversal-Index als einstige Geräte zur Bodenbearbeitung angesehen.[130] Ob dazu auch jene steinernen Hackenblätter zu reihen sind, wie sie formal dem Sammlungsstück von Vitart entsprechen,[131] scheint mir fraglich, da sie viel zu selten auftreten, um einen wirklichen Beweis für eine Erdhacke liefern zu können. Im heutigen Afrika besteht das Hackblatt in der Regel aus Eisen, dessen Form, materiell gesehen, von den Anforderungen der jeweiligen Bodenbeschaffung und des Gebrauchszweckes abhängig ist. In SW-Burkina Faso (und nicht nur dort) ist vor allem die Kniestielhacke mit Tüllenblatt gebräuchlich. Auch die Rodaxt mit Keulenstiel hat große Verbreitung wie auch eine Riesenform mit Dorn und Tülle, die bei den Reisbauern in Verwendung steht. Wohl wußten die Senufo und die Lobi noch vor einigen Jahren von Muschelschalen als Hackenblätter zu berichten, doch dürfte deren Vorgänger die rein hölzerne Hacke gewesen sein, die am ehesten als Astzwiesel vorzustellen ist und in weiten Teilen Afrikas belegt werden kann.[132]

Von den südlichen Tussian werden die steinernen Beile *Liyele mnọ* genannt (*Liyele:* Gott[133], *mnọ*, sing.: *man:* Hacke).[134] Sie sind der Ansicht, daß sie vom Blitz *(yĩkírí)* auf die Erde herabgeschleudert werden und Menschen töten oder Unheil bringen können. Die Vorstellung von „Blitzsteinen", „Gottesäxten" und „Donnerkeilen" ist überaus weit verbreitet. Viele Beile finden sich auch als eine Art Motivgabe bei den Gräbern frühislamischer Friedhöfe im Sahel- und Südsahara-Raum oder werden von den mit Naturreligionen behafteten Ethnien auf ihre Opferplätze gelegt. Auf die Frage, von wem die Beile seien und wozu sie gedient hätten, ist kaum eine befriedigende Antwort zu erhalten. Die Nyonyosi bei Wahiguya behaupten, daß die Beile auf ihren Altären und Gräbern von den Ahnen kämen, große Kräfte hätten und Gebete an den Himmelsgott übermittelten; auch könnten diese Steine die Seelen der verstorbenen Erdherren enthalten.[135]

Reibschale:
Sie befindet sich 30 m östlich von Grotte VII in einem Abri, besitzt eine dreieckige Form und ist mit einer seichten länglichovalen Vertiefung versehen, die in ihrer Ausführung dem Typ b entspricht (s. Abschnitt 3.2) (Fig. 122); das Rohmaterial ist feinkörniger Sandstein. Morphologisch gleicht sie den benachbarten, in einem Steinblock vertieften, schalenförmigen „Mahlflächen" (Fig. 123).

Rillenstein:
Ein in der Grotte VII gefundener, sehr handlicher Rillenstein besitzt eine längliche, zu einem Ende hin spitz zulaufende, trapezoide Form mit gerundeten Kanten (85 x 52 x 44 mm). Auf der schmalen Oberseite befinden sich zwei, auf der breiten Unterseite drei geradlinig und parallel in Längsrichtung verlaufende Rillen; ihr Querschnitt ist U-förmig und weist einen Durchmesser von 4 bis 6,5 mm auf, die Tiefe schwankt zwischen 2,5 und 3,6 mm an der Unterseite und 3,8 bis 4,4 mm am Top des Gerätes. Sämtliche Rillen sind mit Oberflächenstriemungen gekennzeichnet, welche auf die Technik des Schleifvorganges oder der Kalibration von spezifisch bestimmten Objekten schließen lassen. Das gesamte Werkstück ist dunkel patiniert und besteht aus rötlichbraunem Sandstein. Sein geringes Gewicht von 0,26 kg erlaubt es, ihn überall mitzunehmen und allerorten zu verwenden.

12.3 Die Keramik

Bei den südlichen Tussian wird heute nicht mehr getöpfert und ihr Bedarf an Tonware auf den umliegenden Märkten, z. B. in Beregadugu, gedeckt. Die Gefäße der Turka-Guin-Karaboro-

Gruppe erreichen eine beträchtliche Größe, sind oft von einer breiten Randlippe umgeben und besitzen bandartige Verzierungen an der Schulter, am Bauch und gelegentlich auch am Rand (Fig. 44 und 45).

Die in Fig. 39, 6 gezeigte Saucenschüssel *(tęgbul)* mit Standring, Geflechtmuster und einfachem Ritzdekor ist ein altes Erzeugnis der Tussian; ihre Höhe beträgt 7,5 cm, ihr maximaler Durchmesser 9,5 cm. In ihrer Verwendung als Sakralgefäß bedeckt sie oft in hoher Zahl den Boden bestimmter Opferplätze. In der Grotte VI befinden sich vier dieser Gefäße neben einem mit Hühnerblut und weißen Hühnerfedern beopferten, hellen Stein *(séndáhápíké)*[136], der den obersten der *lekóbé* (gute Ahnengeister) symbolisiert. Daneben liegen sieben Kauri-Schneckengehäuse *(pǫ́píké)*[137]: drei große geschlossene und vier kleine offene.[138]

12.4 Die Metallobjekte

Aus dem Wohngebiet der südlichen Tussian liegen Metallobjekte vor, von denen einige mehr als nur eine Funktion erfüllen und daher nicht nach der im Fundareal A und B bewährten Methode gegliedert werden können. Dazu gehören verschiedene, aus Gelbguß gefertigte Anhänger, die sowohl als Schmuckgegenstände wie auch als Sakralobjekte ihre Verwendung finden. Aus diesem Grund wird zur Gliederung der Metallobjekte eine Klassifikation nach ihren formalen Kriterien herangezogen. Den Hauptteil nehmen dabei die im Wachsausschmelzverfahren hergestellten Gegenstände ein, die sich in drei Objektgruppen gliedern lassen:

A. Armreifen und Armringe,[139]
B. Fußknöchelringe,
C. Anhänger.

Bei den aus Eisen geschmiedeten Gegenständen sind es zwei sich differenzierende Einheiten:

D. Instrumente für den Sakralgebrauch,
E. Waffen.

Das bevorzuge Rohmaterial für den Gelbguß sind Messinglegierungen, wie es z. B. die Patronenhülsen unter der französischen Kolonialregierung aufwiesen, die damals von den Gießern in großen Mengen gesammelt oder bei den Jula gekauft werden konnten. Heute wird in jenen Gebieten, wo noch Gelbguß praktiziert wird, der Rohstoff aus Mischungen von Altmetallen gewonnen, welche vorwiegend aus den Werkstätten der Mechaniker stammen. Die daraus erzeugten Legierungen lassen sich nur schwer eindeutig analysieren, weisen aber als sichtbares Zeichen einen deutlichen Farbunterschied zu den alten Objekten auf. Erschwert wird die Metallanalyse auch dadurch, daß viele der alten Schmuckobjekte, die nicht mehr dem Modebedürfnis entsprachen, zusammen mit importierten Autoschrott eingeschmolzen wurden.

Bei den südlichen Tussian wird der Gelbguß nicht mehr praktiziert. Haselberger berichtet, daß er Mitte der sechziger Jahre aufgehört hat zu existieren, nachdem ein neuer Kult von seinen Anhängern die Trennung von den traditionellen Paraphernalien und Amuletten gefordert hatte.[140] Die meisten Gelbgußobjekte wurden weggeworfen, unter Speichern vergraben oder in den heiligen Grotten und – wie im vorliegenden Fall – in den Erdlochräumen versteckt. Was übrigblieb, wurde von den Händlern aufgekauft oder gestohlen.[141] Formal sind viele aus dem Gebiet der Tussian stammende Gelbgußobjekte kaum von jenen der Guin zu unterscheiden und weisen überdies gewisse Entsprechungen zur Metallkunst der benachbarten Senufo auf. Auch in anderen Belangen zeigen die Tussian kulturelle Affinitäten zu den Senufo, wie auch die Kultur der Guin (und die der Turka) heute Elemente enthält, die den Senufo-Stempel tragen.

Der Besitzstand an Gelbgußobjekten, die in zwei Erdlochräumen bei Tussiana verborgen lagen, besteht aus:

A. Armreifen und Armringe

Sie zählen zu den häufigsten Gelbgußobjekten und sind in allen Gebieten – mit zum Teil regionalen Unterscheidungsmerkmalen – stark verbreitet. Bei den Tussian tragen die Frauen ihre Reifen und Ringe am linken, die Männer am rechten Handgelenk oder, wenn es mehrere sind, auf dem bewußten Unterarm. Die Natioro und die Wara kennen diese Regel nicht. Die in Abb. 13 gezeigten Armreifen und Armringe sind Eigentum von verheirateten Frauen.

- Armreif *(gbǫ̀fotahane)*[142], oval, Querschnitt rund. Auf dem Rücken sitzen vier, an beiden Enden je eine abgetragene Halbkugel, sonst glatt. L Hauptachse (außen): 6,9 cm (Fig. 47, 10).

- Armreif *(gbǫ̀fotahane)*, oval, Querschnitt rund mit Ausnahme der beiden Enden, die im Längsverlauf 2,4 cm lang den Scheitel eines Dreieckes bilden. Knapp vor Beginn der Wulstung liegt eine zu Halbkreisen aufgeschnittene Wachsfadenspirale; die Kreisbögen weisen nach außen zur Reifenöffnung. L Hauptachse (außen): 7,7 cm, L Nebenachse (außen): 6,4 cm, Ringdm.: 0,9 cm (Abb. 13, 1 links).

- Armreif *(gbǫ̀fotahane)*, oval, Querschnitt rund. Die beiden Enden sind durch eine bandförmige Erhöhung verdickt. Außen umlaufend eine Schlange aus zwei ineinandergedrehten Wachsfäden gebildet, in der Mitte liegt ein ebensolcher Steg. Augen und Schwanzende als knotenhafte Punkte, die Nase und das hintere Ende des Kopfes als Halbkugeln mit quer angebrachten Einschnitten. L Hauptachse (außen): 7,1 cm, L Nebenachse (außen): 6,2 cm, Ringdm.: 0,7 cm (Abb. 13, 2 links).

- Armring *(yọtahane)*[143] (zwei Stück). Außen ist jeweils ein einfacher Wachsfaden in sehr eng geführter Schlangenlinienform umlaufend aufgetragen. Zusätzlich ist etwa ein Sechstel (bei Ring 1) beziehungsweise ein Drittel (bei Ring 2) seines Umfanges mit einer Schlange verziert, deren Bewegung in zwölf beziehungsweise sieben Bögen auseinandergezogen ist; Kopf und Schwanz sind deutlich sichtbar. Beide Ringe zeigen innen starke Benützungsspuren. Ring 1: Dm. (außen): 7 cm, Ring 2: Dm. (außen): 6,5 cm (Abb. 13, 1 und 2 rechts).

Die Schlange (allgemein: *wahay*) ist das am häufigsten dargestellte Tier auf den im Wachsausschmelzverfahren gegossenen Armreifen und Armringen: auf den offenen Formen meist mit großem, rhombusartigem Kopf, auf den geschlossenen als mäandrierendes Band. Auch die aus Eisen geschmiedeten Armringe sind häufig mit einer Schlange verziert. Einerseits legt schon die Form eines Reifens/Ringes die Assoziation mit diesem Tier nahe, auf der anderen Seite ist es im besonderen die Schlange, und hier vor allem der Python *(vɛ̃̀)*, der die Mittlerfunktion im Weltbild verschiedener ethnischer Einheiten einnimmt: Er ist wasserlebend und besitzt zudem jene eigenartige Rückenzeichnung, die aus den Kultfarben Schwarz, Weiß und Rot aufgebaut ist. Außerdem wird dieser Riesenschlange die Fähigkeit zugesprochen, einem Menschen (und der Python steht in besonderer Beziehung zum weiblichen Geschlecht) „folgen zu können" und als Operator für verschiedene Schwierigkeiten aufzutreten. Die Betreffende hat sodann, nachdem dies durch den Wahrsager bestimmt wurde (der durch seine Tätigkeit in spezieller Beziehung zum Python steht), einen Armreif/Armring zu tragen, der diese Schlangengattung darstellt.

Neben dem Python *(Python sebae)* wird eine zweite Schlange dargestellt, die von den Tussian *yọ̀nsîn*[144] genannt wird. Es dürfte sich hiebei um eine Natter der Gattung Natrix oder Natriciteres handeln, die, ähnlich dem Python, auf das befruchtende Wasser als Lebensträger hinweist.

Die in Abb. 13 gezeigten Objekte sind aber nicht allein auf die Tussian beschränkt, sondern auch bei einigen in ihrer unmittelbaren Nachbarschaft lebenden Ethnien (z. B. Guin und Senufo) verbreitet.[145]

B. Fußknöchelringe

Die (verheirateten) Frauen der Tussian tragen auf ihren Füßen aufsitzende, spitzovale Ringe, die im Gegensatz zu den Armreifen und Armringen keine Kombination mit zoomorphen (oder anthropomorphen) Darstellungen zeigen.

– Fußknöchelring *(gbáhásékár)*[146] (zwei Stück). An der Oberseite befinden sich zwölf parallele Stege mit Wachseinschnittverzierungen, an den beiden Scheitelpunkten zwei umlaufende Spangen, quer schraffiert. Jeweils zwei breite, durch Wachseinschnitte verzierte Bänder verbinden die Spangen mit den beiden äußeren Stegen. Zwischen den Stegen liegen jeweils fünf Wachsfäden in Längsrichtung, die Zwischenräume sind mit Punkten ausgefüllt. Die Unterseite ist, abgesehen von den beiden Spangen, glatt. L Hauptachse (außen): 14,1 cm, L Nebenachse (außen): 9,2 cm, Dm.: 1 cm (Abb. 14 unten).

Entsprechende Fußknöchelringe werden auch von den benachbarten Ethnien, z. B. den Guin[147], den „Jeli im Senufoland"[148] und den Senufo[149] getragen.

C. Anhänger

Ihre Typenvielfalt läßt sie in drei Kategorien gliedern:
a) Anhänger in Tierform (*keyi*?),
b) Anhänger in Menschenform *ǹẹpĩnîn)*[150] und
c) Anhänger in Plattenform *(dólépọ́)*[151].

Kategorie a:
Die Vertreter dieser Gruppe gehören zu den kunstvollsten Erzeugnissen und zeigen als häufigstes Motiv den Wildbüffel *(kȁp)*, den Leoparden *(gbọ̑wó)* und den Hornraben. Die Anhänger in Büffel- und Leopardengestalt werden bei der großen Initiation *(dótona)* an Männer vergeben. Ob dies auch für jene Anhänger in Vogelgestalt zutrifft (Abb. 18), konnte nicht eindeutig geklärt werden, da diese vorwiegend von Frauen getragen werden, denen jedoch

normalerweise die Teilnahme an dem großen Weihefest untersagt ist. Wohl aber sorgen die Gattinnen der Balafonisten *(yipimi)* für die Nahrung der Initianden und kümmert sich die Gemahlin des obersten Balafonisten für die Maskentänzer im Verlauf der Einweihung in den *Dó*-Bund[152].

Der Wildbüffel und der Leopard treten als Tiere, die Macht und Kraft verkörpern, auch auf den Masken der Tussian auf (s. Abschnitt 12.5), der Büffel (Ochse) außerdem als Fingerring *(nọkārìgā)* bei den Senufo.

- Anhänger (zwei Stück), einen Wildbüffel und einen Vogel darstellend. Der Büffel besitzt einen langgezogenen, schlanken Körper, der in einem dicken, kurzen Schwanz endet; das Hinterteil ist etwas erhöht. Der breite Kopf trägt ein lyraförmiges Gehörn und zeigt ein breites Gesicht, das von einer Wachsfadenspirale gekennzeichnet ist, deren Ausgang zwischen dem Augenpaar liegt. Auf der Spirale sind kaffeebohnenförmige Augen mit waagrechtem Einschnitt angebracht. Der ganze Körper ist beidseitig mit senkrecht hintereinander angeordneten konzentrischen Halbkreisen bedeckt, der Bauch und die niedrigen Beine sind glatt. Auf dem Hinterteil (bei Objekt 1) beziehungsweise auf der Stirn zwischen den beiden Hörnern (bei Objekt 2) sitzt parallel zum Körper ein kleiner Gelbschnabelmadenhacker *(Byphagus africanus)*, dessen Rücken und die beiden angelegten Flügel ebenfalls durch eine einzige Spirale gekennzeichnet ist. Auf dem Rücken des Büffels erhebt sich ein dicker, quergestellter Ösenwulst. L: 9,2 bzw. 8,5 cm, H: 4,2 bzw. 5,3 cm (Abb. 15, 1 und 2).

- Anhänger, einen Leoparden darstellend. Der walzenförmige, schlanke Körper des Tieres läuft in den sich verjüngenden, halbkreisförmig aufgebogenen Schweif aus, das Gesicht zeigt zwei kaffeebohnenförmige Augen und einen Nasenwulst; im Maul hält es ein quergestelltes, stöckchenförmiges Objekt[153]. Die Figur steht auf zwei relativ niederen Hinterbeinen, die Vorderpfoten sind etwa in der Höhe der Hinterbeine abgewinkelt und zum Maul aufwärts gebogen, wo es mit den Klauen das Objekt hält. Die Oberfläche ist zur Gänze glatt und ohne Dekor. Auf dem Rücken erhebt sich ein quergestellter Ösenwulst. L: 7,1 cm, H: 4,2 cm (Abb. 15, 3).

- Anhänger; ähnliche Darstellung wie obige Figur, mit Ausnahme des waagrechten weggestreckten Schwanzes und der halbkreisförmigen Wachsfadenornamente, die das Tier entlang des Körpers und des Schwanzes zieren. Rückgrat, Unterseite und die Beine sind glatt. L: 8,8 cm, H: 3,8 cm (Abb. 15, 4).

- Anhänger, einen Hornraben darstellend. Der Körper und die beiden Flügel des Vogels werden von einer schräg gestellten Wachsfadenspirale gebildet, an deren einem Ende die Schwanzfedern, waagrecht abgewinkelt, zum Abstützen der Figur dienen. Der schmale Kopf zeigt den typischen Kamm des Hornrabens mit dem langen Schnabel, der ein quergestelltes, kurzes, stöckchenförmiges Objekt trägt.[154] Halslappen und die kaffeebohnenförmigen Augen sind ebenfalls durch Wachsfadenornamente gekennzeichnet. Auf dem Rücken erhebt sich ein quergestellter Ösenwulst. L: 5,8 cm, H: 4 cm (Abb. 18 oben).

Die überragende sakrale Position bestimmter Vögel manifestiert sich bei den Tussian (und den in ihrer Nachbarschaft lebenden Ethnien wie z. B. Syamu, Senufo, Bobo) auch in ihren geschnitzten Masken (s. Abschnitt 12.5) und den aus Gelbguß gefertigten Anhängern, wobei es mehrfach der Sudanhornrabe *(Bucorvus abyssinicus)* ist, allgemein Calao genannt, der als „oiseau sacré" eine variierende Bedeutung hat. Die Tussian geben dem gegossenen Abbild eines Hornraben mehrere Namen, darunter *kwèsín* (oder *kwęsę̄*), der aber vielfach nur als Sammelbezeichnung für die figürliche Darstellung eines Vogels verwendet wird.[155]

Sämtliche Anhänger in Tierform werden mit einer Lederschlinge auf der Brust getragen.

Kategorie b:
Die anthropomorphen Darstellungen zeigen in der Regel Zwillinge, die eine Wesensverwandtschaft mit den Geistwesen explizieren.

- Zwei anthropomorphe Figuren mit geradem Körper, deren beide Arme jeweils einen Kreis um den Rumpf bilden. An den Ellenbogen stoßen die Figuren aneinander, wobei sie durch einen Knopf mit einer Kreuzlinie in dessen Mitte verbunden sind. Der Kopf ist durch abstehende Ohren, kaffeebohnenförmige Augen und einen waagrecht über das Gesicht verlaufenden Mundschlitz charakterisiert. Beide Figuren stehen auf einer schraffierten, trapezförmigen Leiste, in deren oberem Drittel sich eine horizontalliegende Schlange[156] befindet; darüber und darunter verlaufen parallel zu den beiden Schenkeln des Trapezes die Schraffen. Die Rückseite des Anhängers ist flach. B (Grundlinie): 4 cm, H: 4,8 cm (Abb. 16, 1).

- Drei anthropomorphe Figuren mit halbkreisförmigen Armen, die ihren Ausgang hinter dem Kopf nehmen und sich hinter dem Gesäß schließen. Der Kopf gleicht dem oberen Figurentyp, besitzt aber zusätzlich eine schnauzenförmige Nase. Die drei Figuren stehen auf einer niedrigen, trapezoiden Leiste mit Schraffen. Die Rückseite des Anhängers ist flach. Rechtes Bein und rechter Unterarm der rechten Figur fehlen, linker Arm der linken Figur unterbrochen (Gußmängel). B (Grundlinie): 7,6 cm, H: 4,9 cm (Abb. 16, 2).

- Vier anthropomorphe Figuren,[157] ähnlich dem ersten Figurenpaar. Die halbkreisförmigen Arme treffen über der Scham aneinander und gliedern sich durch Wachseinschnitte in Finger. Alle vier Figuren stehen auf einer trapezförmigen Leiste, deren obere Grundlinie von einem gekerbten Wachsfadenband verziert wird. Darunter, jeweils parallel zu den beiden Schenkeln des Trapezes, kreuzweise Schraffen. Die Rückseite des Anhängers trägt zwei Randösen, die parallel zu den Rümpfen der beiden äußeren Figuren verlaufen. B (Grundlinie): 7,6 cm, H: 5,6 cm (Abb. 16, 3).

Die Anhänger in Menschenform werden von den Frauen mit einem Band um die Hüfte gebunden. Ob sie auch auf der Brust getragen werden, ist mir nicht bekannt und wurde von den von mir befragten Tussian verneint. Nach A. Maesen wurden früher Kupferplatten mit drei Männerfiguren von den Senufofrauen auf der Brust getragen.[158] Auch T. Förster bestätigt das Tragen von größeren Zwillingsanhängern bei den Senufo der Elfenbeinküste auf der Brust.[159]

Kategorie c:
Die Gruppe der plattenförmigen Anhänger nimmt in erster Linie einen Platz im rituellen

Geschehen ein. Er ist verbunden mit *Dó*, der wichtigsten sozio-religiösen Institution der Tussian, die einen bedeutenden Einfluß auf ihr gesellschaftliches Leben ausübt.

- Anhänger (drei Stück), von der Rückseite im Kreuzdekor gepunzt. Typ 1 besitzt an der Vorderseite drei Reihen mit je fünf Punzierungen. Die Rückseite ist durch Gebrauch stark abgetragen. Typ 2 und 3 tragen an ihrer Basis eine quergestellte Öse (bei Typ 1 abgebrochen). H: 7,4 und 8,2 cm, B: 3, 1,4 und 2,2 cm (Abb. 17, 1, 2 und 3).

Nach Haselberger[160] werden die Metallplättchen von den Frauen beim Tanz um die Hüften getragen. Die von mir befragten Tussian stellen das als Ausnahmefall dar, der nur für jene, meist dreieckigen Plättchen gültig sei, die früher in großer Zahl im Wohngebiet der Guin erzeugt und von dort aus verbreitet worden wären. Die Schmiede in Tussiana,[161] denen ich die Gelbgußobjekte vorlegte, erkannten erfahrungsgemäß in zwei Plättchenanhängern (Abb. 17, 2 und 3) Erzeugnisse aus dem Raum Banfora. Auch zwei anthropomorphe Anhänger (Abb. 16, 1 und 3), den Hornraben (Abb. 18 oben) und die beiden Fußknöchelringe (ein Exemplar in Abb. 14 unten) identifizierten sie als Arbeiten der Guin. Bestätigt wurde diese Aussage von dem Gießer Fanguna Sulama,[162] dem ich in seinem Heimatort Bununa (nahe Banfora) sämtliche Objekte zeigte und der die angegebenen Anhänger und Beinringe tatsächlich als seine frühen Erzeugnisse wiedererkannte. Nicht sicher zeigte er sich bei den beiden Anhängern in Plättchenform, die er als mögliche Fertigung einer seiner Söhne betrachtete, aber zweifelsohne als Produkt aus seinem Haus ansah.[163]

Bei den Tussian werden die traditionellen Anhänger in Plattenform von den Frauen und Kindern auf der Brust oder an der Hüfte getragen.

Fünf der Gelbgußobjekte wurden einer Metallanalyse unterzogen, die folgendes Ergebnis zeigt:[164]

Objekt	Abb.	Cu	Zn	Fe	Ni	Sn	Mn	Co
Büffel	15, 1	69,2	24,6	1,1	0,5	2,7	1,5	0,4
Leopard	15, 4	75,3	20,2	0,5	0,1	2,8	1,0	–
Hornrabe	18 oben	72,4	22,5	0,6	0,3	3,0	1,0	0,1
Armreif	13, 1 links	72,2	27,1	0,5	0,2	–	–	–
Armring	13, 2 rechts	71,9	27,6	0,4	0,1	–	–	–

D. Instrumente für den Sakralgebrauch

- Außenanschlagglocke mit Anschlagring. Zwei gewölbte Schlagzungen sind zueinander gebogen und mittels runden Steges zu einer Glocke geformt, ovaler Querschnitt. Durchmesser oben größer als unten. H: 20 cm, B: 3,1 cm. Der Anschlagring (in Ruhestellung über das Schlagidiophon geschoben) ist zu einem kreisrunden Ring gebogen. Dm: 3,2 cm, D: ca. 0,4 cm (Fig. 49, 2).

Das Instrument hat vielfältige Verwendungszwecke, die aber stets mit einer sakralen Handlung verbunden sind. Die großen initiierten Wahrsager benutzten das Schlagidiophon am Beginn einer Seance, indem sie es vor oder über ihren beiden Holzfiguren *(tahasyé)* zum Ertönen bringen. Es wird *sãhã gbál* genannt, und seine schmale , lange Form unterscheidet es von seinem breiten, kurzen Parallelstück namens *kyɛ̌kyɛ̌kè,* das zum Musizieren verwendet wird.

- Handglocke (*tĩgbeneke* oder *sãḥãnyọ̃n*), taschenförmig, zur Öffnung hin gewölbt mit ovalem Querschnitt. Der runde Klöppel ist mittels eines gebogenen Ringes an einem Haken mit eingeschlagenem Ende befestigt; eine ähnliche Befestigung trägt der Haken im Scheitelloch. H (mit Klöppel und Haken): 18,8 cm, H der Glocke: 7,3 cm, Öffnung: ca. 4 x 6 cm (Fig. 49, 3).

  Der Typ *sãhãnyọ̃n* (*sãhãwo:* Wahrsager, *yọ̃*: Balafon)[165] wird u. a. vom obersten Wahrsager (*sãhãputẽ̀; sãhãpu:* Plural von *sãhãwo, tẽ̀:* Chef) beim Tanz verwendet.

- „Fetischeisen" *dó*, spatelförmig, oben durchbohrt und mit einem Drahtring versehen. Auf einer Seite Spuren von Blut und weißen Hühnerfedern. L: 8,2 cm, B: 3 cm, D: 0,2 cm (Fig. 48, 2).

Das beopferte Eisenstück wird auf heilige Sträucher (z. B. *keke*),[166] Bäume (z. B. *gbom*) und Pflanzungen gehängt. Wie bei jedem Objekt mit Fetischcharakter (den es durch die innenwohnende übermenschliche Macht erlangt) erwächst seine Verwendung aus dem generellen Bedürfnis, anfallende Probleme zu lösen oder zumindest zu erleichtern, den Lebensraum zu schützen und das Wohlbefinden zu sichern.

Der Gebrauchszweck des Objektes ist aber auch der eines Wirbelaerophons (Schwirreisens). Bei den südlichen Tussian findet alle ungeraden Jahre für die Knaben ab dem 10. Lebensjahr und die Frauen, die im Vorjahr geheiratet haben, die kleine Initiation statt. Dabei werden kleine Schwirreisen verwendet, die bei der Weihezeremonie jedermann besitzen und darauf ein Huhn opfern darf. Das an einer Schnur befestigte Aerophon wird um die eigene Achse gedreht, wobei die Schwirren als die akustische Manifestation *Dós'* aufgefaßt werden. Schwirreisen, in übermannshohe Holzstäbe eingeklemmt, stehen als Schutz für den Acker im Gebrauch, und winzige Objekte derselben Art werden den Babys ans Bein gebunden.

- „Schlangeneisen", drei Bögen bildend, Kopf lanzettlich, Schwanz spitz endend; Querschnitt des Kopfes linsenförmig, Querschnitt des Körpers viereckig. L: 47 cm (Fig. 48, 4).

Flache Eisenstücke in Schlangenform sind eine häufige Erscheinung und bilden bei den Tussian einen wesentlichen Bestandteil in der symbolischen Manifestation *Liyeles*. Sie treten als ein Sinnzeichen für den Blitz[167] auf und stecken, mit dem Kopf zum Firmament weisend, meist einzeln auf den Altären.

E. Waffen

- Schlagenförmige Stichwaffe *(màl)*, aus einem Stück Eisen geschmiedet; Querschnitt der Klinge und des gekrümmten Griffteiles rautenförmig, Querschnitt des unteren Griffteiles rund. L: 87 cm (Fig. 48, 5).

Diese eigenartige Waffe, die sich wiederholt auch als Felsbilddarstellung findet (Fig. 59, 61: 3, 63, 70), dürfte bei mehreren Bevölkerungsgruppen verbreitet gewesen sein. Desgleichen ihr Parallelstück namens *kékírkì*, das, ähnlich einem Schwert, mehr als Schlagwaffe im Gebrauch stand.

12.5 Diverse Objekte

- Maske, einen Büffel *(kȁp)* darstellend. An einem hochrechteckigen Holzbrett sind seitlich zwei zueinander gebogene Holzhörner (H: 16,5 cm) angeschnitzt. Die Kalotte ist an den Schläfen eingezogen, die etwa rechteckigen, eng aneinanderliegenden Augenöffnungen sind kreisförmig mit roten Paternostererbsen *(Abrus precatorius)* appliziert. Augenbrauen und Mund werden durch eine gedrehte Faserschnur angedeutet, die, durch das Brett gesteckt, gleichzeitig an der Rückseite die Maske am Kopf hält. An den Seiten und an der Unterkante sind Rindenbaststreifen durchgesteckt und verknotet. H: 49,5 cm, B: 26,5 cm (vgl. Abb. 20).

– Schemel *(dókaha)* für Maskentänzer, etwa T-förmig, aus einem Stück Holz gefertigt. Sitzfläche: 27,5 x 5 cm, H: 37 cm.

Die Grundform aller Brettmasken der Tussian besteht aus einer flachen, viereckigen Holzplatte, die mit zwei Augenlöchern versehen ist und geometrische Verzierungen trägt. In derselben Fläche sind Hörner oder in der Mitte des oberen Randes nach vorne weisende Tierköpfe, Schnäbel, seltener auch kleine Figuren angeschnitzt. Im Wohngebiet der Tussiamba-Gruppe sind mir bislang neun, künstlerisch nicht sehr wertvoll durchgestaltete Maskentypen bekannt geworden:

kã̀p (plur.: *kã̀m*):	Büffel *(Syncerus caffer)*,
gbọ̃́wó (plur.: *gbẹ̃́vé)*:	Leopard *(Panthera pardus)*,
lègbaha (plur.: *lègbahalọ)*:	Blaßfuchs *(Canis pallidus)*,
mẹtáhá (plur.: *mẹtáhábè)*:	Husarenaffe *(Erythrocelus patas)*,
del (plur.: *dlọ)*:[168]	Feldmaus,
ǹpyọ́ (plur.: *ǹpyọ́lọ́*):	
ǹsra (plur.: *ǹsrabè*):	
sékõ̀ (plur.: *sékõ̀bè*):	Vogelarten.[169]
kèntọ (plur.: *kèntọlọ*):	

Die Masken treten nur während der großen Initiation auf, die außerhalb der Siedlung in einem dafür bestimmten Buschlager stattfindet; sie dauerte früher bis über zwei Monate. In dieser Phase wurden Jagden auf Wildtiere unternommen, die den Teilnehmern die zusätzliche Versorgung mit Frischfleisch sicherten und den Masken die Hörner der dabei erlegten Antilopen *(dàm*, sing.: *dàbké)* und Gazellen *(yoon*, sing.: *yoo)*[170] lieferten. Die am häufigsten auftretende Maske ist die *kã̀p*, deren Hörner heute ausschließlich aus Holz geschnitzt erscheinen (Abb. 20). Eine eindrucksvolle Form dieser Spezies wird vom obersten Maskentänzer *(kã̀mptẽ̀)*, dem Sohn des Initiationsleiters *(dótẽ̀)*, getragen.

Neben den Wildtier- und Vogelmasken (letztere zeigen meist unten einen dreieckigen Fortsatz, den Vogelschwanz) tritt ein einzigartiger Typ auf, der aus einem flachen, viereckigen Gesichtsteil ohne angeschnitzte Attribute besteht. Die Maske gilt als „weiblich" und symbolisiert die Gattin des *dótẽ̀*.[171] Jeder Maskentänzer hält in seiner rechten Hand das „Symbol des Geistes " *(kèdẹ̀kè*, wörtlich: „Schwanz")[172] und in seiner linken Hand einen hölzernen Schemel *(dókaha)*. Da dieser Schemel nur von Männern während der großen Initiation benutzt werden darf, hält der Träger der „weiblichen" Maske auch in seiner linken Hand einen *kèdẹ̀kè*.

Nach dem großen Weihefest werden die Masken und Schemel (je eine Einheit bildend) an die Außenwand der Hütte oder in heilige Grotten gehängt, wo sie verrotten.

12.6 Die Felsbilder

Im Fundareal C befindet sich neben mehreren in roter und gelbbrauner Farbe ausgeführten Piktographen vor allem eine hohe Zahl von Petroglyphen, deren Dichteverteilung sich in der Falaise konzentriert. Die ersten Bilder wurden um 1964 nahe Tussiana von den beiden in Bobo-Julasso arbeiteten Lehrern Belin und Laflotte entdeckt. Bald folgten weitere Funde, so bei Bobana und Gwènepon durch Schüler des Collège in Tussiana, die schließlich 1965 durch Frère M. Guilhem, Direktor des Collège, und Père J. Hébert von der an das Kollegium anschließenden Missionsstation ihren vorläufigen Höhepunkt erreichten. Zu einer eingehenden Untersuchung des Fundmaterials kam es aber nicht, und abgesehen von wenigen kargen Notizen[173] blieben die Felsbilder nach wie vor weitgehend unbekannt.

Die Petroglyphen bedecken zahlreiche Stein- und Felsblöcke (der *pyesloyaha* ist 3,45 m hoch, s. Fig. 51), einige Grottenwände und große, horizontal liegende Felsplatten, die, wie jene von *Dókotye*, eine Gesamtlänge von 120 m einnehmen.[174] Die weitaus überwiegende Zahl der Felsbilder ist dunkel patiniert und weist, besonders auf ebenen Gesteinsflächen, eine der Felsoberfläche idente, im Ausnahmefall sogar eine noch intensivere Patinafärbung auf.

Die Inkrustationsformen von Petroglyphen, für die sich der Terminus „Patina" festgesetzt hat, sind viel diskutiert worden, aber bis heute umstritten. Zweifellos sind bei ihrer Bildung mehrere Ursachen von Bedeutung – entscheidend sind freilich die Feuchtigkeit und die Besonnung. Mit großer Wahrscheinlichkeit beziehen die Krusten ihr Baumaterial zumindest zum überwiegenden Teil aus dem unterlagernden Gestein selbst, sind also autochthon gebildet. Daneben mag verschiedentlich auch antransportierter und vermutlich mit dem Regen herabfallender Schwermetallstaub eine Rolle spielen. Am häufigsten sind Krusten auf Sandstein, sauren Vulkaniten und Graniten, seltener auf Kalkstein, Tonstein und Schiefergesteinen anzutreffen; auf Basalt, Kalkschutt und Quarzgeröllen fehlen sie. Krusten sind somit, mit Ausnahme der Quarzgerölle, auf kieselsäurereichen Gesteinen besser entwickelt. Ein ursächlicher Zusammenhang der Krustenbildung dürfte aber nicht mit dem Kieselsäuregehalt (Sandsteine bestehen praktisch nur aus Kieselsäure in Form von Quarz), sondern vielmehr mit der Porösität der Gesteine gegeben sein. Die entscheidende Wirkung des Wassers für die Krustenbildung ist daher vor allem in den porösen Sandsteinen, aber auch in sauren Magmatiten wesentlich stärker als in den dichteren Kalk-, Ton- und Schiefergesteinen. Hinzu kommt, daß die großen Temperaturunterschiede des nahe der Gesteinsoberfläche wirkenden Wassers den Lösungs- und Wiederausfällungsprozeß wesentlich beschleunigen. Neben der Wirkung des Wassers dürfte auch die Mitwirkung von Mikroorganismen wie Bakterien, die durch ihren Stoffwechselhaushalt Schwermetalle anreichern können, eine Rolle spielen. Primär sind jedoch die Verwitterungsprozesse am Gestein, bedingt durch nicht in die Tiefe des Gesteins eindringendes Wasser, das aber nahe der Oberfläche nicht zuletzt der hohen Temperaturunterschiede wegen besonders intensiv wirkt, die Voraussetzung für die Krustenbildung.

Ein weiterer wichtiger Faktor ist die zur Verfügung stehende Zeit. Frische Bruchstellen im Gestein sind kaum überzogen. Eine Petroglyphe ist also um so älter, je dunkler ihre Patina erscheint und je mehr sich diese in ihrer Beschaffenheit der unverletzten Gesteinskruste angleicht. Es besteht damit die Möglichkeit einer relativ-chronologischen Einordnung, wobei der Patinierungsgrad als Anhaltspunkt für das Alter einer Petroglyphe herangezogen werden kann. Doch um verschiedene Petrogylphen angesichts ihrer Patinaunterschiede einer absoluten Datierung zu unterziehen, muß die Zunahme der Patinierung pro Zeiteinheit für das Gestein in entsprechender Lage bekannt sein. Bei Petroglyphen, deren Patina sich an jene der Inkrustation auf der unmittelbar umgebenden Gesteinsoberfläche angeglichen hat, wie dies im vorliegenden Untersuchungsgebiet häufig der Fall ist, ist nur noch der Schluß möglich, daß die Punzung oder Ritzung mindestens so alt ist wie die voll entwickelte Patinierung zu ihrer Bildung an Zeit benötigt – es ist also nur noch der Hinweis auf das Mindestalter der Petroglyphe möglich.

Aus diesen Gegebenheiten folgt, daß der Grad der Patinierung nur mit äußerster Vorsicht zur Altersbestimmung herangezogen werden kann und im Prinzip nur für solche Petroglyphen zulässig ist, die sich auf ein und derselben Facette eines Felsblocks oder einer Felsplatte beziehungsweise Felswand befinden. Im Fundareal C und im erweiterten Sinne im Gesamtraum der südwestlichen Plateaus ist freilich selbst dies noch problematisch. So weisen denn auch Petroglyphen, die aufgrund ihres Stils unterschiedlichen Zeitperioden entstammen, mitunter den gleichen Patinierungsgrad auf. In der Falaise bei Tussiana zeigen in der Tat einige rezente Darstellungen des Spiels *pyeslọ* dieselbe Patina wie das umgebende Gestein.

Was die Herstellung der Petroglyphen anbelangt, so lassen sich grundsätzlich zwei Techniken unterscheiden:

a) *Punzungen.* Sie sind durch Schlagen hergestellte konische Vertiefungen, die je nach Sorgfalt des Herstellers in einer Linie oder versetzt liegen, eine unterschiedliche Breite und Tiefe aufweisen und mehr oder weniger voneinander getrennt oder miteinander verbunden sind. Der Arbeitsvorgang zählt zu der am meisten angewandten Technik im Fundareal C und ist in den meisten Felsbildstationen vertreten (Fig. 51–98).

b) *Hämmern* durch direktes Ausschlagen der Linie mittels eines rudimentären Schlagbolzens. Die durch diesen Vorgang erzeugten Petroglyphen besitzen einen unregelmäßigen Strich mit sternförmigen Vertiefungen, deren Innenzeichnung eine grobe Körnung der Fläche zeigt. Ihr Vorkommen konzentriert sich vorwiegend auf die Bildensembles an Grottenwänden (Fig. 99 und 100).

Den weitaus größeren Anteil von Petroglyphen nehmen im Fundareal C die Punzungen ein, von denen aber nur wenige mit naturhaftem, realem Charakter ausgeführt sind und deshalb nur im Ausnahmefall den Gegenstand und Vorgang ihrer Umwelt deutlich erkennen lassen. Zu ihnen gehören die zoo- und anthropomorphen Figuren sowie die Waffen und Kultobjekte.

A. Zoo- und anthropomorphe Figuren

Sie befinden sich zum überwiegenden Teil auf Steinblöcken der Grotte VII (Fig. 81, 82, 84 und 85) und VIII (Fig. 90, 94 und 96). Abgebildet ist hier vor allem die Schlange, die als Symbol des religiösen Vokabulars immer wieder in Erscheinung tritt und in mannigfacher Variation figuriert.[175] Auf den Blöcken g und f der Westgrotte (Fig. 84 und 85) werden Schlangen mit „zwei Köpfen" *(yõwọ nínọ́ wahay)*[176] dargestellt. Es handelt sich hiebei um den Erdpython *(Calabaria reinhardti)*, einen bis zu 110 cm langen Verwandten der Riesenschlangen, dessen dickes Schwanzende versinnbildlicht als Kopf gezeigt wird.

Ebenfalls abgebildet sind verschiedene Echsenarten (Fig. 81a–c, 82, 90 und 96),[177] von denen einige eine ähnlich große Bedeutung wie der Python besitzen, andere gewisse Schutzaufgaben (meist vor Krankheit und Unheil) erfüllen.

Stilisierte Menschenfiguren treten im Fundareal C fast ausschließlich nur als Piktographen auf. Die Figuren 52, 59, 66, 81c und 83 zeigen jeweils eine menschliche Fußsohle *(gbáhánien)*,[178] ein sehr weit verbreitetes Symbolzeichen, das, unabhängig vom speziellen Kontext, als einfache Art der „Verewigung“ im Sinne eines persönlichen Signums der Anwesenheit anzusehen ist.

B. Waffen und Kultobjekte

Als eine der einfachsten und urtümlichsten aller Hiebwaffen erscheint der in Fig. 61,2 gezeigte, aus einem Stück Holz bestehende Schlagstock *(ńsī́n)*, der durch Verdickung des Schlagendes bereits zur Keule überleitet. Sein Gebrauch ist aber nicht allein auf den Kampf begrenzt, sonden er findet sich auch als vielseitiges Behelfsmittel der Jäger und Hirten oder ganz einfach als Gehstock der Alten (Abb. 21).[179]

Eine Sonderform der Keule stellt die Streitaxt *(kãm)* dar (Fig. 52, 55, 58? und 60?). In ihrem Gebrauch als Schlagwaffe, aber auch als Zeremonialgerät (z. B. beim Tanz bei der Knabenbeschneidung) ist sie als Zwischenform zum Werkzeug durch ihre Mehrzweckverwendbarkeit charakterisiert. Eine andere, bei den Tussian in Gebrauch stehende Streit- und Zeremonialaxt ist die *mèpȍ*, plur.: *mèpȁn*, die formal große Ähnlichkeit mit der *fèkèfèkena* der Wara besitzt.[180]

Ein in der Petroglyphen-Ansammlung *Dókotye* nicht seltenes Motiv ist eine schon im Abschnitt 12.4 beschriebene und in Fig. 48,5 gezeigte, schlangenförmige Stichwaffe *(màl)* mit ihrem Parallelstück *kékírkì* (Fig. 59, 61,3, 63, 66 und 70). Als erster Europäer berichtet L. G. Binger von ihnen aus Kong, wo sie von den dortigen Bewohnern eher als Prunkwaffe getragen und *sanégué* („fer en forme de serpent“) genannt wurden.[181] Einige Jahre später konfiszierten die inzwischen aufgetauchten Franzosen bei der Entwaffnung der Turka in Banfora achtundvierzig Schlangenbajonette („baïonetts-serpents“).[182] Heute sind diese Waffen selten geworden, und es gelang mir erst zweier ansichtig zu werden, die sich im Besitz von Alten der Tussiamba-Gruppe befinden.

Lanzen *(mẹ̀mẹ̀n*, sing.: *mẹ̀mèkè)* treten als Felsbilddarstellungen selten auf (Fig. 52, 80?); sie bestehen aus geschmiedetem Eisen. Mit nur einem Exemplar ist eine ebenfalls aus Eisen gefertigte Waffe namens *ńyõkãmkè*[183] vertreten (Fig. 66,1). Mit ihr konnte man den Kopf eines flüchtenden Feindes abtrennen.

Unter den Abwehrmitteln, die den zahlreichen Angriffswaffen entgegengestellt werden können, nimmt der Schild *(kahaké)* die wichtigste Stelle ein. In den Felsbildern von *Dókotye* figuriert er in unterschiedlicher Form, was darauf zurückzuführen ist, daß jede Sippe (Traore, Watara etc.) ihre eigene Schildform verwendete: vgl. Fig. 54, 63, 64, 66,2 und 80 sowie die ebenfalls von meinen Begleitern und Informanten als Schilde erkannten Abbildungen in Fig. 57, 66,3, 67 und 68.

Die Darstellungen eines während der großen Initiation *(dótona)* von den Maskentänzern benützten Schemels *(dókaha*, s. Abschnitt 12.5) zeigt die Fig. 61,1, eine Abform davon die Fig. 66,4.

Nicht immer teilen sich dem Betrachter die Zeichen allein durch ihre Bildhaftigkeit mit, wie auch „gegenständlich“ wirkende Darstellungen vielfach einen Sinn und Stellenwert besitzen können, der über die Wiedergabe des Naturvorbildes hinausgeht. Eine hohe Zahl der auf freiliegenden Felsflächen und Steinblöcken auftretenden Petroglyphen (Fig. 51–54, 56, 57, 59,

62–66, 69, 71–80, 83, 91–98) sind daher als Sinnzeichen zu verstehen, deren Symbolcharakter auf dem Weg über intuitive Betrachtungsweise nicht zu entschlüsseln ist. Außerdem wäre es methodisch verfehlt, mit vorgefaßten Meinungen an das betreffende Fundgut heranzugehen und nicht immer wieder auf die Fragezeichen hinzuweisen, die bei einer Analyse dieser Art notwendigerweise stehenbleiben müssen.[184] Welche Bedeutung die Zeichenformen nun im einzelnen haben, kann nur aus dem Kontext herausgelesen werden, d. h. aus dem räumlich-zeitlichen Vorkommen, aus der traditionellen Verankerung oder der Disposition jener Menschen, die sie hervorgebracht haben. Anders ausgedrückt: Um Zeichen dieser Art verstehen zu können, wäre der Kontext einer mündlichen Überlieferung nötig, der, wenn wir uns mit einem Abglanz der Tradition zufriedengeben, bei den heutigen Tussian der Tussiamba-Gruppe noch vorhanden ist.[185] Freilich kann heute eine verbindliche „Auflösung" der Sinnzeichen nur mehr schwer erbracht werden, und wir müssen uns damit zufriedengeben, daß die gegebene und im Folgeband aufgezeigte Interpretation möglicherweise nur einen (großen) Annäherungswert an den echten Bildinhalt besitzt. Aber einfach formulierbare Patentlösungen, die dem heutigen Menschen plausibel vorkommen, haben es nun einmal an sich, daß sie die Vieldeutigkeit des Basismaterials eher vereinfachen als in einer faszinierenden Komplexität darstellen. Bei den Tussian ist das weitergegebene Erbe an traditionellem Wissen noch nicht verlorengegangen, sondern ruht im Gedächtnis der letzten Generation seiner Treuhänder.

Bei den gehämmerten Darstellungen (Fig. 99 und 100) handelt es sich fast ausschließlich um einfache, in kindlicher Manier gezeichnete Tierbilder,[186] was auf jagdliche Motive hinweist.

12.7 Die Näpfchen, Schalen, Rillen und Steintrommeln

Wie nicht anders zu erwarten, sind auch in diesem Falaise-Abschnitt kleine fingerhutförmige und größere napfartige Hohlformen in beachtlicher Zahl vertreten. Bevorzugte Plätze sind waagrechte Oberflächen in anstehendem Gestein, die sich in den Steilabfällen entweder auf exponierten Plätzen der verschieden hohen Schichtstufenränder oder, wenn auch weniger oft, in Grotten und Felsnischen befinden. Die Ausnahme bildet eine senkrechte Felswand entlang des Fußpfades, der bei Taga die Falaise durchschneidet (Fig. 124).

Viele Näpfchen im Fundareal C zeigen den gleichen dunklen Patinierungsgrad wie der sie umgebende Fels aus dunklem Sandstein. Ihre Oberfäche ist rauh und verwittert, sie weisen keine Spuren eines künstlichen Schaffens auf, und ihre Enstehung dürfte auf eine lange Folge von natürlichen Entstehungsvorgängen zurückzuführen sein (s. Abschnitt 3.7). Besonders deutlich tritt dies bei jenen Näpfchen und Schalen hervor, bei denen nach der Eintiefung in den Sandstein eine Krustenbildung die Oberfläche verhärtet hat, diese teilweise wieder abgetragen worden ist und die Hartrindenauskleidung der Hohlformen nun über die heutige Oberfläche hinausragt. Gut zum Vorschein kommt dies bei einigen Näpfchengruppen in der Falaise nahe Daramandugu in Richtung Taga sowie im Fundareal A entlang des Fußweges von Tinba nach Tiulankulo/Sindukoroni.

Im Gegensatz dazu sind jene zahlreichen napfartigen Vertiefungen, die durch ihre bewußte Disposition eine bildliche Darstellung formen, sei es allein oder vergesellschaftet mit den Petroglyphen, ausschließlich von Menschenhand gefertigt worden. Dies trifft auch für jene Näpfchen (und Rillen) zu, die sich in den Steinsitzen und Steinlehnen befinden, deren Nachweis auch im Fundareal C erbracht werden kann. In einem Fall liegen sie vor dem Eingang eines Gehöftes in der Nähe von Opferplätzen (am Gehöftsrand befindet sich eine Wahrsagerhütte mit den *tahasé*). Beim Fest der großen initiierten Wahrsagern ist ein Exemplar der Steinsitze und -lehnen dem *sãhãputẽ̀* vorbehalten.[187]

Neben den zahlreichen runden Hohlformen ist das Auftreten der schalenförmigen Eintragungen nicht groß und konzentriert sich überwiegend auf einigen Grotten und Felsüberhängen in der Falaise. Ein Steinblock mit fünf länglichovalen Vertiefungen, deren Durchmesser zwischen 12 und 29 cm liegt, befindet sich in der Grotte VII (Fig. 123). Sollten diese Schalen die Funktion von Reibeflächen ausgeübt haben, so wäre, wie in Grotte IV (Fundareal A), die Frage ihrer eher ungewöhnlichen Fundsituation zu untersuchen. Ihre paläoökologische Ausdeutung muß daher mit großer Unsicherheit behaftet bleiben.[188] Auffallend ist das offensichtliche Fehlen von mobilen Handmühlen und Reibsteinen in diesem Falaise-Abschnitt, die andernorts oft eine Überrepräsentanz aufweisen.

Am östlichen Ende der Westgrotte liegen drei Steinblöcke, die mit eingeschliffenen Rillen (meist mit Näpfchen vergesellschaftet) versehen sind (Fig. 86–88). Sie weisen ein enges, V-förmiges Profil auf, das auf ihre Verwendung für das Schleifen von eisernen Werkzeugen oder Waffen (Pfeilspitzen) vermuten läßt (vgl. Abschnitt 3,2).

In der Falaise besitzen einige vertikale Felswände sowie horizontale Steinblöcke gut geglättete Rillen und polierte Flächen bis zu 56 cm Länge, 15 cm Breite und 3,5 cm Tiefe. Die Entstehung der Rillen wird von meinem Informanten der Oberflächengestaltung eiserner Stichwaffen und Sakralobjekte, jene der breiten Flächen dem Zurichten von Reib- und Rillen-(Polier-)steinen zu handlichen Geräten zugeschrieben.

Nordwestlich von Daramandugu befinden sich am Fuß der Falaise zwei langgestreckte Steinklötze in Zylinderform mit geringer Auflagefläche. Es sind steinerne Schlagidiophone, die mit faustgroßen Steinen zum Ertönen gebracht werden können. Durch häufigen Gebrauch haben sich mehrere Schlaglöcher in Näpfchenform gebildet, wobei die Schlagstellen so gewählt wurden (und noch immer werden), daß sie unterschiedliche Tonhöhen ergeben. Es heißt, daß die Musik (verstanden als Klangmaterial) von gleicher Natur wie die Sprache ist, und jeder musikalische Rhythmus, ob von der Trommel oder irgendeinem anderen Instrument vorgetragen, in Formeln übersetzt werden kann. Das einfache Lithophon bietet daher wie eine Trommel die Möglichkeit, mittels Signalen die Höhen- und Längenverhältnisse der einheimischen Tonsprache zu imitieren. Meine Bitte nach einer Vorführung wurde (zur Unterhaltung der anwesenden Tussian) mit der rhythmisch geschlagenen und meinen Begleitern verständlichen Mitteilung über meine Anwesenheit und Tätigkeit erfüllt. Anschließend wurden die Rhythmen immer schneller (ein Zeichen von Jugend und Zuwachs an Kraft) und komplizierter, blieben aber immer auf die Sprache bezogen.

Nicht unerwähnt sollen jene kleinen rechteckigen „klingenden Steine" („pierres sonnantes") bleiben, von denen M. Guilhem und J. Hébert aus dem Wohngebiet der südlichen Tussian berichten. Nach ihren Aussagen besitzen die meisten Wahrsager einen solchen Stein. Bevor er auf diese „heilige" Unterlage seine Kauri wirft, wird der Stein mit einem gegabelten Zweig zum „Erklingen" gebracht.[189] Einen solchen Stein konnte ich nicht sehen.

VII. Das Fundareal D

Das östlich von Bobo-Julasso liegende Fundareal D setzt sich aus mehreren geomorphologisch unterschiedlichen Geländeabschnitten zusammen, die weite Teile der nordöstlichen Randzone des „Bobo-Plateaus“ einnehmen. Das Gebiet wurde von mir im Sommer 1983 zum ersten Male abseits des Asphaltbandes besucht, wobei ich die Petroglyphen-Ansammlung in der nachstehend angeführten Grotte IX aufnehmen konnte. Schon damals konnte ich über einige der dort dargestellten Figuren und Zeichenformen Aussagen bekommen, die nicht mit den von J. Henninger erbrachten übereinstimmen.[190] In den Wintermonaten 1987/88 und 1989/90 unternahm ich weitere Surveys in diesem Falaise-Abschnitt, und zwar bei Pala und Koro sowie bei Kukana (Kotedugu) in Richtung Woloflu߸. Sie führten in den aus schroffen Felsen und Geröllhalden bestehenden Abbrüchen zur Entdeckung zahlreicher Grotten und Abris, von denen über ein Dutzend noch Spuren einer anthropogenen Nutzung zeigen und Kulturhinterlassenschaften (Speicherbauten, Mauerreste, Keramiken, Felsbilder) beinhalten. Mein letzter Aufenthalt im Winter 1991/92 galt, wie schon ein Jahr zuvor, dem Versuch, die bereits erhaltenen Lösungsvorschläge über den recht kennzeichnenden Formenschatz an Symbolen, Ornamenten und geometrischen Zeichen einen definitiven Sachverhalt vorzulegen, um nicht unreflektierte Meinungen als gesichertes Wissen hinnehmen zu müssen. Daß dabei in manchen Fällen die Mehrdeutigkeit eines Sinnzeichens zum Ausdruck kam, durfte mich nicht wundern, ist dieses doch auch immer einem Formen- und Bedeutungswandel endogener und exogener Art unterworfen.

Da einige der von mir besuchten Orte als „sacré“ gelten, möchte ich aus Respekt vor den Menschen, mit denen ich gelebt habe, ihrem Wunsch nachkommen und die Lokalisation von nur drei Grotten bekanntgeben, deren Besuch im Beisein eines lokalen Begleiters allgemein erlaubt ist.

13. DIE FELSGROTTEN (ABRIS)

13.1 Grotte IX (Jägergrotte)

Koordinaten: 11°10'25" N – 4°10'55" W

Lage: Die Grotte liegt etwas erhöht im Felsabbruch in der Nähe einer Quelle und nicht weit von Boradugu entfernt.[191]

Inventar:

Architektur: Sowohl außerhalb wie auch im Inneren der Grotte stehen in der Nähe ihres Einganges alte Lehmspeicher, vorwiegend in Zylinderform mit Reliefschmuck.

Felsbilder: Es sind ausschließlich Petroglyphen, die im linken Grottenabschnitt den felsigen Boden um einen runden Lehmspeicher (H: 120 cm, Dm.: 80 cm) bedecken (Fig. 110–112).

Im Gegensatz zu den Petroglyphen im Fundareal C, deren häufigste Herstellungstechnik durch Schlagen mit einem spitzen Werkzeug erfolgte, sind die vorliegenden Darstellungen der Arbeitsmethode nach anders zustande gekommen: Ihr schmaler Strich ist nicht durch Punzen (was eine gewisse Breite bedingt), sondern vorwiegend durch Ritzen und Gravieren mit einem silikatreichen Gestein oder einem Metallobjekt entstanden; die Kontur zeigt im Profil meist eine V-Form. Mit dieser Technik vergesellschaftet zeigen sich oft die allgemein in weiches Gestein geschabten Felsbilder mit endoperigrapher Oberfläche, was eigentlich einem Polieren gleichkommt und im Ausnahmefall die Umrißlinie durch die flächenhafte Innenglättung zum Verschwinden bringt.

Aufenthalte: Sommer 1983, Winter 1987/88 und Winter 1989/90.

13.2 Grotte X (Speichergrotte D)

Koordinaten: wie Grotte IX.

Lage: Verläßt man die Jägergrotte und begibt sich entlang der Falaise in südwestliche Richtung, wird schon nach wenigen Schritten ein großer Unterstand erreicht, dessen Zugang gut getarnt im dichten Pflanzenwuchs liegt.

Inventar:

Architektur: Wie Reste einer Lehmmauer noch zeigen, dürfte der Abri einst (zur Gänze?) verschlossen gewesen sein. Im Inneren stehen mehrere unterschiedlich hohe Zylinderspeicher (mit einem für diesen Typ charakteristischen, oben zur Füllöffnung hin konischen Zulauf) sowie ein niedriger Quaderspeicher. Sie tragen einen Reliefschmuck, der aus schmalen, durch Punktmuster gegliederten Lehmstegen und aus mit Lehm geformten Tieren (meist Schlangen sowie Tiere echsenähnlicher Gestalt) und anthropomorphen Figuren besteht (Fig. 26 und Abb. 4).

Keramik: An der Rückwand des Abri stehen drei hohe Tongefäße mit stark gewölbtem Bauch und einem weiten, nach außen geschwungenen Rand.

Aufenthalte: Sommer 1983, Winter 1987/88 und Winter 1989/90.

13.3 Grotte XI

Koordinaten: ca. 11°11' N – 4°09'30" W

Lage: Auch diese Felsgrotte liegt gut versteckt in der hier schon teilweise in Turm- und Steilwandformen aufgelösten Falaise, nordöstlich von Boradugu. Nach dem Überschreiten eines Baches erheben sich links einige stark verwitterte Felsen in Pilzform, wo auf halber Höhe der Eingang zur Grotte XI erreicht wird. Ihre Gesamtlänge beträgt 12 m, ihre Tiefe 3,70 m und die größte Höhe 3 m; die Orientierung schwankt zwischen 120° und 140°.

Inventar:

Felsbilder: Ähnlich wie in Grotte IX wird der felsige Boden mit einer hohen Zahl von Petroglyphen bedeckt. Gezeigt werden zwei kunstlose, in kindlicher Manier gezeichnete Tiere, einfache Symbolformen und Liniensysteme. Sämtliche Darstellungen sind durch Ritzen und Gravieren entstanden und weisen eine V-förmige Rille von geringer Tiefe auf. Einen Ausschnitt des Bildensembles zeigt die Fig. 113.

Aufenthalt: Winter 1987/88.

*

Die Interpretation des Fundmaterials und damit die Auslegung der Felsbildsymbole wird im Folgeband zu finden sein. Um Wiederholungen von Reproduktionen zu vermeiden, werden in dieser Schrift aus dem Fundareal D nur die Petroglyphen aus der Grotte IX bei Boradugu[192] und ein Ausschnitt aus der Grotte XI gezeigt. Die vorgelegten Angaben sind daher nur als „Wegweiser" zu einer eingehenden Analyse des Fundmaterials zu verstehen, die, ergänzt mit Oraltradition, Einblicke in die wesentlichen Grundstrukturen bei den östlich von Bobo-Julasso lebenden Bobo bieten wird. Im gleichen Sinne gilt dies auch für die Natioro, Wara und südlichen Tussian in den Fundarealen A, B und C.

VIII. Anmerkungen

[1] Alle Objekte durften nach Begutachtung durch die Direktion des Nationalmuseums in Wagadugu ausgeführt werden.

[2] S. dazu Mensching, H. 1970: 33 f.

[3] Die Übersetzung der französischen Nomenklatur erfolgt nach Schweinfurth, G. 1906.

[4] Korrekt müßte es „... südöstlich von Bobo-Julasso ...“ heißen.

[5] Mauny, R. 1957: 24 verlegt alle von de Zeltner zitierten Örtlichkeiten in die Elfenbeinküste.

[6] Obervolta wurde dem Generalgouvernement Französisch-Westafrika, das zuerst die vier Territorien Senegal, Sudan (der vorübergehend Obersenegal-Niger hieß), Guinea und die Elfenbeinküste umfaßte, erst 1919 angeschlossen.

[7] Bis heute ist ungeklärt, wer diese aus Lateritblöcken mit Grobmörtel aneinandergefügten und verputzten Bauwerke errichtet hat, die meist in der Nähe alter Goldförderplätze liegen. Eine Zusammenfassung des Forschungsstandes bietet Savonnet, G. 1986.

[8] 1945 in Dakar, 1947 in Bissau, 1949 in Ibadan, ...

[9] Vgl. dazu Shaw, T. 1981: 215.

[10] Guitat, R. 1972: Haute-Volta, N° 15.

[11] Aus der Region Sindu besitzt das IFAN in Dakar unter der Inventarnummer H.-V. 49-240 fünf polierte Beile zwischen 48 und 120 mm Größe, zwei unpolierte Beil-Rohstücke und einen Keil (Beilende) von 105 mm Größe, gesammelt von Gobin (Mauny, R. 1957: 19).

[12] Mauny bezeichnet die 48 Geräte als „12 peuvent être classées comme haches“ und teilt sie in „... une grande ..., une longue et plate ..., 3 petites ..., 6 de petites dimensions ... et 3 moyennes ...“ (1957: 18); zusammengezählt sind dies 14 Stück.

[13] S. dazu Abschnitt 12.2.

[14] S. in Fig. 27, Nr. 32–44.

[15] Vgl. dazu u. a. Jeffreys, M. D. W. 1948 und 1951; Lagercrantz, S. 1936; Lebeuf, J.-P. 1953; Mauny, R. 1953 b sowie die Beiträge in MAN, 47, 1947 bis 52, 1952.

[16] S. dazu Andah, B. W. 1980 a und b.

[17] 1972: Haute-Volta, N° 25: statt: Bequaert (Guitat schreibt Becquaert), richtig: Mauny, R. 1957;
N° 30: hier wird Tingréla (nahe Banfora) als Fundort mit Verneau, R. 1922 als Literaturhinweis angegeben. Dieser von Karaboro und Guin bewohnte Ort scheint in der von Guitat zitierten Arbeit Verneaus nicht auf.

[18] Le Moal, G. 1981/82: 255.

[19] Vgl. dazu Abschnitt 3.2 und Fig. 31, 7.

[20] Über die Gruppierung der ethnischen Einheiten im Südwesten von Burkina Faso s. Trost, F. 1990.

[21] Der Name Natioro wurde dem Volk von den Jula gegeben; Eigenbezeichnung: *Samutengye*, sing.: *Samuna*. Das Siedlungsgebiet der Natioro umfaßt vier Dörfer: Sindukoroni und Dinaoro im Norden, Tinba und Kawara im Süden. Die drei erstgenannten sind Namensgebungen der Jula, Kawara kommt aus dem Senar, der Sprache der Senufo, und bedeutet „homme noire“.

[22] Im Südwesten von Burkina Faso ist die am stärksten vertretene Senufo-Gruppe die der Kulele.

[23] In den beiden Natioro-Siedlungen Kawara und Tinba sind fünf Sippen vertreten (im Sinne Murdock, G. P. 1949: 47; vgl. Zwernemann, J. 1965: 55, Anmerkung 13):

Simbetengye (Sibena)	Mandename: Watara
Bitengye (Bina)	Kulibali
Pẹntengye (Pẹna)	Traore
Santengye (Sana)	Kone
Sintẹtengye (Sida)	Sanogo

[24] Die Koordinaten wurden mit Hilfe von Luftbildfotos und Kartenblättern M 1:200.000 ermittelt; ihre Genauigkeit liegt bei 15".

[25] Unter dem Begriff „Felsbild“ werden hier alle „graphischen Techniken“ (Petroglyphen) und „malerischen Techniken“ (Piktographen) der Felskunst verstanden. Zu den verschiedenen Arten von Petroglyphen gehören Punzungen, Gravierungen (Ritzungen) und Rillenschliffe sowie Kombinationen dieser Techniken. Piktographen ist die international übliche Bezeichnung für Felsmalereien: sie können monochrom (einfarbig) oder polychrom (mehrfarbig) ausgeführt sein.

[26] Zur typologischen Gliederung siehe Abschnitt 3.2.

[27] Zur typologischen Gliederung siehe Abschnitt 3.2 und Fig. 36.

[28] Unter dem Begriff „Näpfchen" und im erweiterten Sinn „Schalen" werden hier petrographisch ausgeführte runde beziehungsweise ovale Vertiefungen in Stein und Fels verstanden. Sie kommen zusammen mit Felsbildern vor, gehören aber selbst nicht unmittelbar zur Felskunst.

[29] Beachte Anmerkung 26 und 27.

[30] Die jeweils mit + gekennzeichneten Artefakte wurden mir von einem meiner Informanten oder Begleiter als Oberflächenfunde unter genauer Angabe der Fundstelle oder des Fundortes übergeben. Der Finder des Objektes konnte in den meisten Fällen ermittelt, die Aussage meiner Gewährsmänner überprüft weden.

[31] Beachte Anmerkung 26 und 27.

[32] Das Kerngerät ist ein Oberflächenfund aus einer kleinen Grotte, die nördlich des alten Quartiers der Kulibali und nicht weit vom Artefaktabri entfernt liegt.

[33] Tinba war das erste Dorf.

[34] Heinrich Barth, der 1853 auf seiner Wanderung von Say (Ssai) am Niger über Aribinda nach Hombori mehrere Ruinen und befestigte Orte sah, erwähnt, daß sie auf Bergen oder Abhängen liegen. Hervorzuheben ist hier der von den Songhay aus Hombori gegründete Ort Tinyé (Tínge) (den Barth als Stadt bezeichnet; 1858, IV: 316), der am Gipfel eines kleinen Hügels liegt und noch heute die eigentümliche Führung der Umfassungsmauer mit den stufenförmig vorspringenden Mauern erkennen läßt (Schweeger-Hefel, A. 1972: 182).

[35] S. dazu Dreyfus, J. 1952: 1114.

[36] Die gleiche Bauart konnte ich 1983 bei zwei altertümlichen Sakralbauten außerhalb eines Natioro-Gehöftes in Sindukoroni sehen.

[37] Die Form und der Dekor der Gefäße gleicht in vielen Fällen der alten Töpferware aus dem Sarnyéré in Mali, s. Gallay, A. 1981.

[38] Es soll hier nicht die Aufgabe sein, sämtliche aufgesammelten Steinobjekte einzeln zu beschreiben. Vielmehr scheint es mir sinnvoller, durch die Untersuchung der Gerätefertigungstechniken und der Inventarianz einige Rückschlüsse auf kognitive Prozesse zu ermöglichen.

[39] Vgl. dazu unter anderem Desplagnes, L. 1907: Fig. 31 und Schweeger-Hefel, A. 1981: 45, Abb. 17.

[40] Im Senufo-Wohngebiet (z. B. Konadugu) herrscht die rechtwinkelige Form vor.

[41] Ein Granitvorkommen befindet sich unter anderem in Koro, östlich von Bobo-Julasso.

[42] Das IFAN in Dakar besitzt mehrere Fundstücke von polierten Quarz-Lippenpflöcken aus Burkina Faso, so z. B. aus Bobo-Julasso (H.-V. 57-54) und aus dem Gebiet bei Diébugu (H.-V. 57-55). S. dazu auch Lacroix, A. 1909 und Cardinall, A. W. and C. G. Seligman, 1921.

[43] S. dazu unter anderem Doize, R. L. 1938.

[44] S. dazu unter anderem Goodwin, A. J. H. and van Riet Lowe 1929.

[45] S. dazu Davies, O. 1964: 195–199.

[46] Die in hoher Zahl vorkommenden „Togosteine" („Sokpe", ein Herstellungsort liegt bei Notsé) möchte ich hier ausklammern.

[47] S. dazu Cardinall, A. W. 1923.

[48] Ergebnisse meiner Untersuchung über die Keramik (Herstellung, Typologie, Gebrauch, Verkauf, Handelsbeziehungen ...) bei den Natioro in Kawara und Tinba, den Wara in Niansoghoni, Uturu und Negeni sowie den Senufo in Baguéra und Kawolo werden in Band 2 aufgezeigt.

[49] „Jeli" *(dieli)* bedeutet auf Bamana „Blut". Die Jeli-Männer in Kawara sind Lederarbeiter und Musiker. „Der Jeli", sagt man, „darf zwei Zungen haben."

[50] Drei ist das Symbol des männlichen Geschlechts (das Glied und die Hoden), vier das der vier Lippen des weiblichen Geschlechts.

[51] Vgl. dazu z. B. Himmelheber, H. 1967: Abb. 17; Förster, T. 1987: Abb. 153, 175, 196, und Schneider, K. 1990: Abb. 152–213.

[52] Ein Teil der oberen Gefäßwand wurde im Labor des Institutes für Ur- und Frühgeschichte der Universität Wien ergänzt.

[53] Bedaux, R. M. A. et A. G. Lange 1983: 17 und Fig. 13, Typ 14A.

[54] Gallay, A. 1981: 184, Pl. 14, N° 132 aus Ānkumni Na und S. 187, Pl. 17, N° 203 aus Ānkumni Péré sowie S. 135 f. und 190 f.

[55] S. Anmerkung 48.

[56] In der französischen Literatur *lissoir, tampon, enclume, marqueur, cabochon, percuteur,* in der englischen meist *handbeater, pestle* oder *anvil (paddle-anvil-method)* genannt.

[57] Bei den Dogon in der Region Sanga töpfern die Frauen (s. dazu Griaule, M. 1983: 24, 25).

[58] Gallay, A. 1981: 90. Vgl. dazu unter anderem auch Drost, D. 1967: 60 ff. und Bedaux, R. M. A. *et alii* 1978: 104 f.

[59] Treinen-Claustre, F. 1982: 120 ff.

[60] „Die Natioro röten ihre Töpfe vor dem Brennen mit einer wäßrigen Lösung feingestampfter eisenhaltiger Erde" (Frobenius, L. DIAFE 2, 1907, III, 17; Zitat bei Drost, D. 1967: 183).

[61] Vgl. dazu Stößel, A. 1984: 74–80.

[62] Als Trinkgefäße werden ausschließlich Kalebassen verwendet.

[63] Vgl. dazu Labouret, H. 1931: Pl. IV, 17.

[64] S. dazu Haselberger, H. 1969: 211.

[65] Vgl. dazu Labouret, H. 1931: Pl. XVIII, 6.

[66] *nianpio:* Ohrläppchen, *tosié:* Ring/Reif („bracelet").

[67] Mein herzlicher Dank dafür gilt Herrn OR Ing. Dr. W. P. Bauer, Museum für Völkerkunde, Wien.

[68] Vgl. dazu die Abbildung in Lebeuf, A. et V. Pâques 1970: 44.

[69] Mauny, R. 1961: 110, Note 1.

[70] McIntosh, S. K. and R. J. 1981.

[71] Eine Technik des Wachsausschmelzverfahrens wurde um 700–1150 n. Chr. auch in der Nähe des Tschadsees praktiziert (Connah, G. 1981: 173, 187).

[72] Bedaux, R. M. A. *et alii* 1978: 146; *toggere,* plur.: *togge:* künstlich entstandene Erdhügel.

[73] *Ibid.*

[74] Mauny, R. 1956: 50.

[75] Die Blütezeit von Bigho lag, wie Radiokarbon-Daten zeigen, zwischen 1430±100 und 1710±100 n. Chr. (Wilks, I. 1982: 346).

[76] Bei den Akan-Völkern in Ghana und in der östlichen und zentralen Elfenbeinküste entwickelte sich eine eigene kunstvolle Weberei, die zu einer königlichen, vom Staate unterstützten Industrie heranreifen konnte.

[77] Wilks, I. 1982: 464.

[78] Aus Lagerlisten der Handelsstation São Jorge da Mina der Jahre 1529–1531 geht hervor, daß der monatliche Bestand an *manilhas* bis zu 20.000 Stück, bei einem Gewicht von etwa 600 g pro Stück, bestand (Vogt, J. 1973). Manillen waren in ganz Westafrika und weiter bis zum Kongo verbreitet. Am häufigsten kamen sie in Nigeria vor, wo sie erst ab 1. 4. 1949 als offizielles Zahlungsmittel verboten wurden.

[79] Vgl. dazu u. a. Jaeger, P. 1953; Lafitte, J.-P. 1910; Sommier, J.-R. 1950; Lt. Pérois 1945; Szumowski, G. 1953; de Zeltner, F. 1911 (unter Ausschluß des Dogon-Gebietes).

[80] Im Gegensatz zum Wasseraufbewahrungsgefäß *numbuwã*, das seinen Platz im Haus hat.

[81] Vgl. dazu de Zeltner, F. 1924.

[82] S. dazu Rouch, J. 1953: Pl. II, Fig. 3 und Prost, A. 1971: Fig. 1 und 2.

[83] Paschinger, H. 1989.

[84] Der Name Wara wurde dem Volk von den Jula gegeben und bedeutet „wild" (Adj.), „Raubtier"; Eigenbezeichnung: *Saama,* sing.: *Saamni.* Die Wara sind mit den Natioro verwandt und besaßen Quartiere u. a. bei Alt-Kawara II (s. Abschnitt 2.2).

[85] Niansoghoni wurde 1978 verlassen, Uturu etwas früher, Negeni um 1990, war aber 1987/88 noch zu etwa einem Drittel, 1992 nur mehr von einer Familie bewohnt; in Klani lebten 1986 noch vier Personen.

[86] Jedes in den Bergen liegende Dorf ist im Besitz einer großen Fluchthöhle, die gut verborgen im jeweiligen sakralen Bezirk liegt und bei drohender Gefahr eines Krieges von allen Sippen gemeinsam benutzt werden kann. Zusätzlich hat noch jede Sippe ihre eigene, außerhalb des heiligen Areals liegende Fluchthöhle.

[87] Vgl. Frobenius, L. 1907–1909: 11, wobei jener Ort, den sein Begleiter H. Hugershoff besuchte, nicht mehr einwandfrei zu lokalisieren ist.

[88] In den Orten Niansoghoni, Uturu und Negeni sind vier Sippen vertreten (vgl. Anmerkung 23):

in Niansoghoni:	in Negeni:	Mandename:
Nyiabã	*Nyiabã*	Watara
Munikyabã	*Kọsọkọbã*	Kulibali
Bandòbã	*Klẹkumbo/Kilẹkunumbo*	Traore
Fenikyabã	*Wẹbã*	Kone

Die *Bandòbã* unterscheiden sich in die *Bandòmiyã (miyã:* rot) und in die *Bandòponi (poni:* schwarz), s. auch Abschnitt 8.1.

Die Watara stehen mit den Kulibali, die Traore mit den Kone in einem wechselseitigen rituellen Verhältnis, was sich auch darin zeigt, daß das Speisetabu der Partnersippe eingehalten wird.

[89] S. dazu Trost, F. 1989.

[90] Jula: *ngi-ya:* Auge, *sogho:* „durchbohrt".

[91] Ober-Klani (von Watara und Traore bewohnt) wurde von mir zweimal besucht, wobei sich die jeweiligen kurzen Erhebungen ausschließlich auf ethnologische Aufgaben beschränkten. Die Funde von Topfscherben und Näpfchen-Steinsitzen wurden in der vorliegenden Arbeit nicht aufgenommen.

[92] Zur typologischen Gliederung s. Abschnitt 3.2 und Fig. 36.

[93] Zahlreiche, überwiegend zerbrochene länglichovale Reibschalen (Typ b) liegen verstreut in allen Quartieren der aufgelassenen Siedlungen.
[94] Vgl. Anmerkung 30.
[95] S. dazu Haselberger, H. 1967: Photo 1 und 1969: Fig. 57.
[96] *koni (kunî)* in Negeni.
[97] *kûnni* in Negeni.
[98] S. dazu Frobenius, L. 1907–1909: 12 und Haselberger, H. 1969: Fig. 75.
[99] Konnte 1992 nicht mehr beobachtet werden.
[100] Schlange allgemein: *yakw̃ã.*
[101] *yamina* in Negeni.
[102] S. Anmerkung 38.
[103] Zur typologischen Gliederung s. Abschnitt 3.2 und Fig. 36.
[104] Frobenius, L. 1907–1909: 12.
[105] Tauxier, L. 1939: 166.
[106] Der Ort Kawolo liegt südlich von Baguéra, auf halbem Weg nach Wahirimabugu.
[107] Die Herstellung der alten Gefäße vom Typ *legisunnu* soll in Nussu, westlich von Negeni, erfolgt sein.
[108] S. Anmerkung 48.
[109] S. dazu Bedaux, R. M. A. et A. G. Lange 1983.
[110] S. dazu McIntosh, S. K. and R. J. 1980, I: 156 f.:
Phase 1 (250 B. C.–A. D. 50): Engobe auf der Außenseite der Randstücke;
Phase 2 (A. D. 50–A. D. 400): Allmählicher Übergang der Engobe auf die Gefäß-Innenseite;
Phase 3 (A. D. 400–A. D. 900): Engobe auch auf der Innenseite der Randstücke;
Phase 4 (A. D. 900–A. D. 1400): Engobe nur auf Gefäßen mit abgerolltem Rand.
[111] S. dazu Bedaux, R. M. A. *et alii* 1878: 127 und 136, Typ 9.
[112] Vgl. dazu Abschnitt 3.4.
[113] *pw̃a* in Negeni.
[114] *koni* in Negeni.
[115] *nyinkôma* in Negeni.
[116] *pain:* Loch.
[117] S. dazu Trost, F. 1986: Fig. 7.
[118] Der Name Tussian wurde dem Volk von den Jula gegeben. Sie selbst besitzen kein eigenes allgemeines Ethnikon, sondern leiten ihre Eigenbezeichnung von dem jeweiligen Namen ihres Dorfes oder Bezirkes her, in dem sie wohnen.
[119] Ihre Sippennamen (vgl. Anmerkung 23 und 88) sind:

Sẹbe	Mandename:	Kulibali
Silbi		Traore
Yibi		Baro
Sõbe		Watara

[120] In der Falaise konnte ich fünf Grotten mit anthropogenen Benützungsspuren ausfindig machen, wovon zwei eine Ansammlung von Petroglyphen enthalten. Am Fuß der Falaise befinden sich einige kleine Abris mit wenigen, in schlechter Qualität ausgeführten Piktographen, die in diesem Katalog nicht aufgenommen wurden.
[121] Sie wird allgemein *Wĩ̂nwẹn* (die Sprache der *Wĩ̂n*) genannt. Obwohl der Dialekt innerhalb jeder Tussian-Gruppe oft bedeutende Spielformen besitzt, wird er dennoch von deren Mitgliedern verstanden. Die sprachliche Verschiedenheit zwischen den nördlichen und südlichen Tussian ist jedoch so groß, daß sie einander kaum verstehen und zur Verständigung eine andere Sprache, meist Jula, vorziehen.
[122] *awèlé* bei Béart, Ch. 1955, II: 475 ff.
[123] S. bei Le Moal, G. 1960.
[124] Binger. L. G. 1892, I: 369.
[125] Le Moal, G. 1960: 196 f.
[126] Binger, L. G. 1892, I: 433.
[127] Hébert, J. 1961: 318.
[128] Die Absicht Tyèbas, Bobo-Julasso zu seiner zweiten Residenz zu machen, scheiterte am heftigen Widerstand der einst von den Watara aus Kong unterworfenen, inzwischen aber ihre Freiheit erlangt habenden lokalen Bevölkerungsgruppen. Sie bildeten eine Koalition gegen Tyèba und attackierten ihn gemeinsam mit den Watara in Bama, wo er am 27. (28.) Jänner 1893 den Tod fand. (Er dürfte am Vorabend der entscheidenden Schlacht vergiftet worden sein.)
[129] Am 16. Mai 1897 zerstörte er das alte Handels- und Bildungszentrum Kong, kurz darauf den Tyéfo-Hauptsitz Numudara (Jula: *numu:* Schmied, *dara:* Canari). Er zog mordend und brandschatzend durch riesige Regionen

und konnte endlich am 29. September 1898 von den inzwischen auftretenden Franzosen gefangengenommen werden. Er wurde auf der Insel Misanga bei Lambarene interniert, wo er am 2. Juni 1900 starb.

130 Hubert, H. 1925: 286, Dittmer, K. 1958: 456.

131 S. bei Mauny, R. 1957: Fig. 2, 4.

132 Baumann, H. 1944.

133 *Topoko* bei den nördlichen Tussian.

134 Ein anderer Name ist *plę̀ mnọ (plé:* Hase). Die Jula nennen ein Steinbeil *suruku diénde (suruku:* Hyäne, *diénde, dyélé:* Hacke).

135 Schweeger-Hefel, A. 1980: 419.

136 Stein: *dáhákè; sédáhápíké* oder *séndáhápíké: sé-* ist ein grammatikalisches Präfix, *-kè* in *dáhákè* ist ein Suffix, der sich durch das anschließende Wort auflöst; *píké:* weiß, eigentlich „weiß machen".

137 *pọ́:* Geld, Einheit; *píké:* weiß.

138 S. Anmerkung 50.

139 Üblicherweise wird die offene Form mit „Reif" und die geschlossene mit „Ring" bezeichnet.

140 Haselberger, H. 1969: 216 f.

141 1971 konnte ich bei einem Händler in Bobo-Julasso mehrere große Kisten mit Gelbgußobjekten der Tussian-Guin sehen, die zum Verkauf außerhalb Afrikas bestimmt waren.

142 *gbọ̃̀:* Hand/Arm; *tahane:* Reif/Ring („bracelet"); *fo:* in, hinein (Präposition; *sọkọ* in Nianha).

143 *yọ:* Marigot, *tahane:* Reif/Ring („bracelet").

144 Auch *yọ̀nsõhõ; yọ:* Marigot.

145 S. dazu Himmelheber, H. 1967: 253, Abb. 14 a–d und Förster, T. 1987: 174 ff.

146 *gbáhákè:* Fuß/Bein.

147 S. dazu Haselberger, H. 1969: Fig. 29 links.

148 S. dazu Himmelheber, H. 1967: 251, Abb. 10 links.

149 S. dazu Förster, T. 1987: Abb. 167 unten.

150 *ǹęp ĩ:* Personen; *nínọ́:* zwei.

151 *lépọ́:* Platz, Ort? Möglicherweise unterlag ich einem Hörfehler und es müßte *lépló* (Stäbchen, Platte) heißen. *dólépló:* Platte für *Dó*.

152 Die Dauer der großen Initiation belief sich früher bis auf über zwei Monate und ist heute auf etwa acht bis zehn Tage beschränkt. In Tussiana fand das letzte große Weihefest (schon folkloristisch behaftet) im April 1989 statt.

153 Es soll sich dabei um eine eßbare Fangbeute handeln. Vgl. dazu Haselberger, H. 1969: Fig. 70, 71 und Abb. 39, wo das Tier eine Antilope zwischen den Zähnen hält.

154 Nach Haselberger wird hier ein Stück Holz dargestellt, „... mit dem man angeblich Schlangengift wirkungslos machen kann. Der Jäger, der den Calao nie totschießt, schreckt den Vogel lieber so sehr, daß dieser das Schlangenholz fallen läßt, das als Kostbarkeit nach Hause getragen wird" (1969: 216). Diese Aussage konnte von meinen Informanten nicht bestätigt werden.

155 Angeblich waren es die Gießer, die einzig den Calao als Motiv für die Anhänger benützt haben. Die Richtigkeit dieser Aussage müßte aber noch überprüft werden.

156 Einen Python *(vȅ)* oder eine *yọ̀nsîn (yọ̀nsõhõ)* darstellend.

157 Vier könnte auf zwei Zwillingspaare hinweisen; Zwillinge: *kènîn.*

158 Zitiert bei Haselberger, H. 1969: 216.

159 Förster, T. 1987: 209.

160 Haselberger, H. 1969: 207, 216.

161 Üblicherweise wird das Eisen „fer noire" und das Kupfer/Messing „fer rouge" bezeichnet. Demgemäß heißt ein Schmied *kètȍ* (plur.: *kètȍbè)* oder *kètȍsílkì* (plur.: *kètȍsèl); sílkì* (plur.: *sèl):* schwarz, eigentlich „schwarz machen". Ein Gießer heißt *kètȍsyọ̃̀ọ̃́; syọ̃̀ọ̃́:* rot, feurig, heiß. Die Sprache der Schmiede heißt *Kètȍwẹn*, die der südlichen Tussian *Wĩnwẹn* (s. Anmerkung 121).

162 S. bei Haselberger, H. 1969: 202–209.

163 Die Söhne und Verwandten von Fanguna bieten ihre Ware auf den umliegenden Märkten an. Meist sind es dem heutigen Geschmack angepaßte Fingerringe und kleine Amulettanhänger.

164 S. Anmerkung 67.

165 Von *bala fo* („*bala* spielen") bei den Bamana.

166 Sprich kege.

167 Symbol des Blitzes: *gbȩ̃̀nsétakè*.

168 Nur in Nianha nachgewiesen.

169 Eine genaue Identifizierung ist schwierig. Unter den verliehenen Initiationsnamen befinden sich Bezeichnungen für den Reiher, Ibis, Storch (?), Eisvogel, Star, Nektarvogel (?) und das Perlhuhn (?).

[170] *pnu* in Nianha. Gazellenhörner werden als Behälter für Medizin (z. B. gegen Schlangengift) verwendet. Heute stehen dafür meist Schafs- oder Ziegenhörner in Gebrauch.

[171] Nach einer anderen Version, die Gattin des *kã̀mptẽ̀*.

[172] Er besteht aus den Schwanzhaaren eines Großwildes: Löwe, Leopard, Antilope, Gazelle ... Seit diese Tiere selten geworden und zum Teil verschwunden sind, werden als Ersatz die Schwanzhaare von Rind, Pferd oder Esel, nicht jedoch von Schaf, Ziege, Hund oder Katze verwendet.

[173] Z. B. durch Hébert, J. 1967; Haselberger, H. 1968 und 1969; Trost, F. 1974.

[174] Die Darstellungen auf den Felsplatten 1 und 5 (Fig. 52 und 74) wurden nach der Standlinienmethode mit drei um das Bildensemble gelegte Grundstrecken vermessen und an Ort und Stelle nach den erhaltenen Maßangaben auf Millimeterpapier projiziert. Dadurch konnte jegliche Art von Verzerrung oder unrichtiger Wiedergabe bestmöglich vermieden werden. Für die genaue Reproduktion sämtlicher Figuren der großen Felsplatte 4 (Fig. 75) wurde die Szene mit Kreide in mehrere einheitliche Rechtecke geteilt, welche mit Hilfe einer hohen Aluminiumleiter (mitgeführt aus Wien) einzeln aus gleicher Höhe photographisch aufgenommen wurden. Zu Hause wurden die ausgearbeiteten Papiervergrößerungen maßstabsrichtig zusammengeklebt und in Reinzeichnung umgesetzt.

[175] Vgl. dazu Abschnitt 12.4: A. Armreifen und Armringe.

[176] *yõwọ*, sing.: *yõ:* Kopf; *nínọ́:* zwei; *wahay:* Schlange (allgemein).

[177] Darunter befindet sich die Siedleragame *(séké̃ké)*.

[178] S. Anmerkung 146.

[179] Gewöhnlich benützen die Alten einen Gehstock, der je nach Anwendung auch die Funktion eines Schemels *(kônkraha* oder *kônkarke)* erfüllen kann.

[180] S. Abschnitt 8.1 und Fig. 22 rechts.
Die Axt bzw. das Beil zum Fällen von Bäumen heißt *man*, plur.: *mnọ*.

[181] Binger, L. G. 1892, I: 303.
In den portugiesischen Chroniken des 15. und 16. Jh.s wird aus Westafrika wiederholt eine Waffe namens *azagayas* (franz.: *sagaies*) erwähnt (s. u. a. bei Fernandes, V. 1506–1510).

[182] Tauxier, L. 1933: 104.

[183] *yõ:* Kopf, *kãm:* Streitaxt.

[184] Vgl. dazu Biedermann, H. 1976: 52 ff., Stichwort „Interpretation".

[185] Obwohl die Tussian sich nicht als die Hersteller dieser Petroglyphen bezeichnen, ergab – nach mehreren Aufenthalten – die Befragung der Alten immer mehr Einblicke in jene Bewußtseinsinhalte, die das Denken und Streben der Bildschöpfer bestimmten.

[186] Darunter befindet sich wieder die Siedleragame und eine Echse namens *pwẹ̃*.

[187] S. Trost, F. 1986: Fig. 6.

[188] Es wäre wünschenswert, wenn sich archäologische und geomorphologische Betrachtungen gegenseitig ergänzten, damit es zum besseren Verständnis von der Entstehung und Entwicklung der Phänomene und zur chronologischen Einordnung der Abläufe kommen könnte.

[189] Guilhem, M. et J. Hébert (R. P.), 1964: 98.

[190] Henninger, J. 1960: 107 ff.

[191] S. dazu Henninger, J. 1954: 97.

[192] S. dazu Henninger, J. 1954 und 1960. Henninger nennt den Ort Bogodougou bzw. Borodougou.

IX. Radiokarbon-Daten von Burkina Faso

Kawara (10°38' N – 5°13' W)	DaK-85	A. D. 1482±121
	DaK-86	A. D. 1736±118
Poura, Goldminenareal:		
Nabu (11°25' N – 2°45' W)	DaK-216	A. D. 1720±110
	DaK-217	A. D. 1806±112
Sanembulsi (11°30' N – 2°45' W)	DaK-218	A. D. 1493±110
	DaK-221	A. D. 1800±112
Logofiéla (11°30' N – 2°45' W)	Gif-5109	A. D. 1840±60
Kankiélu (11°45' N – 2°45' W)	Gif-5110	A. D. 1890±60
Soreba (12°52' N – 3°41' W)	DaK-57	401±125 B. C.
Rim (13°43' N – 2°31' W)		
Phase III b	N-1167	A. D. 870±100
	N-1168	A. D. 950±100
	N-1204	A. D. 980±190
	N-1261	A. D. 590±85
Phase III a	N-1203	A. D. 90±110
	N-1260	A. D. 440±220
Phase II	N-1250	1680±120 B. C.
	N-1263	890±80 B. C.
	N-1264	1180±80 B. C.
	N-1367	1560±245 B. C.
Wairegaigu (ca. 14°40' N – 0°15' E)	N-1365	A. D. 870±130

X. Literatur

ANDAH, Bassey W., 1957
The late stone age and neolithic of Upper Volta. In: West African Journal of Archaeology, S. 87–117, Ibadan.

ANDAH, Bassey W., 1980a
Prehistoric reconnaissance of parts of North-Central Upper-Volta: its bearing on agricultural beginning. In: Bulletin de l'IFAN, sér. B, 42 (2): 219–250, Dakar.

ANDAH, Bassey W., 1980b
Excavations at Rim, North-Central Upper-Volta: a paleoecological study. In: Swartz, B. K. and Dumett, R. E. (Hsg.): West african culture dynamics: archaeological and historical perspectives. Den Haag.

ANNALES DE L'UNIVERSITÉ D'ABIDJAN, 1977
„Table ronde sur les origines de Kong" (1–3 nov. 1975 à Kong), sér. J; t. 1 (traditions orales), Abidjan.

BÂ, Ahmadou Hampâté, 1966
The Fulbe or Fulani of Mali and their culture. In: Abbia, S. 55–87, Yaoundé.

BARLET, Paul, 1962
La Haute-Volta (Essai de présentation géographique). In: Études voltaïques, nouv. sér. 3: 1–77, Ouagadougou.

BARTH, Heinrich, 1857/58
Reisen und Entdeckungen in Nord- und Central-Afrika in den Jahren 1849–1855. 5 Bände, Gotha.

BAUMANN, Hermann, 1944
Zur Morphologie des afrikanischen Ackerbaugerätes. In: Koloniale Völkerkunde (Wiener Beiträge zur Kulturgeschichte und Linguistik), 1: 192–322, Wien.

BÉART, Ch., 1955
Jeux et jouets de l'Ouest africain. Mémoires de l'IFAN, 42, 2e tomes, Dakar.

BEDAUX, Rogier M. A., 1972
Tellem, reconnaissance archéologique d'une culture de l'Ouest africain au Moyen Âge: recherches architectoniques. In: Journal de la Société des Africanistes, 42 (2): 103–185, Paris.

BEDAUX, Rogier M. A., 1977
Tellem; enn bijdrage tot de geschiedenis van de Republiek Mali. Afrika Museum, Berg en Dal.

BEDAUX, Rogier M. A. *et alii*, 1978
Recherches archéologiques dans le delta intérieur du Niger (Mali). In: Palaeohistoria, 20: 91–220, Haarlem.

BEDAUX, Rogier M. A. et A. G. LANGE, 1983
Tellem, reconnaissance archéologique d'une culture de l'Ouest africain au Moyen Âge: la poterie. In: Journal des Africanistes, 53 (1–2): 5–59, Paris.

BEQUAERT, Maurice, 1948
Le néolithique dans le territoire de Gaoua. In: Bulletin de la Société Royale Belge d'Anthropologie et de Préhistoire, 59: 118–138, Bruxelles.

BERTHO, Jacques, 1952
Nouvelles ruines de pierre en pays lobi. In: Notes Africaines, 54: 33–34, Dakar.

BIEDERMANN, Hans, 1976
Lexikon der Felsbildkunst. Graz.

BINGER, Louis -Gustave (Cap.), 1892
Du Niger au golfe de Guinée par le pays de Kong et le Mossi, 1887–1889. 2e tomes, Paris. Reprint: Société des Africanistes, 1980.

BRASSEUR, Gérard et Guy LE MOAL, 1963
Cartes ethno-démographiques de l'Afrique occidentale, Feuilles Nos 3 et 4 Nord. IFAN, Dakar.

CALVOCORESSI, D. and Nicholas DAVID, 1979
A new survey of Radiocarbon and Thermoluminescence Dates for West Africa. In: Journal of African History, 20 (1): 1–29, Cambridge.

CAPRON, Jean, 1973
Communautés villageoises Bwa., Mali – Haute Volta. T. 1, fasc. 1, Mémoires de l'Institut d'Ethnologie, IX, Paris.

CARDINALL, A. W., 1923
Stone armlets in the Gold Coast. In: MAN, 23, 106: 169, Pl. M, London.
CARDINALL, A. W. and C. G. SELIGMAN, 1921
Quartz artefacts from West Africa. In: MAN, 21, 57: 97–98, Pl. G, London.
COLLIEAUX, Alfred, 1924
Contribution à l'étude de l'histoire de l'ancien royaume de Kénédougou (1825–1898). In: Bulletin du comité d'études historiques et scientifiques de l'A. O. F., 7 (1): 128–181, Dakar.
CONNAH, Graham, 1981
Three thousand years in Africa: Man and his environment in the Lake Chad Region of Nigeria. Cambridge.
CRADDOCK, P. T., 1985 und 1986
Medieval copper alloy production and West African bronze analyses. In: Archaeometry, 27 (1): 17–41 und 28 (1): 3–32, Oxford. (Part II mit J. PICTON.)
CREAC'H, Paul, 1951
Sur quelques nouveaux sites et nouvelles industries préhistoriques de l'A.O.F. (note préliminaire). Conférence internationale d'africanistes de l'ouest (Dakar 1945), 2: 397–430, Paris.
DAVEAU, Suzanne, 1960
Les plateaux du sud-ouest de la Haute-Volta; Étude géomorphologique. Faculté des Lettres et Sciences Humaines; Travaux du Département de Géographie, 7, Dakar.
DAVIES, Oliver, 1959
The distribution of old stone-age material in Guinea. In: Bulletin de l'IFAN, sér. B, 21 (1–2): 102–108, Dakar.
DAVIES, Oliver, 1964
The Quaternary in the coastlands of Guinea. Glasgow.
DAVIES, Oliver, 1967
West Africa before the Europeans; Archaeology and Prehistory. London.
de BAYLE des HERMENS, Roger, 1973
Découvertes isolées d'outils préhistoriques en Côte d'Ivoire et Haute-Volta. In: Notes Africaines, 137: 6–8, Dakar.
DESPLAGNES, Louis (Lt.), 1906
Une mission archéologique dans la vallée du Niger. In: La Géographie, 13 (2): 81–90, Paris.
DESPLAGNES, Louis (Lt.), 1907
Le plateau central nigérien: une mission archéologique et ethnographique au Soudan français. Paris.
DEVISSE, Jean et Jean-Baptiste KIÉTHÉGA, 1974, 1975, 1976
Rapports sur les prospections archéologiques en Haute-Volta. Université de Paris VIII et Université de Ouagadougou.
DITTMER, Kunz, 1958
Ackerbau und Viehzucht bei Altnigritiern und Fulbe des Obervolta-Gebietes. In: Paideuma, 6 (7): 429–462, Frankfurt/M.
DOIZE, Renée L., 1938
Les boules de pierre et les pierres perforées des collections de préhistoire du Musée du Congo. In: Annales du Musée du Congo belge, D, sér. 1,. t. 1 (3): 89–140, Tervuren.
DREYFUS, J., 1952
Note sur l'utilisation du béton de terre et du béton de terre stabilisé pour la construction. In: Bulletin de l'IFAN, 14 (3): 1111–1118, Dakar.
DROST, Dietrich, 1967
Töpferei in Afrika; Technologie. In: Veröffentlichungen des Museums für Völkerkunde zu Leipzig, 15, Berlin.
DUPRÉ, Georges et Dominique GUILLAUD, 1986
Archéologie et tradition orale: Contribution à l'histoire des espaces du pays d'Aribinda (Province de Soum, Burkina Faso). In: Cahiers des Sciences Humaines, 22 (1): 5–48, ORSTOM, Paris.
FAGG, Bernard E. B., 1956
The rock gong complex today and in prehistoric times. In: Journal of the Historical Society of Nigeria, 1: 27–42, Ibadan.
FERNANDES, Valentim, 1506–1510
s. MONOD, Th., TEIXEIRA da MOTA, A. et R. MAUNY, 1951.
FERRÉOL, 1924
Essais d'histoire et d'ethnographie sur quelques peuplades de la subdivision de Banfora. In: Bulletin du comité d'études historiques et scientifiques de l'A. O. F., 7 (1): 100–127, Dakar.

FIEDERMUTZ-LAUN, Annemarie, 1983
Architekturforschung in Obervolta und ihre ethnologische Aussage. In: Paideuma, 29: 140–210, Frankfurt/M.
FLIGHT, Colin, 1976
The Kintampo culture and its place in the economic prehistory of West Africa. In: Harlan, J. R., de Wet, J. M. and A. B. Stemler (Hsg.): The Origins of African Plant Domestication. Den Haag, S. 211–221.
FÖRSTER, Till, 1987
Glänzend wie Gold: Gelbguß bei den Senufo, Elfenbeinküste. Berlin.
FROBENIUS, Leo, 1907–1909
„Ethnographische Ergänzungen", III: 9–13. Frobenius-Institut, Frankfurt/M.
GALLAY, Alain, 1970
La poterie en pays Sarakollé (Mali, Afrique Occidentale); Étude de technologie traditionelle. In: Journal de la Société des Africanistes, 40 (1): 7–84, Paris.
GALLAY, Alain, 1981
Le Sarnyéré Dogon; Archéologie d'un isolat Mali. In: Recherche sur les grandes civilisations, Mémoire n° 4, Paris.
GARDI, Bernhard, 1985
Ein Markt wie Mopti; Handwerkskasten und traditionelle Techniken in Mali. In: Basler Beiträge zur Ethnologie, 25, Basel.
GOBERT, E. G., 1935
Boules de pierre perforées du Capsien et des industries dérivées. In: L'Anthropologie, 45:2–14, Paris.
GOODWIN, A. J. H. and C. van RIET LOWE, 1929
The stone-age culture of South Africa. In: Annals of the South African Museum, 27, Cape Town. S. 162–164, Pl. XXXII.
GRIAULE, Marcel, 1983[3]
Masques dogon. In: Travaux et Mémoires de l'Institut d'Ethnologie, 33, Paris. Erstausgabe: 1938.
GUILHEM, Marcel et Jean HÉBERT (R. P.), 1961
Précis d'histoire de la Haute-Volta. Paris.
GUILHEM, Marcel et Jean HÉBERT (R. P.), 1964
Une „noblesse" héréditaire en pays toussian: les devins. In: Notes Africaines, 104: 97–106, Dakar.
GUITAT, Raymond, 1972
Carte et répertoire des sites néolithiques du Mali et de la Haute-Volta. In: Bulletin de l'IFAN, sér. B, 34 (4): 896–897, 1 Karte, Dakar.
HABERLAND, Eike, 1986
Das Keramik-Programm des Frobenius-Institutes in der Volta-Niger-Region (Burkina Faso) und angrenzenden Staaten. In: Paideuma, 32: 201–206, Fankfurt/M.
HASELBERGER, Herta, 1964
Bautraditionen der westafrikanischen Negerkulturen; eine völkerkundliche Kunststudie. Wissenschaftliche Schriftenreihe des Afro-Asiatischen Institutes in Wien, 2, Wien.
HASELBERGER, Herta, 1967
Les anciennes constructions dans la falaise de Niansoroni. In: Notes Africaines, 115: 102–103, Dakar.
HASELBERGER, Herta, 1968
Pétroglyphes à Toussiana. In: Notes Africaines, 119: 94–95, Dakar.
HASELBERGER, Herta, 1969
Bemerkungen zum Kunsthandwerk in der Republik Haute Volta: Gourounsi und Altvölker des äußersten Südwestens. In: Zeitschrift für Ethnologie, 94 (2): 171–246, Braunschweig.
HÉBERT, Jean (R. P.), 1961
Esquisse de l'histoire du pays toussian (Haute-Volta). In: Bulletin de l'IFAN, sér. B, 23 (1–2): 309–327, Dakar.
HÉBERT, Jean (R. P.), 1967
La région de Bobo dans le passé. In: Visages d'Afrique, 3: 11–17, Ouagadougou.
HENNINGER, Jean, 1954
Abris sous roche de la région de Bobo-Dioulasso. In: Notes Africaines, 64: 97–99, Dakar.
HENNINGER, Jean, 1960
Signification des gravures rupestres d'une grotte de Borodougou (Haute-Volta). In: Notes Africaines, 88: 106–110, Dakar.

HERBERT, Eugenia W., 1973
Aspects of the use of copper in pre-colonial West Africa. In: Journal of African History, 14 (2): 179–194, Cambridge.
HIMMELHEBER, Hans, 1967
Ringe und Anhänger der Senufo (nördliche Elfenbeinküste). In: Baessler-Archiv, NF 15 (2): 247–270, Berlin.
HIRSCHBERG, Walter und Alfred JANATA (Hsg.), 1980
Technologie und Ergologie in der Völkerkunde. B. I. – Hochschultaschenbücher 338/338a/338b, Mannheim. Erstausgabe: 1966.
HÖLKER, Georg, 1947
Steinerne Ackerbaugeräte, ein Problem der Vor- und Frühgeschichte in völkerkundlicher Beleuchtung. In: Internationales Archiv für Ethnographie, 45 (4–6): 77–156, Leiden.
HUBERT, Henry, 1925
Description d'objets néolithiques de l'A. O. F. In: Bulletin du comité d'études historiques et scientifiques de l'A. O. F. 2: 262–297, Dakar.
IZARD, Françoise (unter Mitarbeit von Philippe Bonnefond und Michéle d'Huart), 1967
Bibliographie générale de la Haute-Volte 1956–1965. Recherches voltaïques, 7, Ouagadougou.
JAEGER, Paul, 1953
Précisions au sujet des sites rupestres de la région de Kita. In: Notes Africaines, 60: 97–99, Dakar.
JEFFREYS, M. D. W., 1948
Stone-age smith. In: Archiv für Völkerkunde, 3: 1–8, Wien.
JEFFREYS, M. D. W., 1951
Bolas stones or trimming stones? In: The South African Archaeological Bulletin, 22 (6): 52–53, Cape Town.
JUNGRAITHMAYR, Herrmann und Wilhelm J. G. MÖHLIG (Hsg.), 1983
Lexikon der Afrikanistik; Afrikanische Sprachen und ihre Erforschung. Berlin.
KIÉTHÉGA, Jean-Baptiste, 1981
La carte du fer en Haute-Volta. In: Recherche, Pédagogie et Culture, 55 (9): 83–86, Paris.
KIÉTHÉGA, Jean-Baptiste, 1983
L'or de la Volte-Noire: archéologie et histoire de l'exploitation traditionelle (Région de Poura, Haute-Volta), Paris.
KIMMICH, Hermann (R. P.), 1983
Quelques notes concernant les Waras. Unveröffentlichtes Manuskript, Bobo-Dioulasso.
LABOURET, Henri, 1931
Les tribus du rameau lobi. In: Travaux et Mémoires de l'Institut d'Ethnologie, 15, Paris.
LACROIX, A., 1909
Sur le travail de la pierre polie dans le Haut-Oubanghi. In: La Géographie, 20 (4): 201–206, Paris.
LAFITTE, J.-P., 1910
Les grottes peintes du Soudan français. In: La Nature, 2e sem., 38: 85–86, Paris.
LAFORGUE, Pierre, 1925
État actuel de nos connaissances sur la préhistoire en A. O. F. In: Bulletin du comité d'études historiques et scientifiques de l'A. O. F., 8 (1): 105–171, Dakar.
LAGERCRANTZ, Sture, 1936
Did bolas anciently occur in Africa? In: Ethnos, 2: 30–34, Stockholm.
LEBEUF, J.-P., 1953
Boules de pierre de la région tchadienne. In: Notes Africaines, 59: 67–68, Dakar.
LEBEUF, Anni M. D. et Viviana PÂQUES, 1970
Archéologie malienne; Collections Desplagnes. Catalogues du Musée de l'Homme, sér. C, Afrique Noire I, Paris.
LE MOAL, Guy, 1957
Note sur les populations „Bobo". In: Bulletin de l'IFAN, sér. B, 19 (3–4): 418–430, Dakar.
LE MOAL, Guy, 1960
Les habitations semi-souterraines en Afrique de l'ouest. In: Journal de la Société des Africanistes, 30 (2): 193–200, Paris.
LE MOAL, Guy, 1981/82
Vestiques préhistoriques en pays bobo (Haute-Volta). In: Cahiers des Sciences Humaines, 18 (2): 255–259, ORSTOM, Paris.
LEVTZION, Nehemiah, 1973
Ancient Ghana and Mali. New York & London.

MANESSY, Gabriel, 1982
Matériaux linguistiques pour servir à l'histoire des populations du sud-ouest de la Haute-Volta. In: Sprache und Geschichte in Afrika, 4: 95–164, Hamburg.
MATHELIN de PAPIGNY, H. de, 1933
Les instruments en pierre de l'Afrique centrale et orientale. XVe Congrès international d'Anthropologie et d'Archéologie préhistorique. V[e] session de l'Institut international d'Anthropologie, Paris (20–27 sept. 1931), S. 320–325.
MAUNY, Raymond, 1952
Essai sur l'histoire des métaux en Afrique occidentale. In: Bulletin de l'IFAN, 14 (2): 545–595, Dakar.
MAUNY, Raymond, 1953a
Les pointes de flèches de pierre sont-elles encore utilisées et fabriquées en Haute-Volta et en Côte d'Ivoire? In: Notes Africaines, 59: 71, Dakar.
MAUNY, Raymond, 1953b
Les boules de pierre africaines et leurs usages probables. In: Notes Africaines, 59: 68–71, Dakar.
MAUNY, Raymond, 1956
Esmeraldo de situ orbis (Côte occidentale de l'Afrique du Sud Marocain au Gabon) par Duarte Pacheco Pereira (vers 1506–1508). Memórias do Centro de Estudos da Guiné Portuguesa, 19, Bissau.
MAUNY, Raymond, 1957
Etat actuel de nos connaissance sur la préhistoire et l'archéologie de la Haute Volta. In: Notes Africaines, 73: 16–25, Dakar.
MAUNY, Raymond, 1958
Nouvelles pierres sonnantes d'Afrique occidentale. In: Notes Africaines, 79: 65–67, Dakar.
MAUNY, Raymond, 1961
Tableau Géographique de l'Ouest africain au Moyen Âge: d'après les sources écrites, la tradition et l'archéologie. Mémoires de l'IFAN, 61, Dakar.
MAUNY, Raymond, 1972
Contribution à l'inventaire de la céramique néolitique d'Afrique occidentale. VIe Congrès panafricain de préhistoire, Dakar 1967, Chambéry. S. 72–79.
McINTOSH, Roderick J., 1974/75
Archaeology and mud wall decay in a West African village. In: World Archaeology, 6 (2): 154–171, London.
McINTOSH, Susan Keech and Roderick, J., 1979
Initial perspectives on prehistoric subsistence in the Inland Niger Delta (Mali). In: World Archaeology, 11 (2): 227–243, London.
McINTOSH, Susan Keech and Roderick J., 1980
Prehistoric investigations in the region of Jenne, Mali. Cambridge Monographs in African Archaeology, 2, BAR International Series 89, 2 vols., Cambridge.
McINTOSH, Susan Keech and Roderick J., 1981
The Inland Niger Delta before the empire of Mali: evidence from Jenne-jeno. In: Journal of African History, 22: 1–22, Cambridge.
McINTOSH, Susan Keech and Roderick J., 1983
Current directions in West African prehistory. In: Annual Review of Anthropology, 12: 215–258, Palo Alto.
McINTOSH, Susan Keech and Roderick J., 1986
Recent archaeological research and dates from West Africa. In: Journal of African History, 27: 413–442, Cambridge.
McINTOSH, Susan Keech and Roderick J., 1988
From stone to metal: new perspectives on the later prehistory of West Africa. In: Journal of World Prehistory, 2 (1): 89–133.
MÉNIAUD, Jacques, 1912
Haut Sénégal-Niger (Soudan français). 2e sér., t. 1, Géographie économique, Paris. (Wara: Pl. VI, Fig. 11 und 12; Pl. LI, Fig. 101).
MENSCHING, Horst, 1970
Beobachtungen und Untersuchungen zur Geomorphologie der Sudan- und Sahelzone (Ober-Volta und Niger). In: Mensching, H., Gießner, K. und Stuckmann, G.: Sudan – Sahel – Sahara; Geomorphologische Beobachtungen auf einer Forschungsexpedition nach West- und Nordafrika, 1969. In: Jahrbuch der Geographischen Gesellschaft zu Hannover. S. 33–66.
MILLOGO, Kalo Antoine, 1990
Kokana; Essai d'histoire structurale. In: Études sur l'histoire et l'archéologie du Burkina Faso, 1, Stuttgart.

MONOD, Théodore, TEIXEIRA da MOTA, Avelino et Raymond MAUNY, 1951
Description de la Côte occidentale de l'Afrique (Sénégal au Cap de Monte, Archipels) par Valentim Fernandes (1506–1510). Memórias do Centro de Estudos da Guiné Portuguesa, 11, Bissau.

MURDOCK, George Peter, 1949
Social Structure, New York.

NESMITH, Fisher, H. jr., 1984
The jenne bronze question. In: African arts, 18 (3): 64–69, 91, 92, Los Angeles.

NICHOLSON, W. E., 1929
The potters of Sokoto, N. Nigeria. In: MAN, 29, 34: 45–50, Pl. C (Fig. 3, 4–6), London.

PAGER, Harald, 1971
Ndedema; A documentation of the rock-paintings of Ndedema-Gorge. Graz.

PALAUSI, G., 1959
Contribution à l'étude géologique et hydrogéologique des formations primaires au Soudan méridional et en Haute-Volta. In: Bulletin du Service de Géologie et de Prospection minière de l'A. O. F., 33, Dakar.

PASCHINGER, Herbert, 1989
Schalensteine. In: Arbeiten aus dem Institut für Geographie der Karl-Franzens-Universität Graz, 29: 285–294, Graz.

PÉROIS (Lt.), 1945
Les dessins rupestres du point G à Bamako (Grotte de Médina Koura). In: Notes Africaines, 27: 1 und Fig. 10–27, Dakar.

PERSON, Yves, 1972
The Dyula and the Manding world; Conference on Manding Studies. In: School of Oriental and African Studies, London.

POLE, L. M., 1982
Decline or survival? Iron production in the West Africa from the seventeenth to the twentieth centuries. In: Journal of African History, 23 (4): 503–513, Cambridge.

POSNANSKY, Merrick and Roderick J. McINTOSH, 1976
New Radiocarbon Dates for northern and western Africa. In: Journal of African History, 17 (2): 161–195, Cambridge.

PROST, André (R. P.), 1957
Grammaire toussian. (Manuskript), Dakar.

PROST, André (R. P.), 1958
Deux langues voltaïques en voie de disparation: le Wara et le Natioro. In: Documents Linguistique, 14, Dakar.

PROST, André (R. P.), 1971
Quelques vestiges de la région d'Aribinda (Haute-Volta). In: Notes Africaines, 130: 41–43, Dakar.

RAIMBAULT, Michel, 1980
La poterie traditionelle au service de l'archéologie: les ateliers de Kalabougou (cercle de Ségou, Mali). In: Bulletin de l'IFAN, sér. B, 42 (3): 441–474, Dakar.

RAIMBAULT, Michel et Kléna SANOGO, 1991
Recherches archéologiques au Mali; Les sites protohistoriques de Zone lancustre. Paris.

ROUCH, Jean, 1953
Contribution à l'histoire des Songhay. Mémoires de l'IFAN, 29, II, Dakar.

ROUCH, Jean, 1961
Restes anciens et gravures rupestres d'Aribinda (Haute-Volta). In: Études voltaïques, Mémoires N° 2: 61–70, Ouagadougou.

RÜTIMEYER, L., 1911
Über einige altertümliche afrikanische Waffen und Geräte und deren Beziehung zur Prähistorie. In: Zeitschrift für Ethnologie, 43: 240–260 (250–253), Berlin.

SAVONNET, Georges, 1974a
Note sur deux sites archéologiques découverts dans la subdivision de Dano. In: Notes et documents voltaïques, 7 (3): 16–27, Ougadougou.

SAVONNET, Georges, 1974b
Habitations souterraines bobo ou anciens puits de mines en pays wile? (Haute-Volta). In: Bulletin de l'IFAN, sér. B, 36 (2): 227–245, Dakar.

SAVONNET, Georges, 1986
Le paysan gan et l'archéologue ou inventaire partiel des ruines de pierres du pays lobi-gan (Burkina et Côte d'Ivoire). In: Cahiers des Sciences Humaines, 22, (1): 57–82, ORSTOM, Paris.

SCHNEIDER, Klaus, 1990
Handwerk und materialisierte Kultur der Lobi in Burkina Faso. In: Studien zur Kulturkunde, 94, Stuttgart.
SCHWEEGER-HEFEL, Annemarie, 1965
Frühhistorische Bodenfunde im Raum Mengao (Ober-Volta, Westafrika). Österreichische Akademie der Wissenschaften, Philosophisch-Historische Klasse, Denkschriften, 87, Wien.
SCHWEEGER-HEFEL, Annemarie, 1972
Steinbauten im Gebiet der Kurumba (Ober-Volta). In: Ethnologische Zeitschrift Zürich, 2: 177–203, Zürich.
SCHWEEGER-HEFEL, Annemarie, 1980
Masken und Mythen; Sozialstrukturen der Nyonyosi und Sikomse in Obervolta. Wien.
SCHWEEGER-HEFEL, Annemarie, 1981
Steinskulpturen der Nyonyosi aus Ober-Volta. München.
SCHWEINFURTH, G., 1906
Deutsch-französisches Wörterbuch durch die Steinzeit betreffende Literatur. Wien.
SHAW, Thurstan, 1981
The late stone age in West Africa and the beginnings of african food production. In: Préhistoire Africaine; Mélanges offerts au Doyen Lionel Balout. Paris. S. 213–235.
SÖDERBERG, B., 1970
Porpianong, die Vogelskulpturen der Senufo. In: Ethnos, 35 (1–4): 103–115, Stockholm.
SOMMIER, J.-R., 1950
Restes anciens dans le cercle de Sikasso (Soudan). In: Notes Africaines, 47: 68, Dakar.
STAHL, Ann Brower, 1985
Reinvestigation of Kintampo 6 rock shelter, Ghana: implications for the nature of culture change. In: The African Archaeological Review, 3: 117–150, Cambridge.
STÖSSEL, Arnulf, 1984
Afrikanische Keramik: traditionelle Handwerkskunst südlich der Sahara. Mit Beiträgen von Bernard Fagg, Daniel Mato, Thurstan Shaw, Günter Smolla und Frank Willet; in Zusammenarbeit mit Maria Kecskési. München.
STÖSSEL, Arnulf, 1986
Aspekte der Töpferei in Lurum, Burkina Faso. In: Paideuma, 32: 239–262, Frankfurt/M.
STOW, Georg William and Dorothea F. BLEEK, 1930
Rock-Paintings in South Africa; from parts of the Eastern Province and Orange Free State. London.
SUTTON, J. E. G., 1982
Archaeology in West Africa: a review of recent work and a further list of Radiocarbon Dates. In: Journal of African History, 23 (3): 291–313, Cambridge.
SZUMOWSKI, Georges, 1953
Notes sur la grotte préhistorique de Bamako. In: Notes Africaines, 58: 35–40, Dakar.
TASSINARI, Suzanne, 1977
La fabrication de bracelets en bronze à Bobo-Dioulasso (Haute-Volta). In: Objets et Mondes, 17 (4): 179–186, Paris.
TAUXIER, Louis, 1933
Les Gouin et les Tourka; Résidence de Banfora, Cercle Bobo-Dioulasso. In: Journal de la Société des Africanistes, 3 (1): 77–128, Paris.
TAUXIER, Louis, 1939
Deux petites populations peu connues de l'A. O. F.: les Ouara ou Guala et les Natioro. In: Journal de la Société des Africanistes, 9 (2): 159–195, Paris.
THIAM, A., 1972
Étude des pierres à rainures ouest-africaines des collections de l'IFAN. VIe Congrès panafricain de préhistoire, Dakar 1967, Chambéry. S. 66–67.
TREBBIN, Cornelius (Hsg.), 1989
5000 Jahre Gold und Keramik aus Afrika. Köln.
TREINEN-CLAUSTRE, Françoise, 1982
Sahara et Sahel à l'âge du fer; Borkou, Tchad. Mémoires de la Société des Africanistes, Paris.
TROST, Franz, 1974
Felsbilder aus Obervolta. In: Archiv für Völkerkunde, 28: 147–148, 12 Abbildungen, Wien.
TROST, Franz, 1986
Bemerkungen zur religiösen Organisation der Tussian (Burkina Faso). In: Festschrift für A. Schweeger-Hefel, Archiv für Völkerkunde, 40: 99–114, Wien.

TROST, Franz, 1989
Zwei wenig bekannte Königreiche in Westafrika: Kong und Kenedugu. In: Wiener Ethnohistorische Blätter, 34: 25–45, Wien.
TROST, Franz, 1990
Die Bevölkerungsgruppen im Südwesten von Burkina Faso, Westafrika. In: Wiener Völkerkundliche Mitteilungen, NF. 32: 35–69, Wien.
VAN NOTEN, Francis, 1982
The Archaeology of Central Africa. Graz.
VAUFREY, Raymond, 1947
Le néolithique para-toumbien, une civilisation agricole primitive du Soudan. Collection Waterlot. In: La Revue Scientifique, 85 (3): 205–232, Paris.
VERNEAU, Raymond, 1922
Nouveaux gisements préhistoriques soudanais. In: L'Anthropologie, 32: 598–599, Paris.
VERNEAU, Raymond, 1923
Curieuses croyances des Nègres de la Haute-Volta relatives aux haches en pierre polie. In: L'Anthropologie, 33: 294–295, Paris.
VOGT, John, 1973
Portuguese gold trade: an account ledger from Elmina (1529–1531). In: Transactions of the Historical Society of Ghana, 14 (1): 93–103.
WAI-OGOSU, Bassey Eteyen, 1973
Archaeology reconnaissance of Upper Volta. Ph. D. thesis, University of California, Berkeley.
WILKS, Ivor, 1961
The northern factor in Ashanti history: Begho and the Mande. In: Journal of African History, 2 (1): 25–34, Cambridge.
WILKS, Ivor, 1962
A medieval trade-route from the Niger to the Gulf of Guinea. In: Journal of African History, 3 (2): 337–341, Cambridge.
WILKS, Ivor, 1982
Wangara, Akan and Portuguese in the fifteenth and sixteenth centuries.
I. The matter of Bitu. In: Journal of African History, 23 (3); 333–349;
II. The struggle for trade. In: *Ibid.*, 23 (4): 463–472, Cambridge.
ZELTNER, Franz de, 1911
Les grottes à peintures du Soudan français. In: L'Anthropologie, 22: 1–12, Paris.
ZELTNER, Franz de, 1924
Polissoirs et haches en pierre provenant de la Haute-Volta. In: Bulletin du comité d'études historiques et scientifiques de l'A. O. F., 7 (4): 615–618, Dakar.
ZWERNEMANN, Jürgen, 1965
Feldnotizen von den Wara (Haute-Volta). In: Zeitschrift für Ethnologie, 90 (1), 49–65, Braunschweig.
ZWERNEMANN, Jürgen, 1984
Notizen von Türka und Schmieden in Tourni (Obervolta). In: Mitteilungen aus dem Museum für Völkerkunde Hamburg, NF 14: 23–49, Hamburg.
ZWERNEMANN, Jürgen, 1988
Beiträge zur Ergologie einiger Ethnien in Burkina Faso, Teil I. In: Mitteilungen aus dem Museum für Völkerkunde Hamburg, NF 18: 49–83, Hamburg.

XI. Bildtafeln

Der Tafelteil dieses Buches enthält Strichzeichnungen und Photographien von vier Fundarealen aus dem Südwesten von Burkina Faso. Hinzugefügt wurden Übersichtskarten, Szenenausschnitte von Piktographen aus Südafrika, Histogramme und Tabellen. Die Bildunterschriften sollen nur einen kurzen Kommentar zu den Hauptaspekten der gezeigten Strichzeichnungen und Photos geben. Detailinformationen sind in den jeweiligen Kapiteln zu ersehen.

Zeichenerklärung

 Stein, Fels

 Erde, Sand

 Laubbaum

 Baobab

Abkürzungen

N	Neigungswinkel
vert.	vertikal
hor.	horizontal
Or	Orientierung

Technische Daten
Herstellung der Strichzeichnungen: Fig. 19, 30: 7, 8 und 40: L. Leitner; Fig. 48: 3, 49: 1–4 und 50: 1–4: B. List; alle anderen: F. Trost.
Ausarbeitung der Photos: Abb. 11, 12, 17 und 19: Studio Sandmann; alle anderen: F. Trost.
Anfertigung der Wacker-Silikonkautschukformen von Petroglyphen: E. und F. Trost.
Anfertigung der Polyesterabgüsse (s. Abb. 24): F. Popovchich und F. Trost.

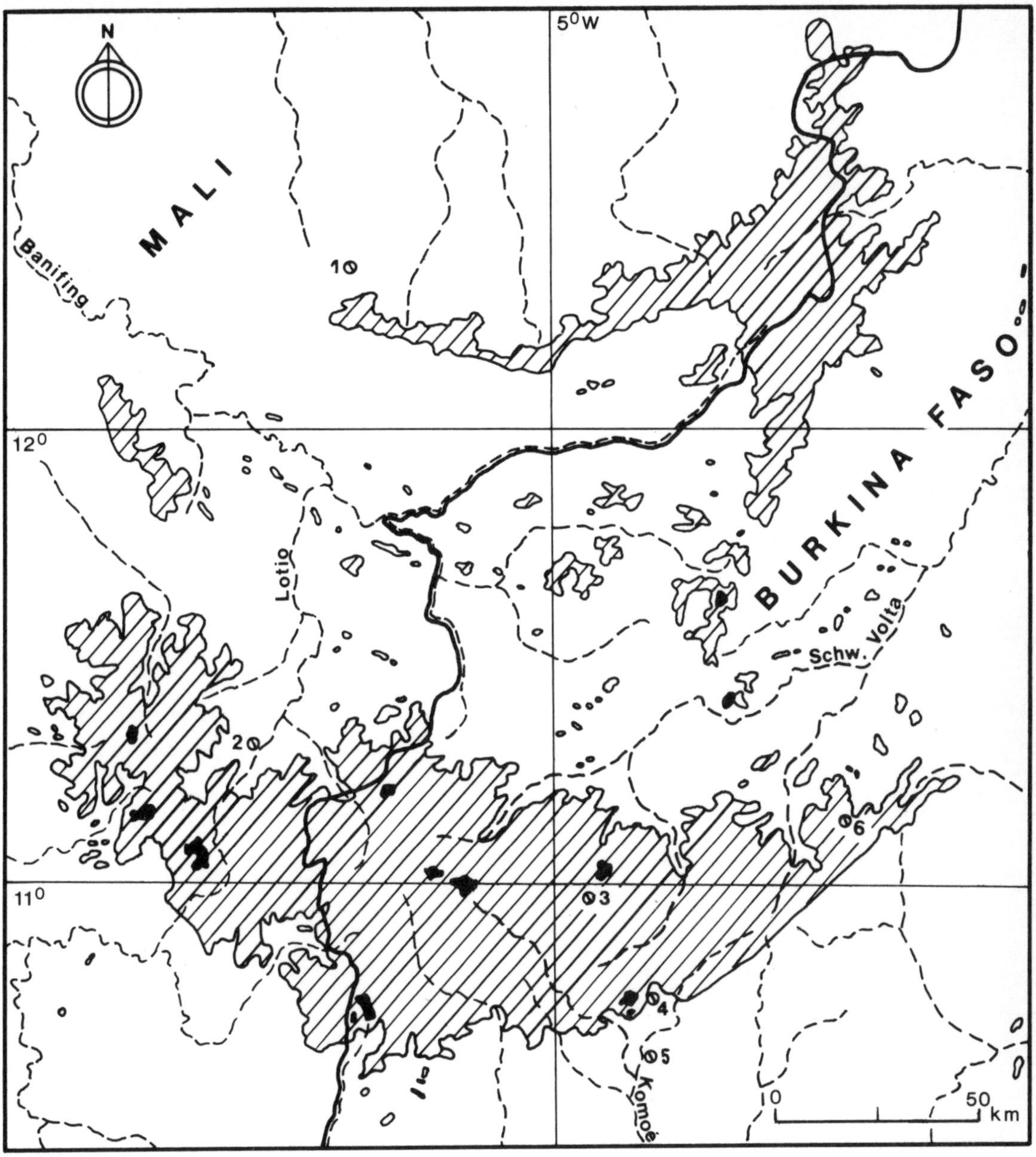

Fig. 5: Hypsometrische Übersichtskarte.

Erklärung: Erhebungen über 400 m,

Höhen über 600 m,

Wasserläufe,

Siedlungen: 1 Kutiala, 2 Sikasso, 3 Orodara, 4 Beregadugu, 5 Banfora, 6 Bobo-Julasso.

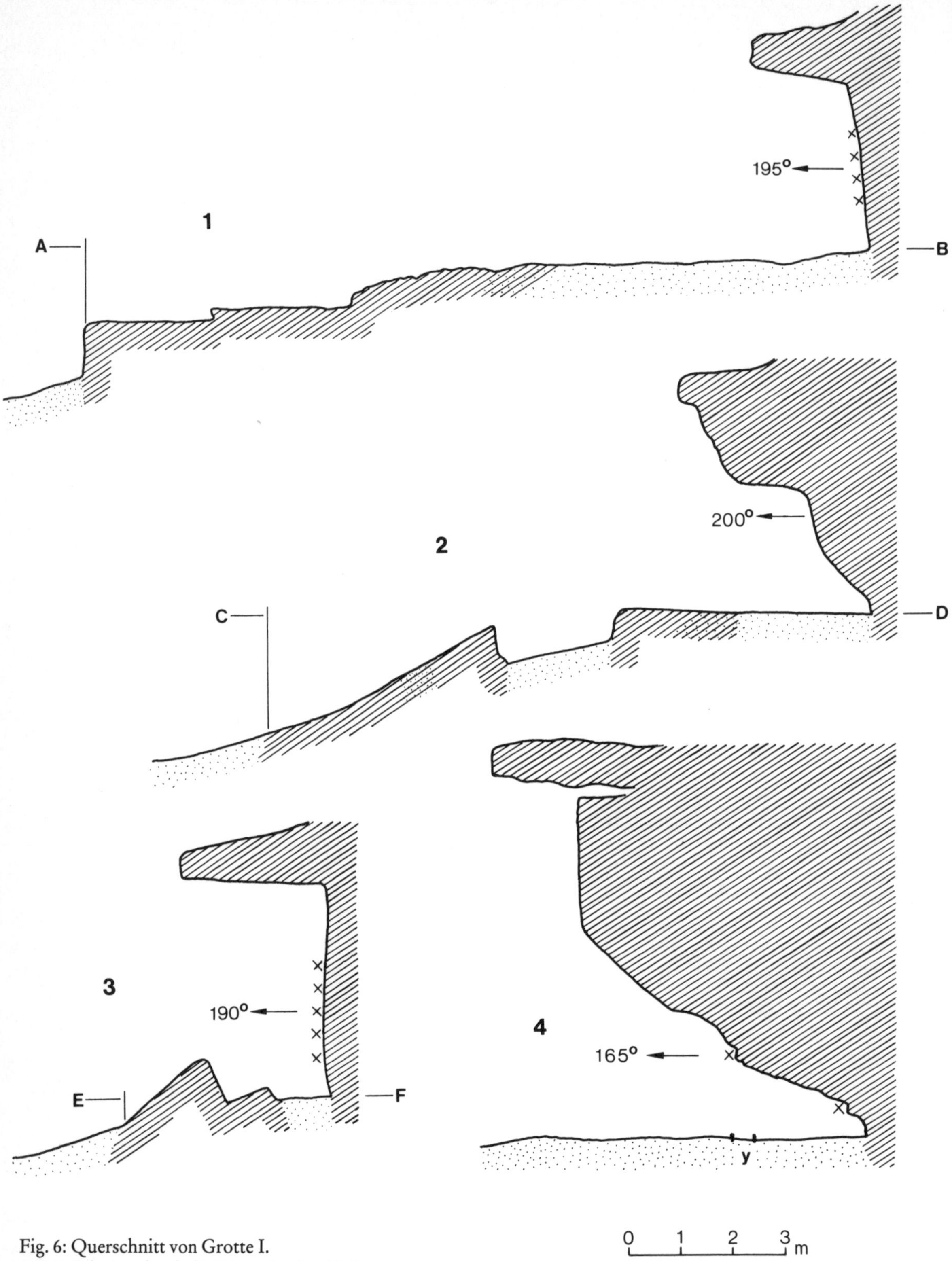

Fig. 6: Querschnitt von Grotte I.
1, 2, 3: Schnitte durch die Westseite des Abri,
4: Schnitt durch die Ostseite des Abri,
x: Position der Piktographen,
y: Rest einer baulichen Konstruktion.

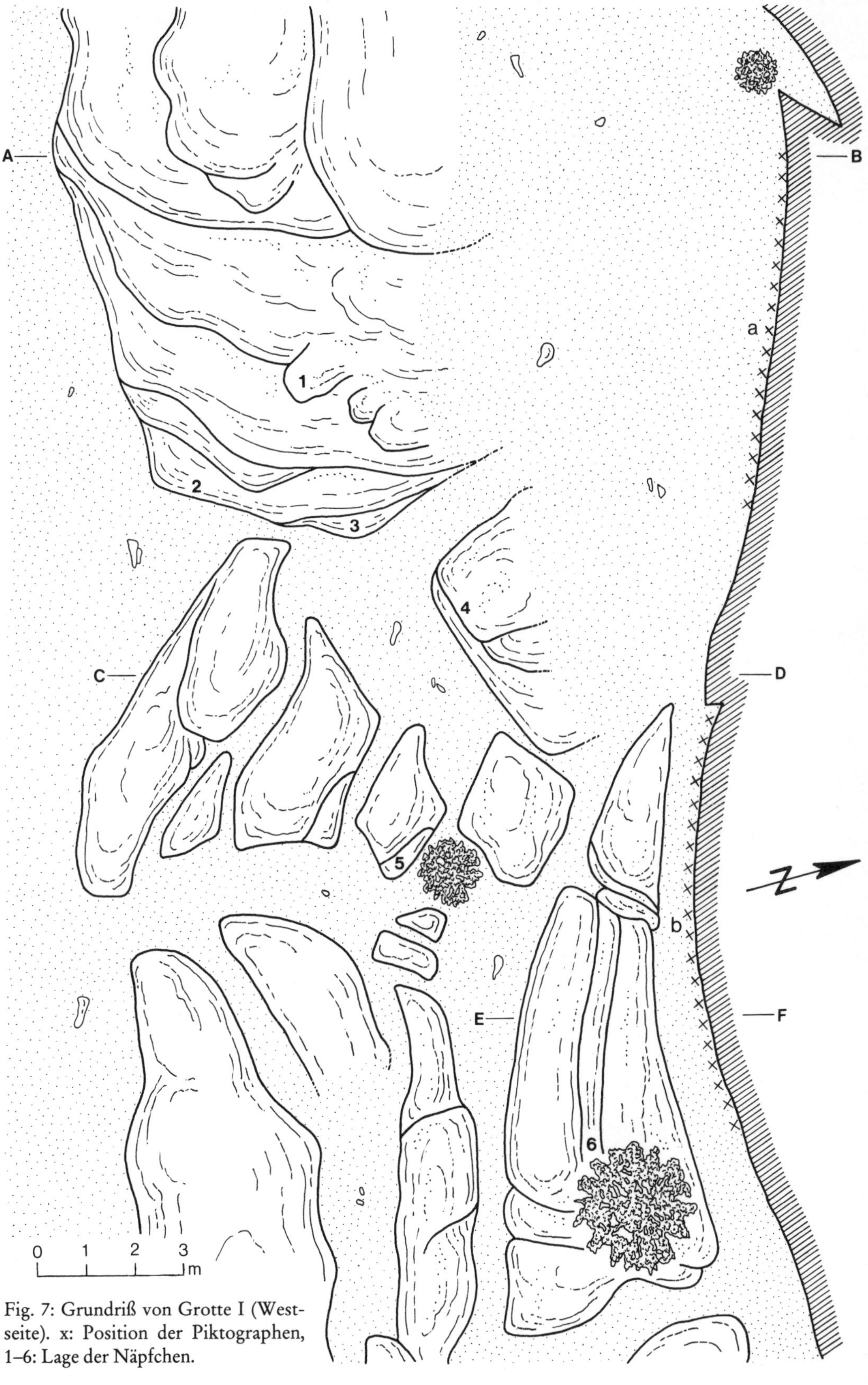

Fig. 7: Grundriß von Grotte I (Westseite). x: Position der Piktographen, 1–6: Lage der Näpfchen.

Fig. 8: Querschnitt und Grundriß von Grotte II. Nur zwei Speicherbauten sind erhalten geblieben und füllen mit der sie umgebenden Lehmmauer die ganze Höhe des südlichen Grottenabschnittes.

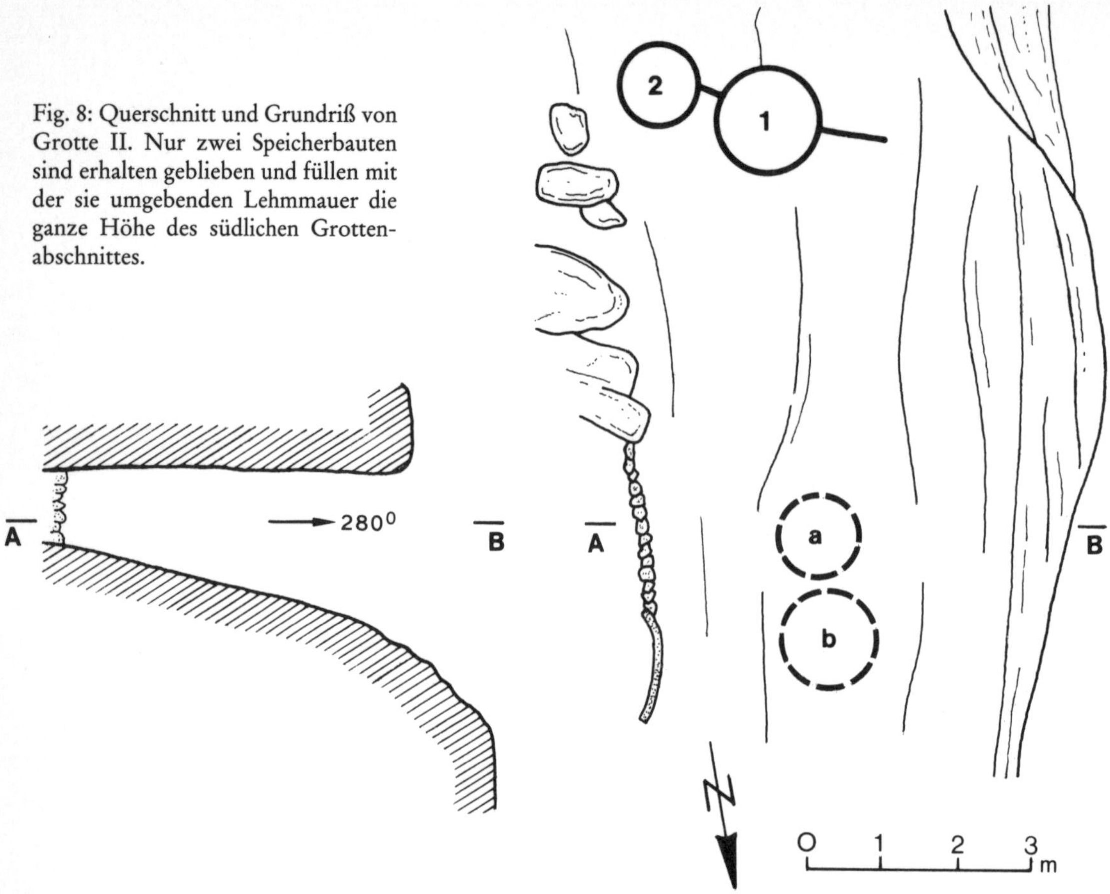

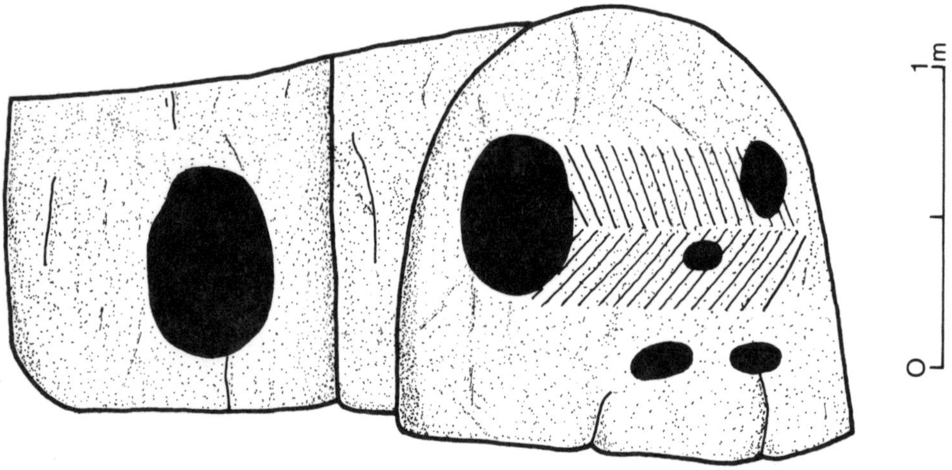

Fig. 9: Ansicht der Speicher 1 und 2 mit der sie verbindenden Lehmmauer. Speicher 1 ziert ein breites eingraviertes Fischgrätenband und zeigt oberhalb seiner Öffnung Reste von Beopferung. Die Bauten sind heute dem Verfall preisgegeben.

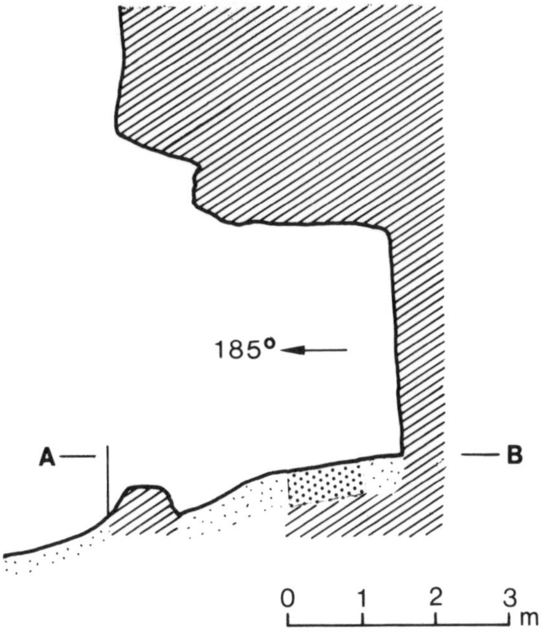

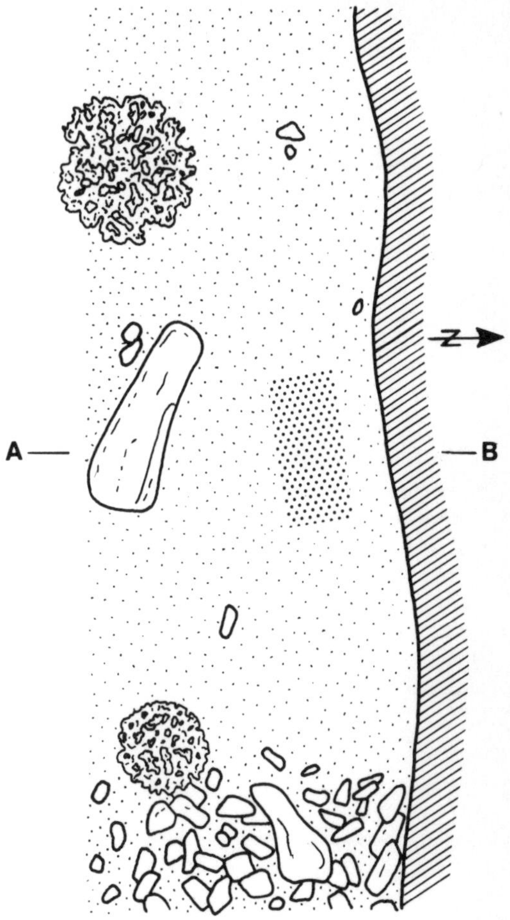

Fig. 10: Querschnitt und Grundriß von Grotte III. Das rechteckige Feld lokalisiert die Grabungsfläche von 2 x 1 m im westlichen Abschnitt des Abri, der im Gegensatz zu seinem mit Steinen gefüllten östlichen Teil Spuren einer menschlichen Nutzung aufweist.

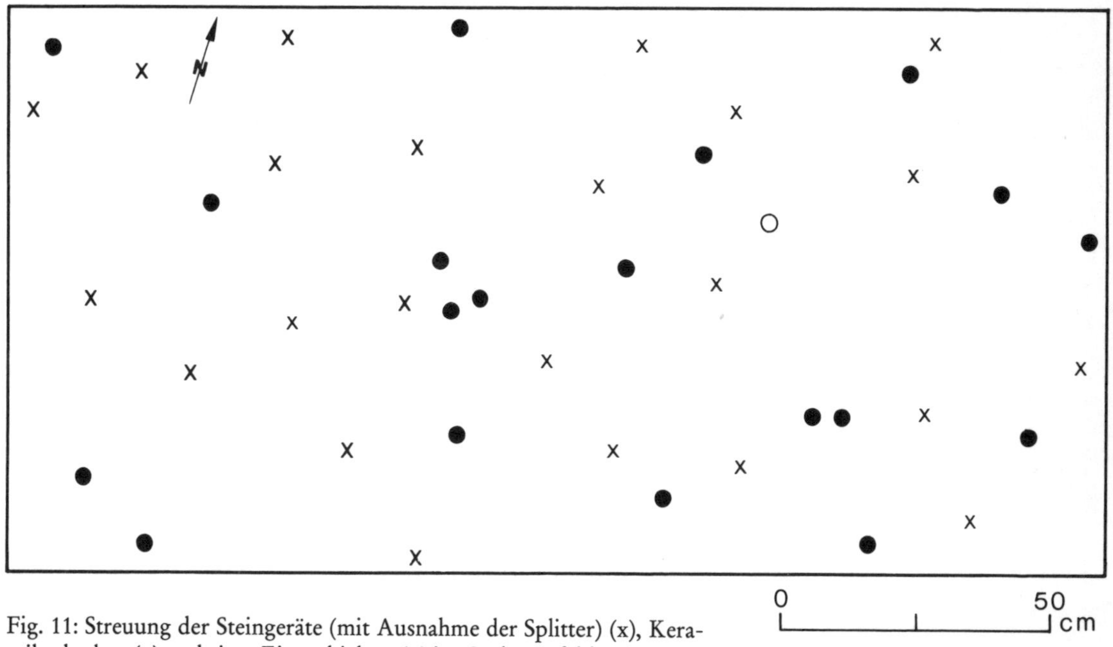

Fig. 11: Streuung der Steingeräte (mit Ausnahme der Splitter) (x), Keramikscherben (•) und eines Eisenobjektes (o) im Grabungsfeld.

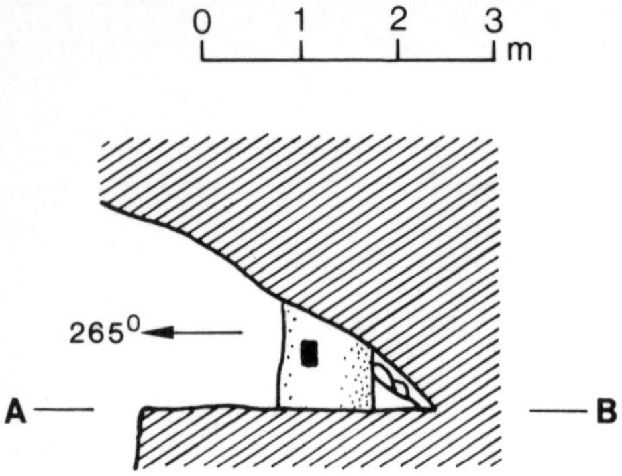

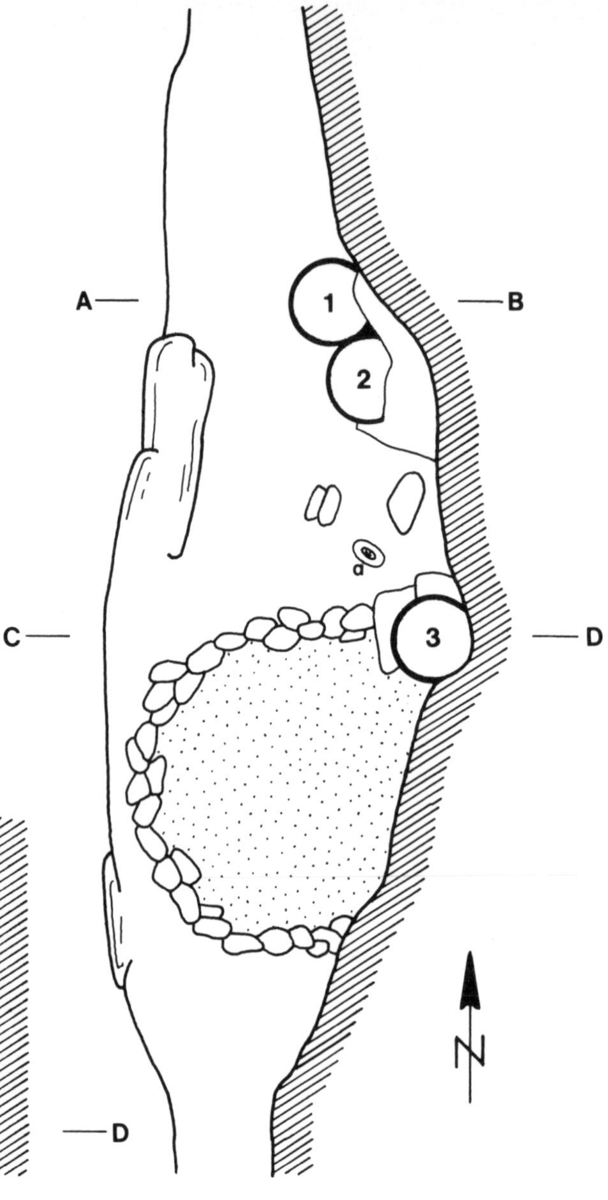

Fig. 12: Querschnitt und Grundriß von Grotte IV. Die Speicher 1, 2 und 3 kleben an der Felsrückwand des Abri und zeigen unterschiedliche Baustile. Das Innere der mit Steinen ausgelegten Konstruktion ist mit Sand bedeckt und beinhaltet Topfscherben und Geräte verschiedener Provenienz.
Nahe dem Speicher 3 liegt eine Reibschale (Typ b) und ein Stößelreiber (Typ d) (s. unten).

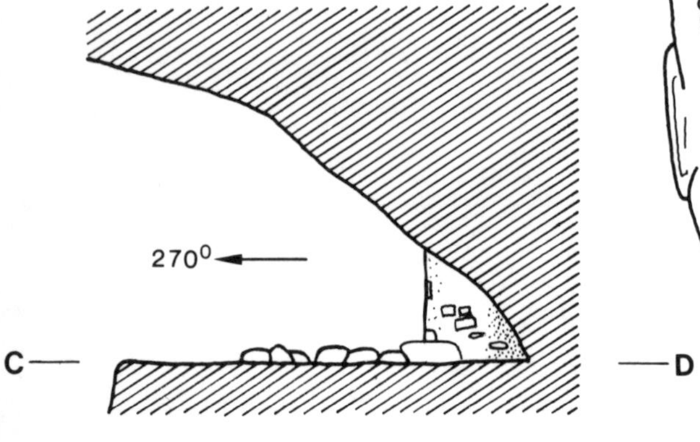

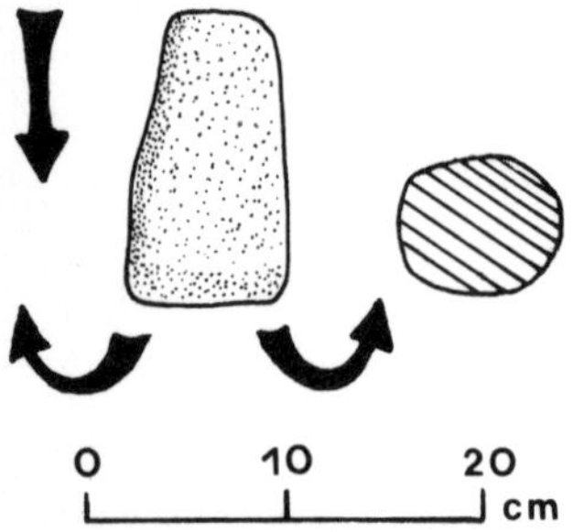

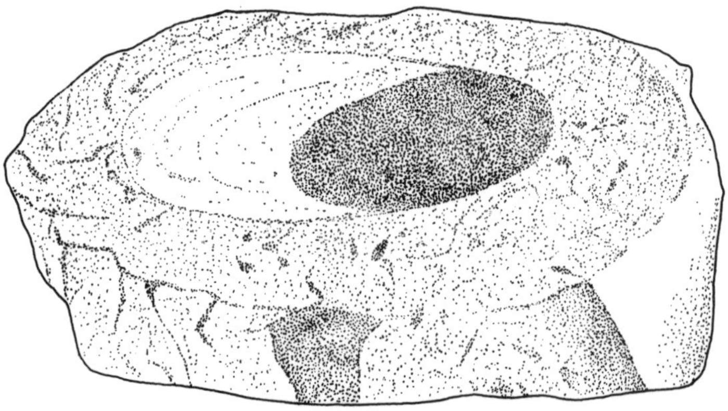

Fig. 13: Stößelreiber und Reibschale aus Grotte IV.

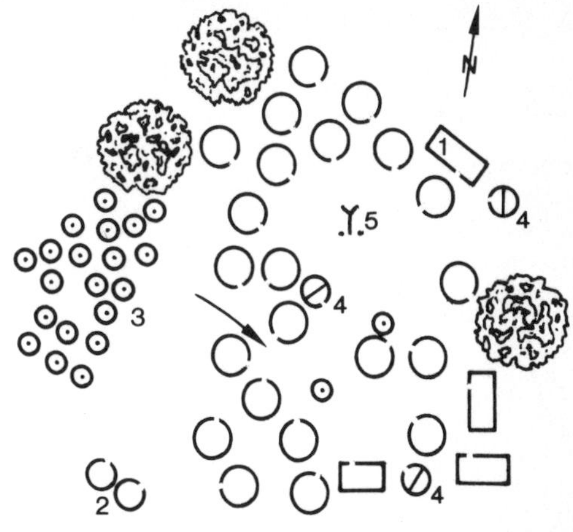

↑ Fig. 14: Skizze eines Natioro-Gehöftes, aufgenommen im Juli 1983 in Tinba.
1: Rechteckhaus des Gehöftsherrn,
2: Rundhäuser mit Altären,
3: Rundspeicher,
4: Materialhäuser,
5: Gabelholz mit Opfersteinen.

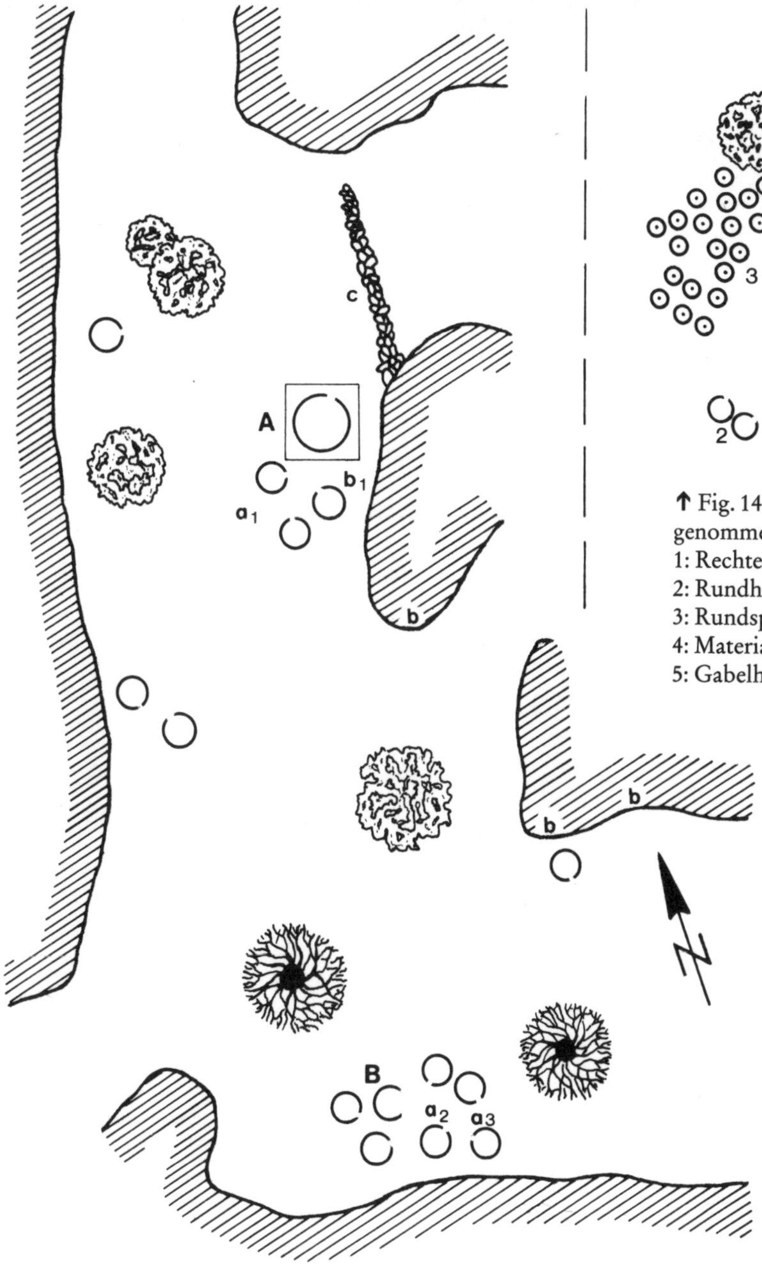

← Fig. 15: Übersichtsplan eines Siedlungsplatzes von Alt-Tinba mit mehreren, davon 14 gut erhaltenen Steinkreisen und einen steinernen Halbkreis (B).
A: Grabungsfeld um einen großen Steinkreis,
a: Reibschalen,
b: Näpfchen, b_1: Näpfchenstein,
c: Mauer aus enggeschichteten Steinen.

0 10 m

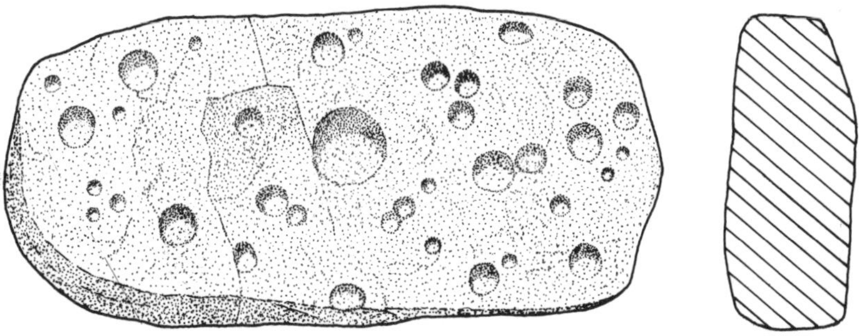

Fig. 16: Näpfchenstein (b_1) aus Alt-Tinba.

0 30 cm

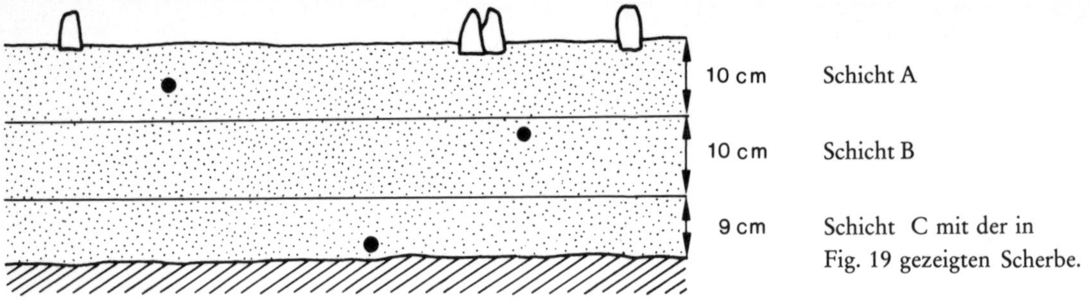

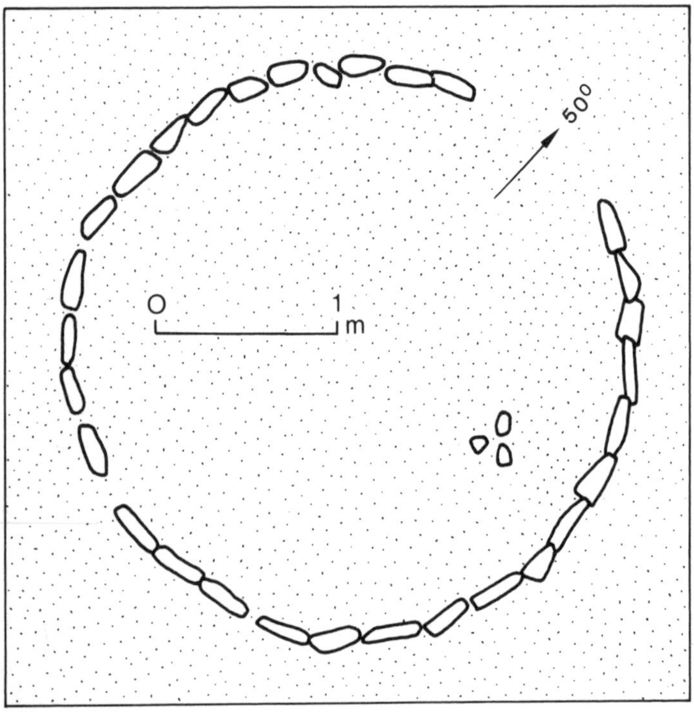

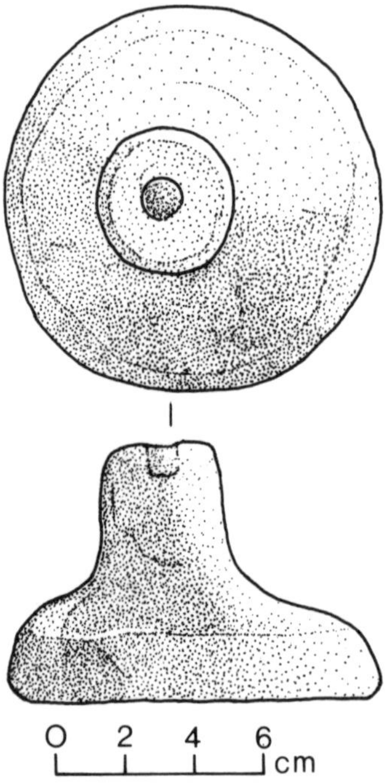

↑ Fig. 17: Steinring A aus dem Siedlungsplatz Alt-Tinba (Fig. 15). Die Baukonstruktion besteht aus 30 Sandstein-Felsbruchstücken unterschiedlicher Größe. Im Inneren des Ringes stehen drei nach oben konisch zulaufende Herdsteine. Eine Grabung (3,50 x 3,60 m und 0,29 m Tiefe) förderte eine eiserne Pfeilspitze und drei Keramik-Wandfragmente zutage.

↑ Fig. 18: Töpferwerkzeug als Oberflächenfund nahe der Steinkonstruktion B in Alt-Tinba.

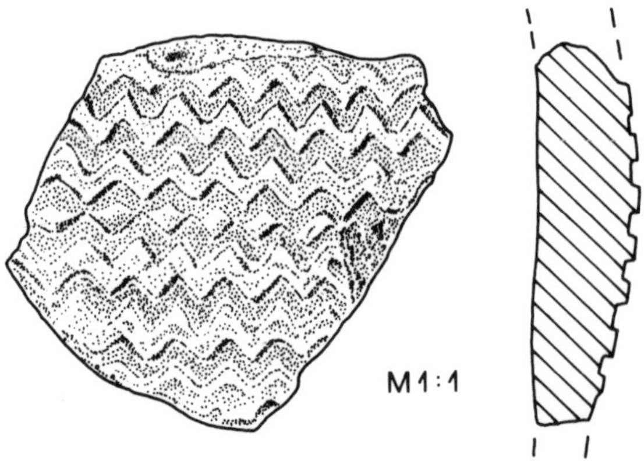

→ Fig. 19: Wandfragment aus rötlichbraunem Ton mit Grobkomponenten aus Gesteinen und Einzelmineralien bis zu 2,5 mm Korngröße. Der Dekor ist flächenfüllend und besteht aus gezackten, nebeneinanderlaufenden und ineinandergreifenden Reliefbändchen. Die Scherbe wurde aus dem Steinrig A in 26 cm Tiefe geborgen, die TL-Analyse (B 104) ergab ein maximales Alter von 130±20 Jahren (1860 n. Chr.).

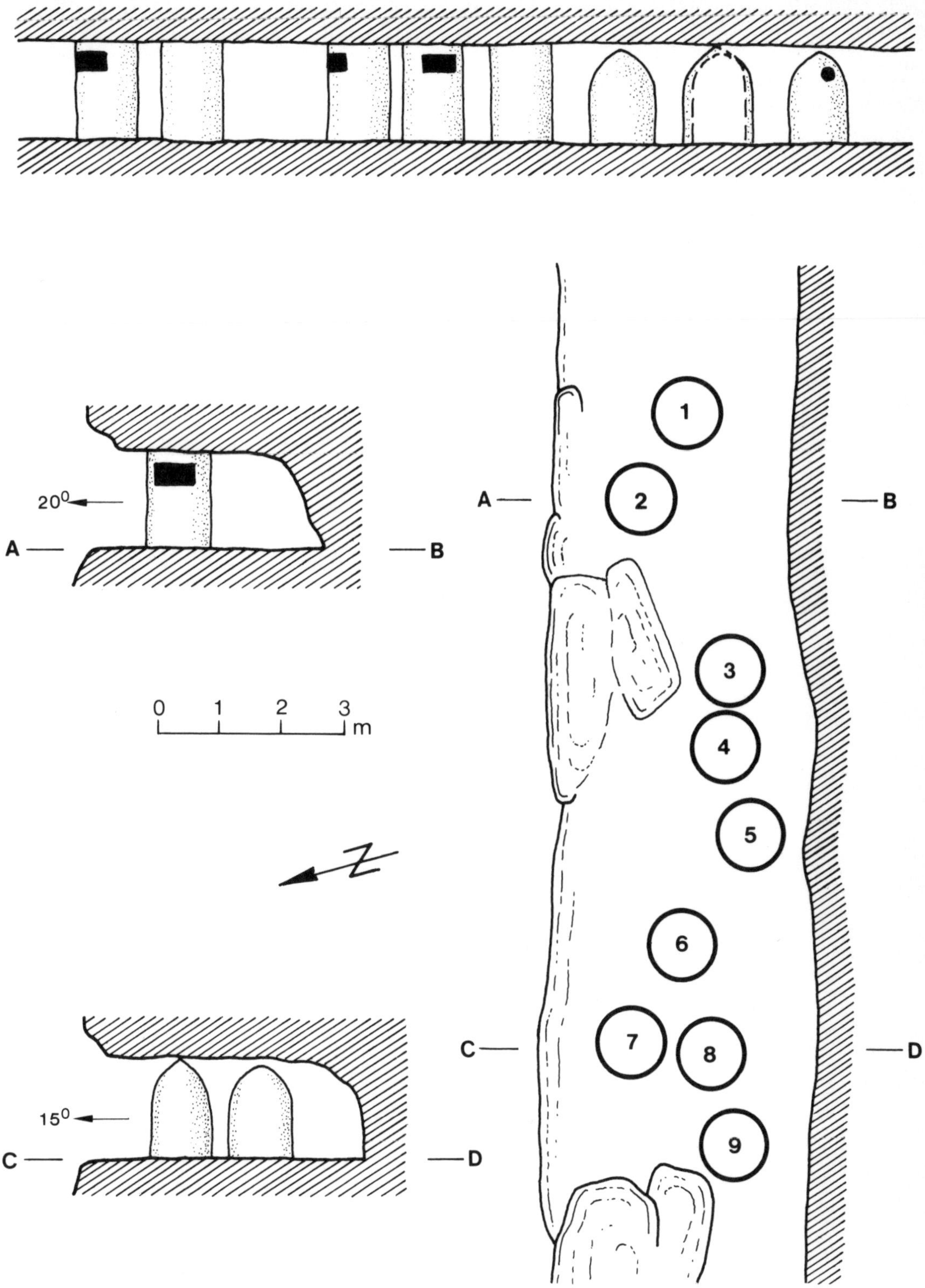

Fig. 20: Ansicht, Querschnitt und Grundriß von Grotte V. Die Speicher füllen meist die ganze Höhe der Felsspalte und zeigen zwei unterschiedliche Baustile. Das Fundmaterial beherbergen die Speicher 7 (Pfeile, Köcher) und 8 (Schmuckobjekte), die anderen Bauten sind leer.

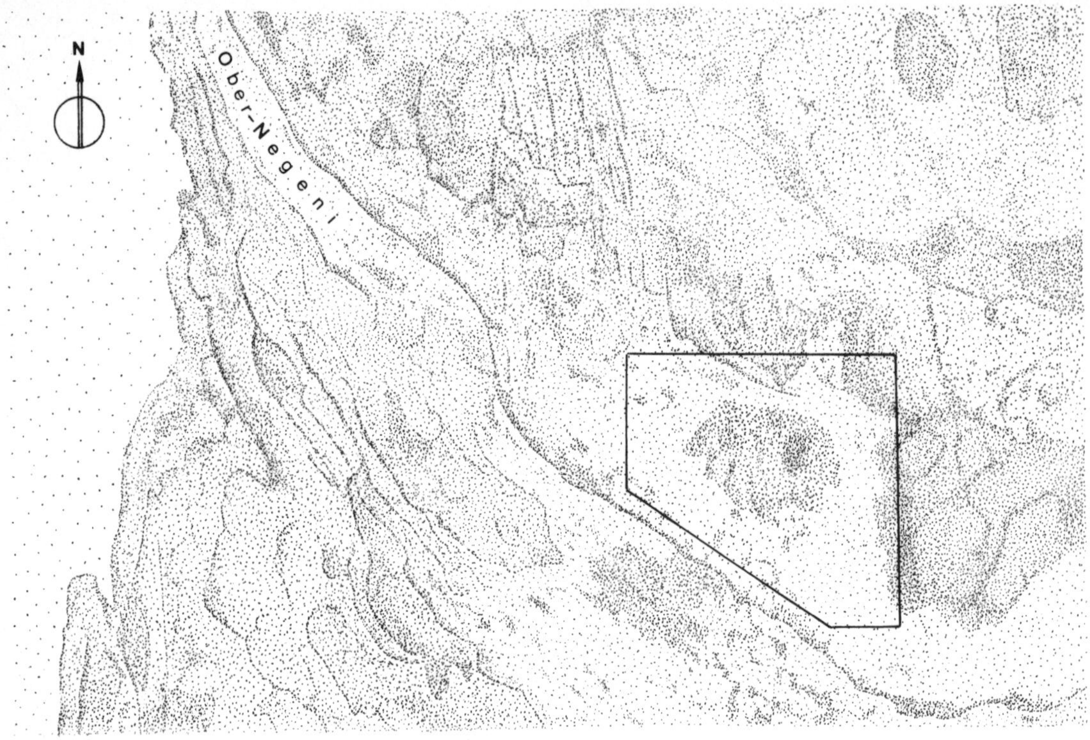

Fig. 21: Übersicht von Ober-Negeni, Ort und Ober-Negeni, Brousse (im Fünfeck) in der Falaise nahe der Landesgrenze zu Mali. Gezeichnet nach der Vorlage einer Luftaufnahme des Geographischen Institutes, Wagadugu.

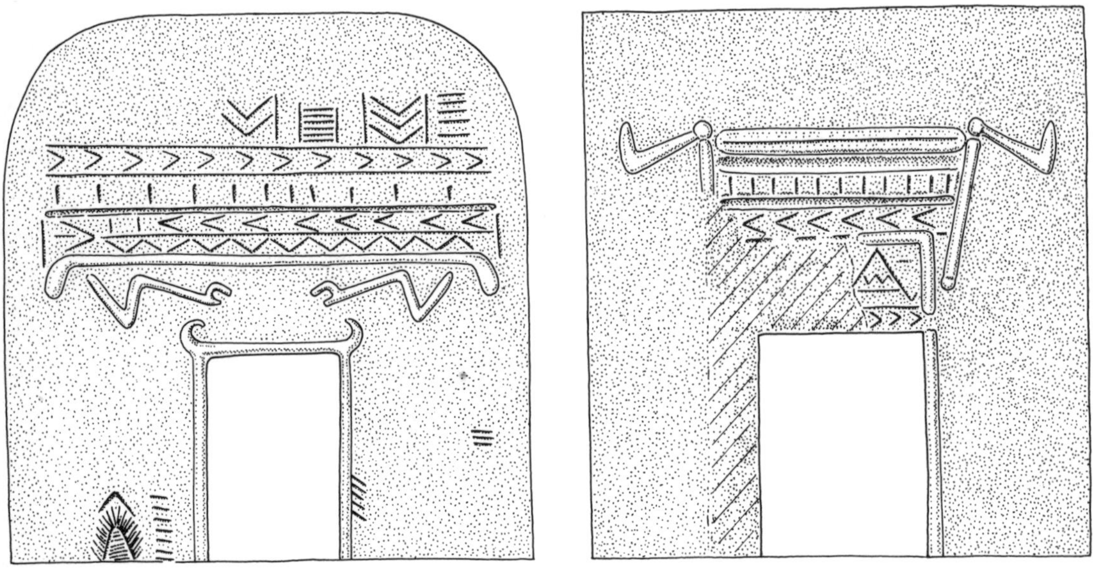

Fig. 22: Die Fassaden von zwei alten Häusern im Quartier der Traore in Alt-Niansoghoni. Links das Haus *konu*, rechts (schon teilweise zerstört) das Haus *kûnnubá*.

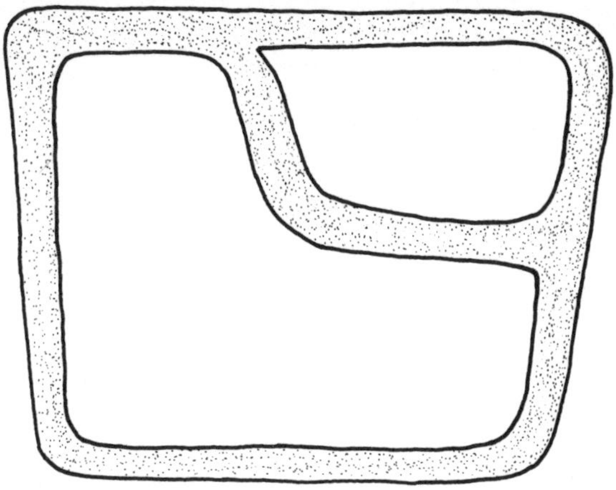

Fig. 23: Grundriß vom Rest einer baulichen Lehmkonstruktion im Ostabschnitt der Grotte I, Fundareal A.

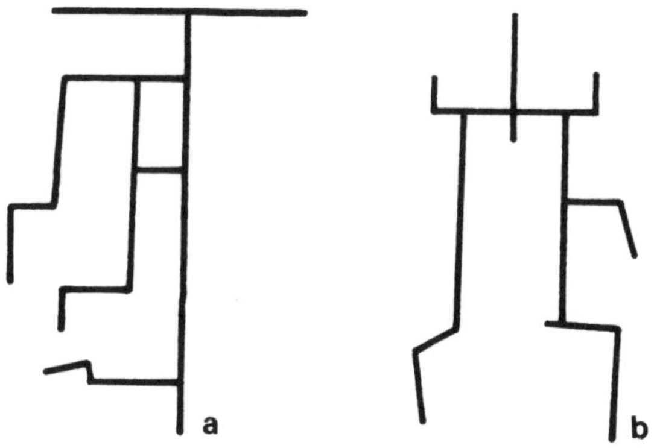

Fig. 24: Geometrische Muster aus in Wasser gelöstem Mehl auf der Außenwand von zwei Speicherbauten. a) Alt-Niansoghoni, b) Ober-Negeni, Brousse; Fundareal B.

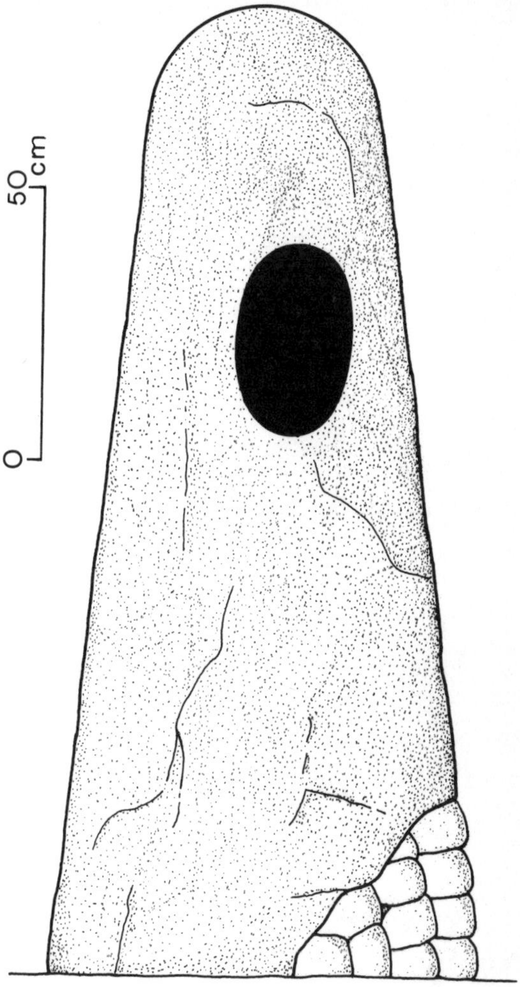

Fig. 25: Kuppelspeicher mit runder Grundfläche aus Ober-Negeni, Brousse; Fundareal B. Der untere Bauabschnitt besteht aus Lehmziegeln mit Mörtelbewurf.

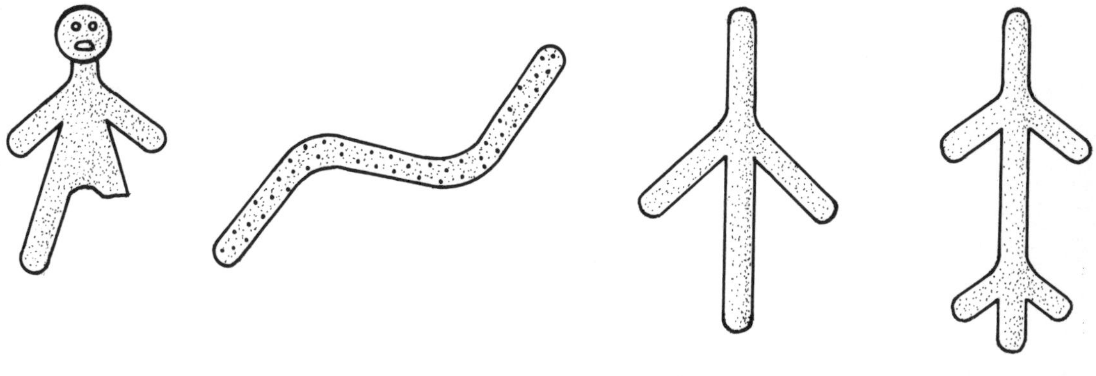

Fig. 26: Figürliche und geometrische Zierate aus Lehmmörtel an den Außenwänden von Speicherbauten im Fundareal D.

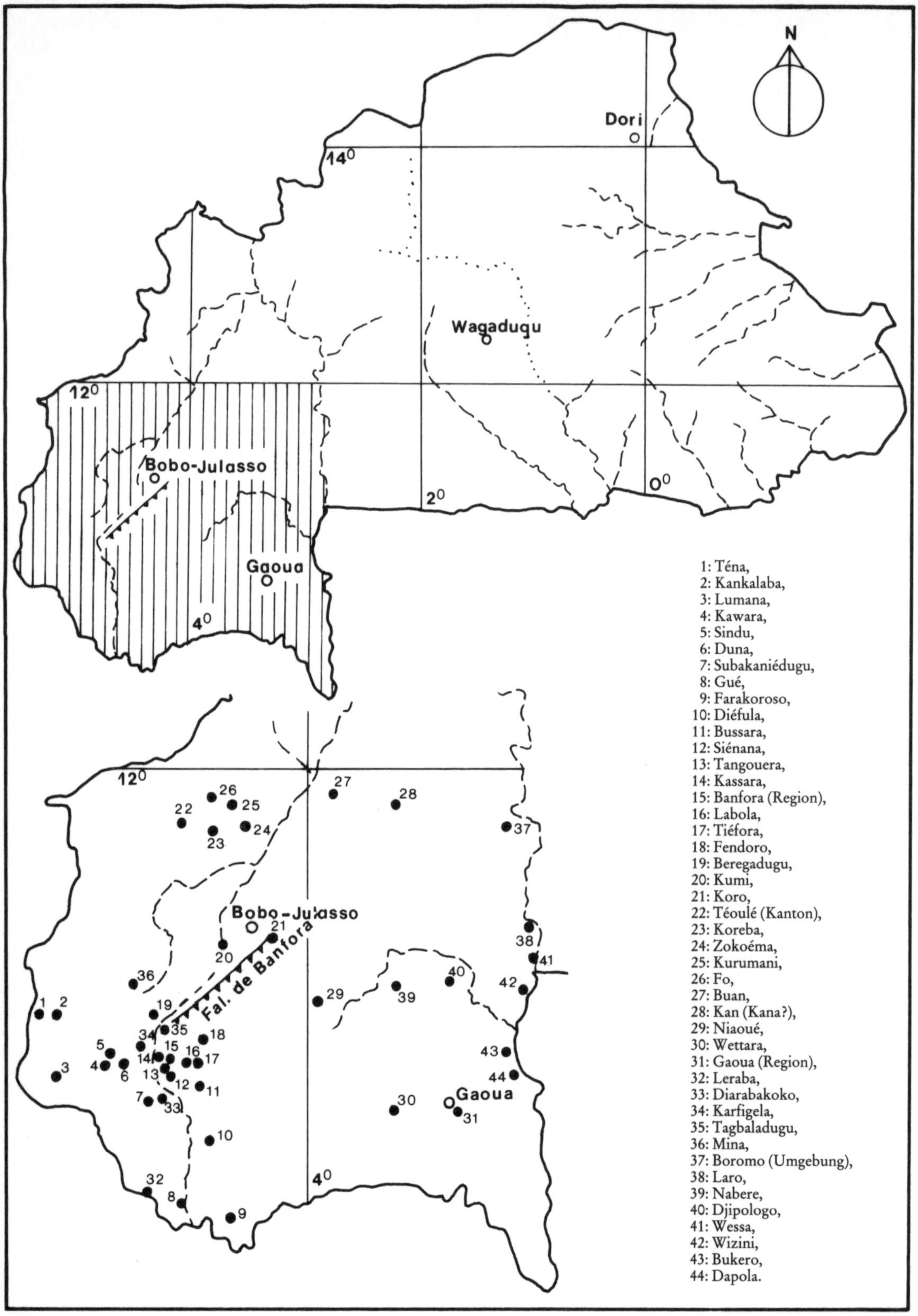

Fig. 27: Übersichtskarte der bis 1984 gemeldeten Fundstationen lithischen Materials in SW-Burkina Faso (sechs Orte konnten nicht lokalisiert werden).

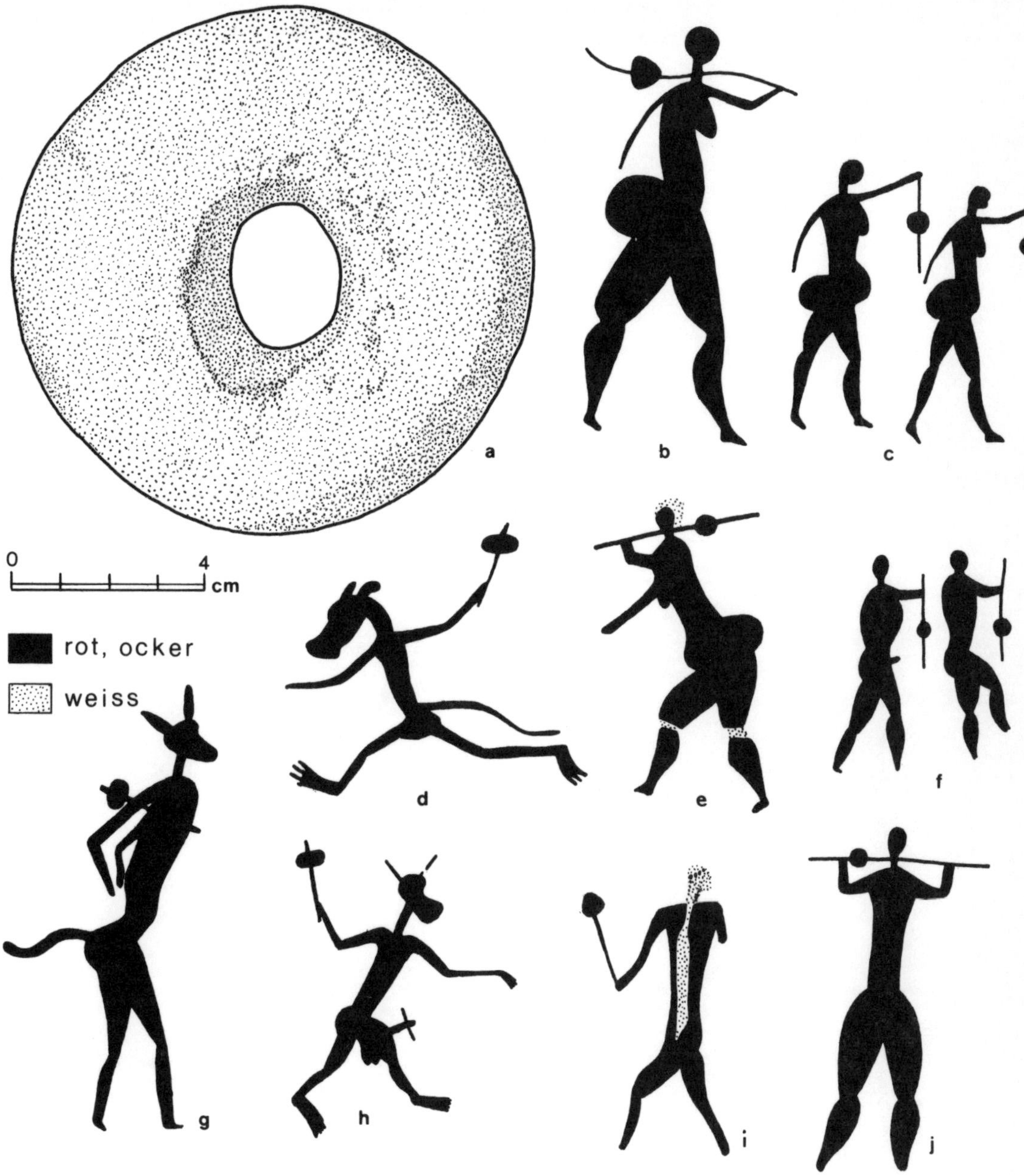

Fig. 28: a: Doppelkonisch durchbohrter Stein aus dem Gebiet um Gaoua (nach Bequaert, M. 1948: Tafel V.a). Die sehr sporadische Verteilung dieser Objekte in Westafrika und ihre nicht immer geklärte Fundsituation erschweren den Deutungsversuch ihres Verwendungszweckes.
b–j: Szenenausschnitte von Piktographen aus Südafrika mit Darstellungen von *diggin sticks (kwe)* und Steinkopfkeulen (nach Stow, G. W. and D. F. Bleek, 1930: Tafel 70, 46, 54, 71 und 60; vgl. auch Pager, H. 1971: 343, 361 und 352).

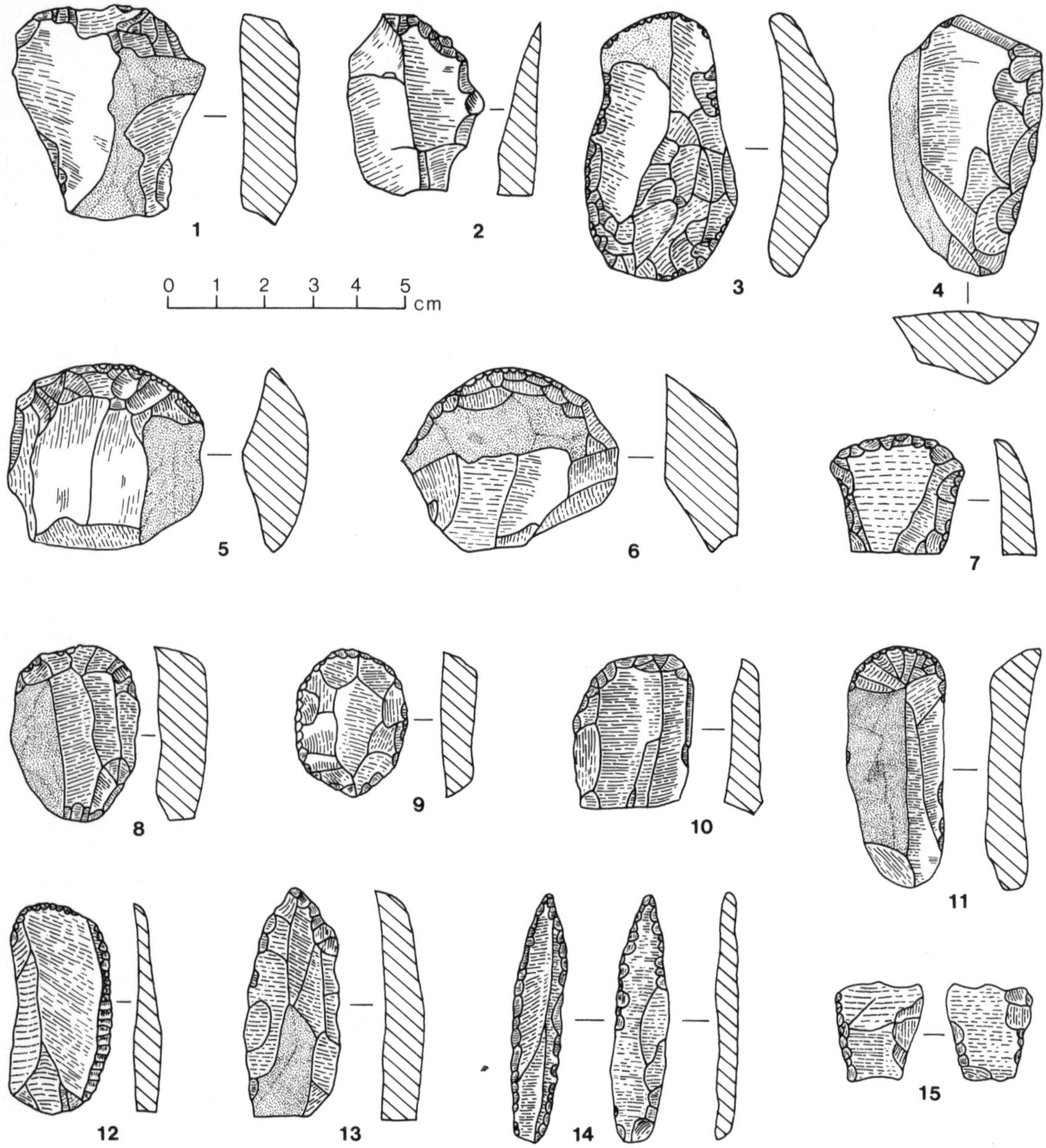

Fig. 29: Steingeräte aus dem Fundareal A.
Erste Zeile: retuschierte Abschläge; 1: Grotte I. 2: Grotte III, Grabungsfeld –37 cm. 3 und 4: Alt-Kawara II.
Zweite Zeile: (Abschlag-)Kratzer; 5: Grotte III, Grabungsfeld –45 cm.
6: Alt-Kawara I. 7: Alt-Kawara II.
8: kurzer Kratzer; Alt-Kawara II.
9: Rundkratzer; Alt-Kawara II.
10: Klingenkratzer; Grotte III, Grabungsfeld –81 cm.
11: Klingenkratzer mit konvergenter halbrunder Kratzerkappe; Alt-Kawara II.
12: retuschierte Klinge, durchlaufend dextrolateral und terminal retuschiert; Grotte III, Grabungsfeld –80 cm.
13: Klinge (Spitze) mit bilateralen Seitenretuschen; Alt-Kawara II.
14: Spitze, bilateral retuschiert, terminale Spitze, ventral bilateral; Alt-Kawara II.
15: Querschneider?; Grotte III, Grabungsfeld –66 cm.

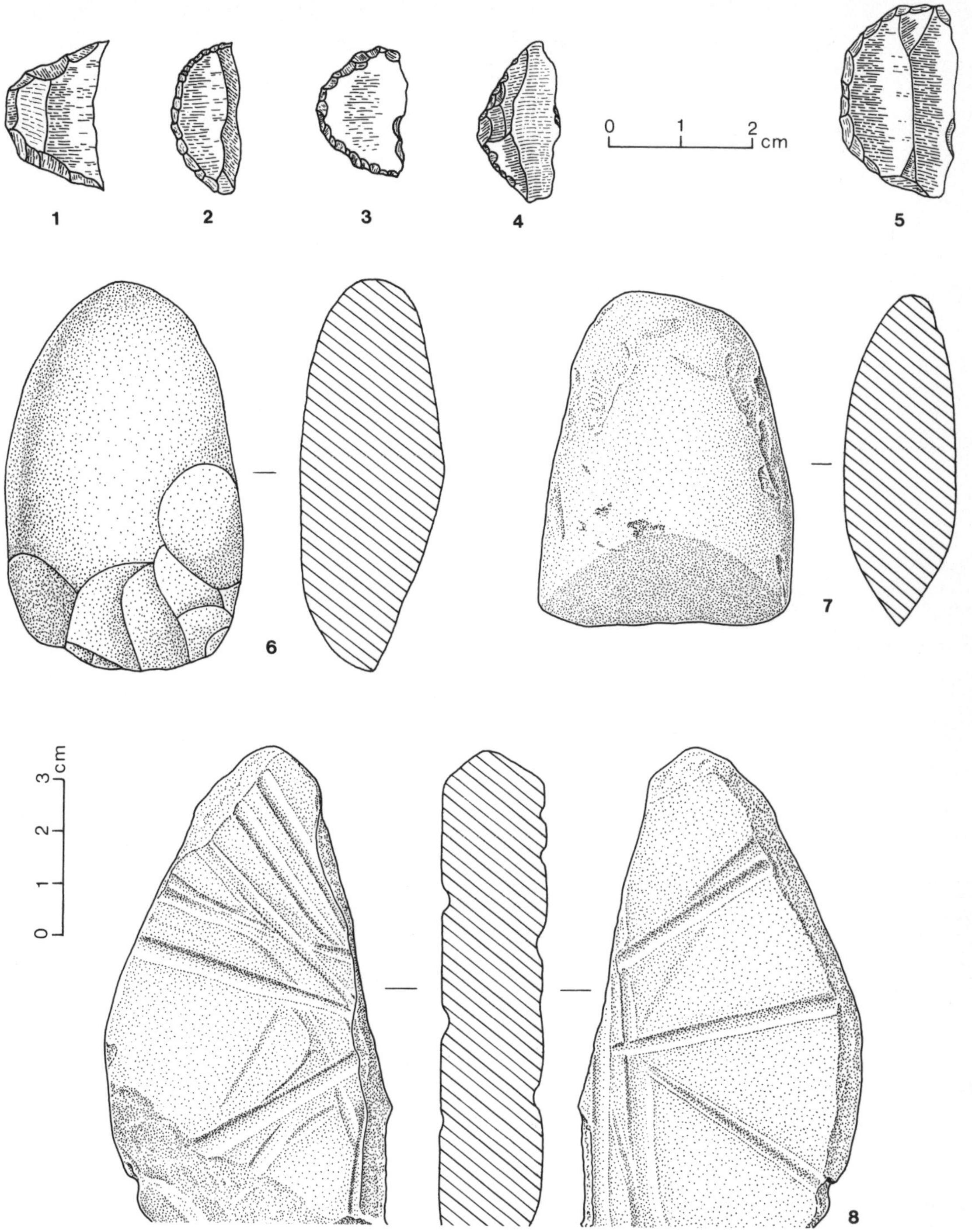

Fig. 30: Steingeräte aus dem Fundareal A.
Erste Zeile: Geometrische Werkzeuge; 1: Alt-Tinba (Typ 2, a, A). 2: Alt-Kawara II (Typ 1, a, A). 3: Alt-Kawara I (Typ 1, a, C). 4: Alt-Kawara II (Typ 3, d, A). 5: Alt-Kawara II (Typ 1, b, A).
6: Chopper; bei Alt-Kawara II.
7: Flachbeil; Alt-Tinba.
8: Rillenstein (Fragment); Grotte IV, Steinkreis.

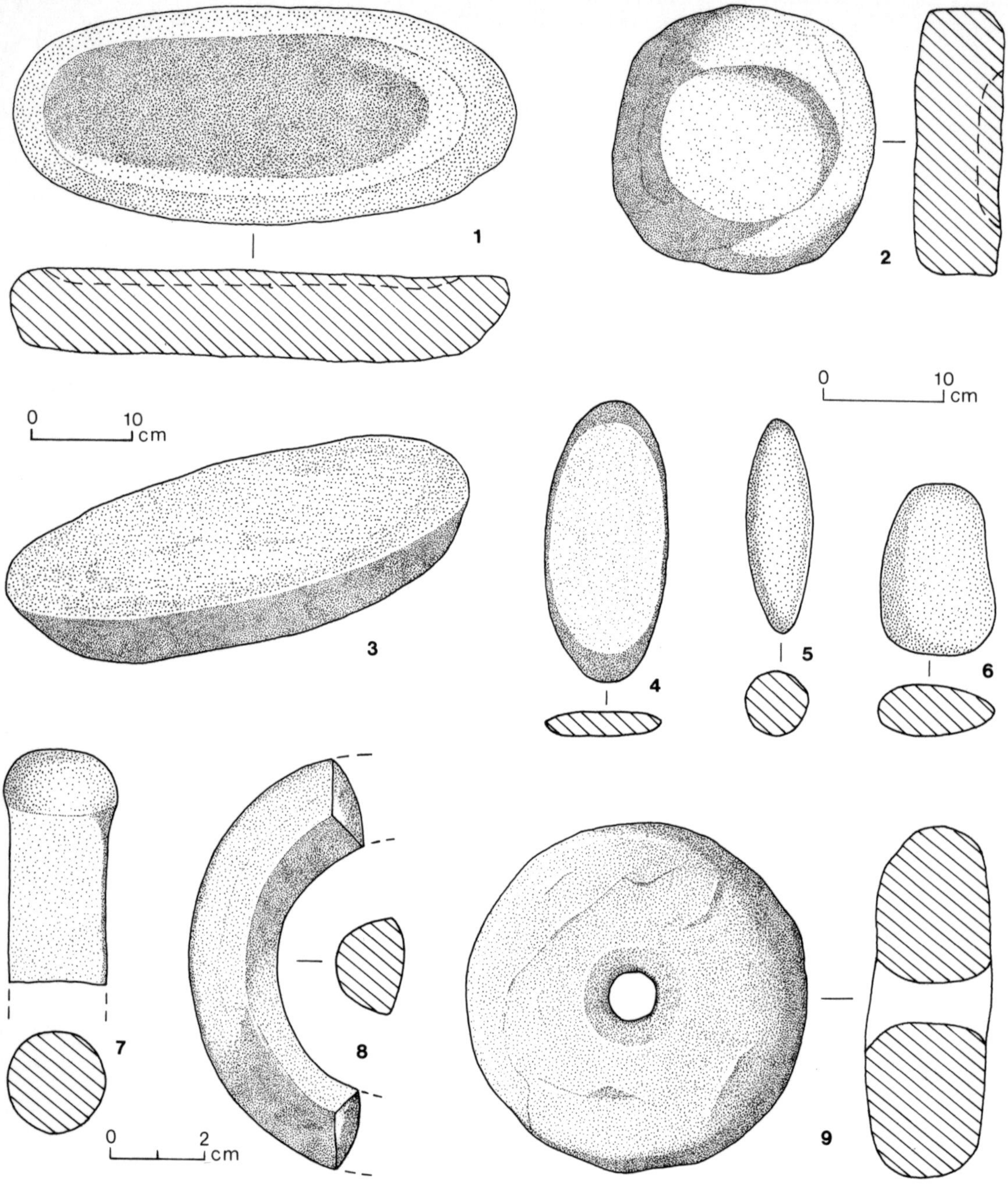

Fig. 31: Steingeräte aus dem Fundareal A.
1: Reibschale, länglichoval (Typ b); Alt-Tinba.
2: Reibschale, rund (Typ b); Alt-Kawara II.
3: Reibplatte, länglichoval (Typ a); Alt-Kawara II.
4: Reibstein mit zwei Arbeitsflächen (Typ a); Alt-Kawara II.
5: Stößelstein (Typ b); Alt-Tinba.
6: Reibstein, doppelflächig (Typ c); Alt-Tinba.
7: Reiber (Fragment); Alt-Kawara I.
8: Steinring (Fragment); Alt-Kawara II.
9: Stein in Scheibenform mit bikonischer Lochung; Grotte IV, Speicher 2.

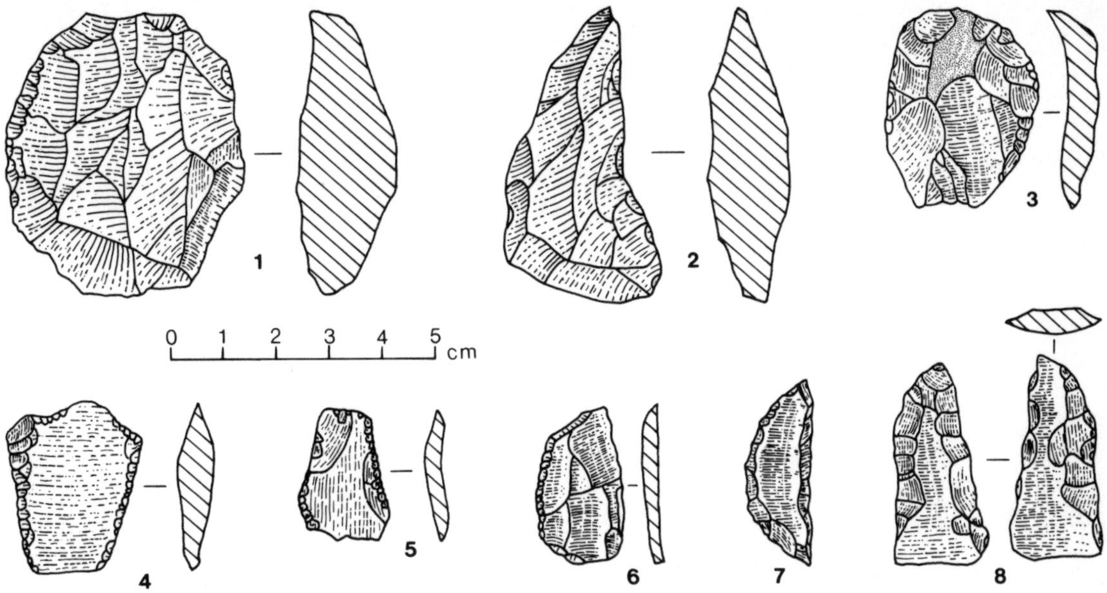

Fig. 32: Steingeräte aus dem Fundareal B.
1: retuschierter Abschlag (Diskus); Ober-Negeni, Brousse.
2: Schaber mit schwach retuschierter Kante; Ober-Negeni, Brousse.
3: Rundkratzer; Ober-Negeni, Brousse.
4 und 5: bilateral retuschierte Abschläge (Querschneider); Ober-Negeni, Brousse.
6: geometrisches Werkzeug (atypisch); Ober-Negeni, Brousse.
7: geometrisches Werkzeug (Typ 1, c, A); Alt-Niansoghoni.
8: Abschlag (Klinge), bilateral und bifazial flachretuschiert; Ober-Negeni, Brousse.

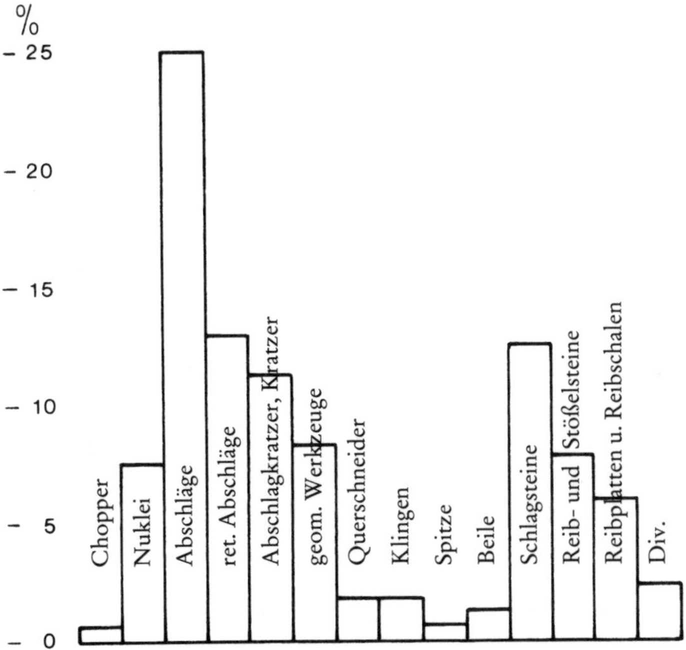

Fig. 33: Prozentuelle Häufigkeitsverteilung der Steingeräte im Fundareal A.

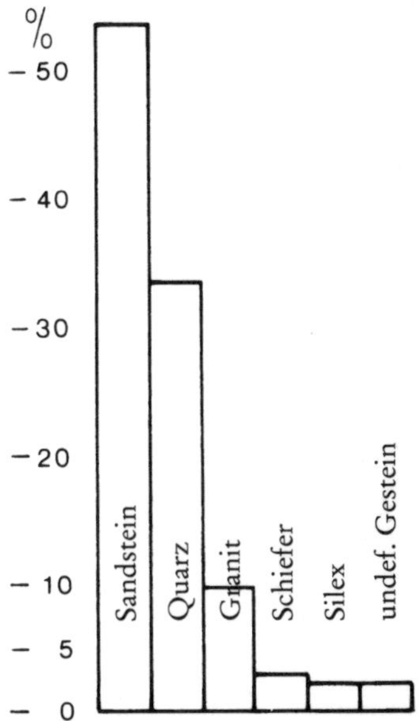

Fig. 34: Verteilung des lithischen Materials.

Fundareal A	Kerngerät	Nuklei	Absplisse	Splitter	undef. ret. Abschläge	Abschlagkratzer, Kratzer	geometrische Werkzeuge	Querschneider	Klingen	Spitze	Beile	Schlagsteine	Reibsteine, Stößelsteine	Reiber (Fragment)	Reibplatten, Reibschalen	Rillenstein (Fragment)	Steinobjekt (*kwe*)	Steinring (Fragment)
Felsbildabri		1	3		4	2	1					1						
Speichergrotte A			1									2	1					
Artefaktabri		3	4	34	4	3	6	3	2			4						
Speichergrotte B												1	1		1	1	1	
Alt-Kawara I		1	4		2	4	2					2	2	1	2			
Alt-Kawara II	1	5	14		7	6	4		1	1	1	4	4		4			1
Alt-Tinba		2	15		5	4	1				1	7	5		3			
gesamt: 200	1	12	41	34	22	19	14	3	3	1	2	21	13	1	10	1	1	1
Fundareal B																		
Alt-Niansoghoni			2				1					3	2		1			
Ober-Negeni,Brousse					3	2	1	2	1		1	4	1		1			
gesamt: 25			2		3	2	2	2	1		1	7	3		2			

Fig. 35: Die Verteilung des lithischen Fundmaterials in den Arealen A und B.

Fundareal A und B	Gesamtform (1–4), Retuschen (a–d)																Schneide		
	a				b				c				d				A	B	C
	1	2	3	4	1	2	3	4	1	2	3	4	1	2	3	4			
Felsbildabri			1														1		
Speichergrotte A																			
Artefaktabri	3	1		1						1							3	2	1
Speichergrotte B																			
Alt-Kawara I	1		1														1		1
Alt-Kawara II	1				1					1					1		3	1	
Alt-Tinba		1															1		
Alt-Niansoghoni									1								1		

Fig. 36: Die typologische Klassifikation der geometrischen Artefakte (s. Abschnitt 3.2); 14 Stück aus dem Fundareal A, ein Stück aus dem Fundareal B.

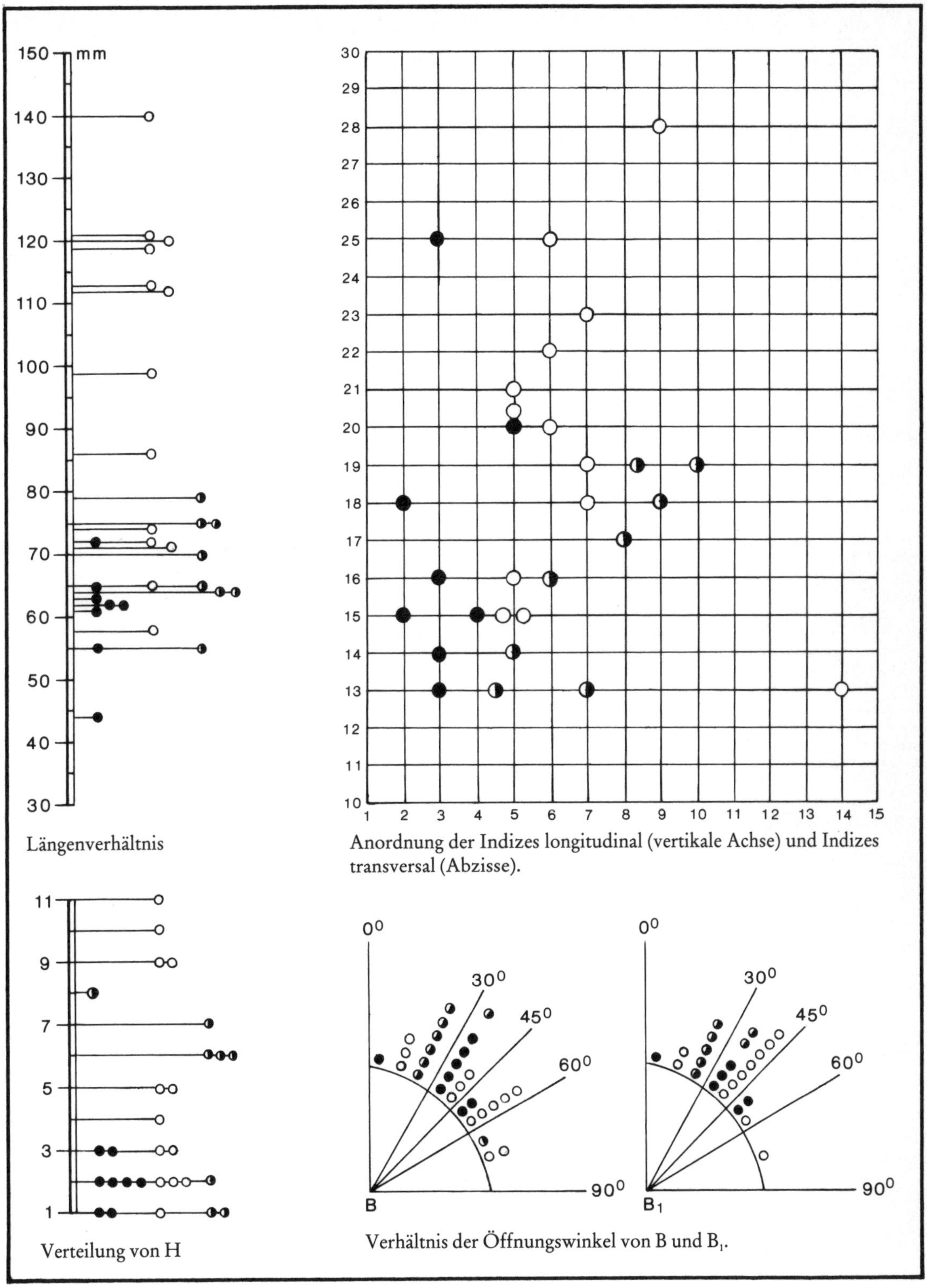

Fig. 37: Maße und Indizes von neunundzwanzig Steinobjekten mit Schärfungsflächen oder Schneiden aus SW-Burkina Faso (vgl. Fig. 1). Dreizehn Objekte nach Hubert 1925: ●; acht Objekte nach Bequaert 1948: ○; acht Objekte nach Trost: ◑.

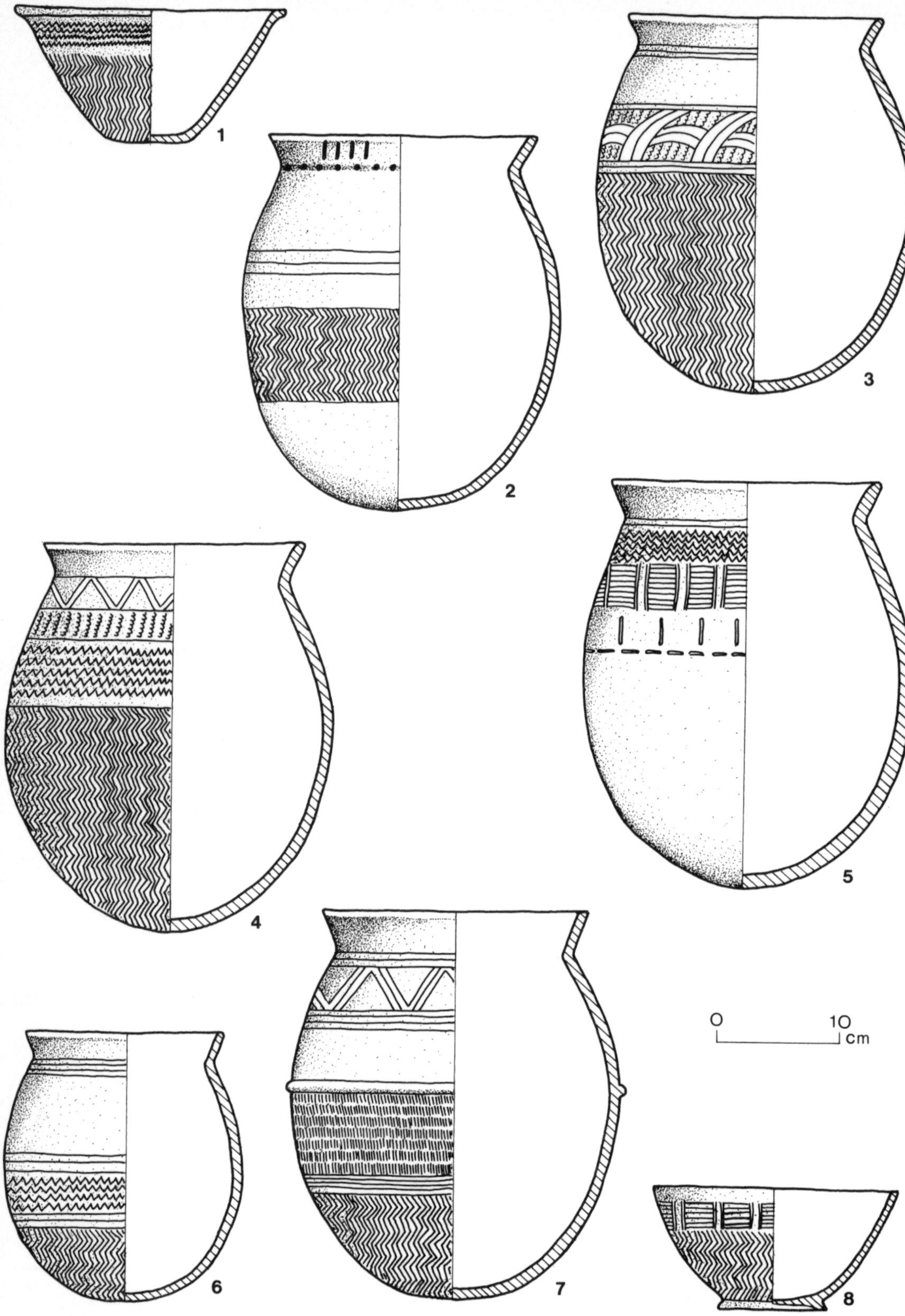

Fig. 38: Dekorierte Gefäßkeramiken (sechs Vorratsbehälter und zwei Saucenschalen) aus einer Grotte bei Alt-Niansoghoni, Fundareal B.

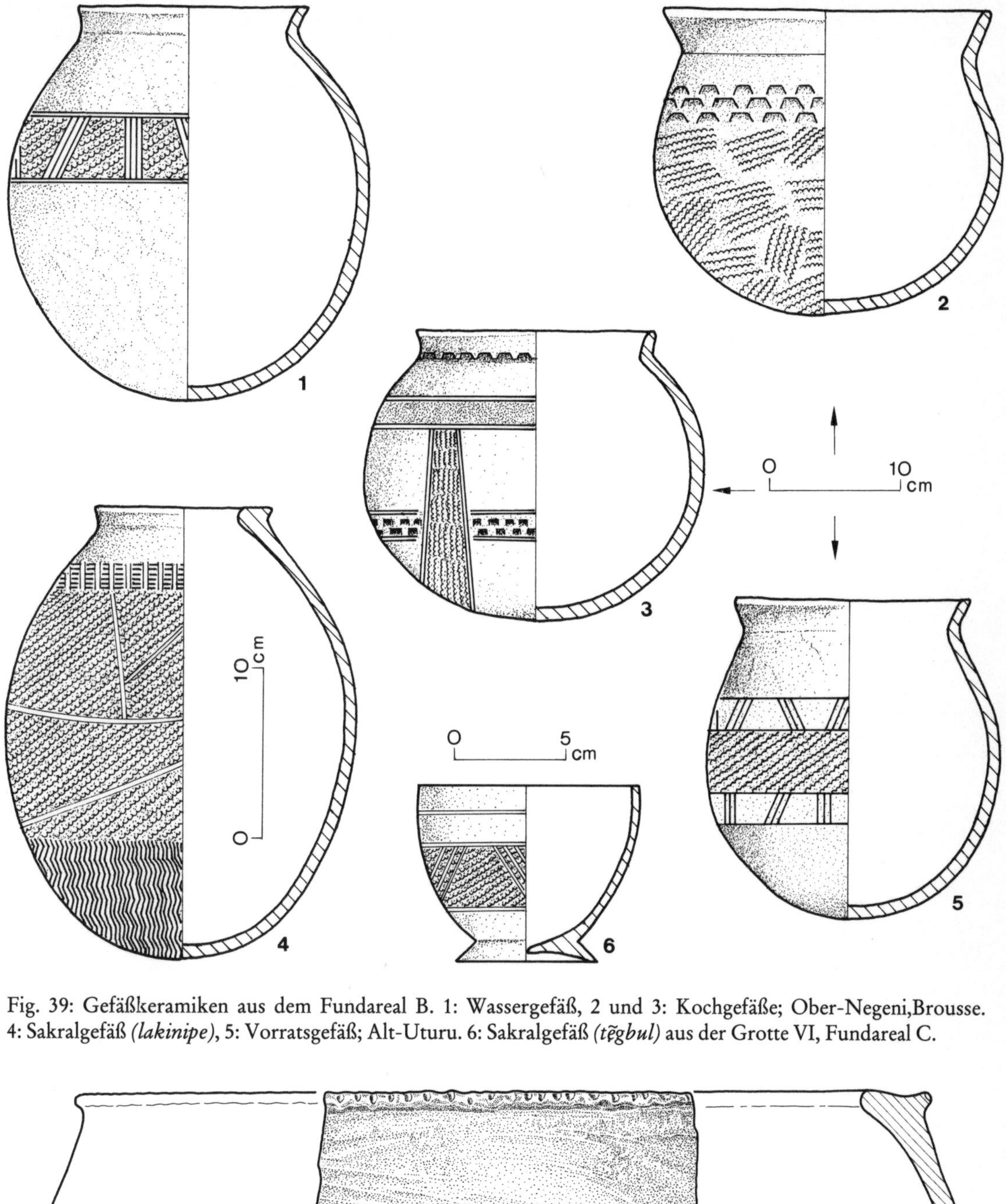

Fig. 39: Gefäßkeramiken aus dem Fundareal B. 1: Wassergefäß, 2 und 3: Kochgefäße; Ober-Negeni,Brousse. 4: Sakralgefäß *(lakinipe)*, 5: Vorratsgefäß; Alt-Uturu. 6: Sakralgefäß *(tẽgbul)* aus der Grotte VI, Fundareal C.

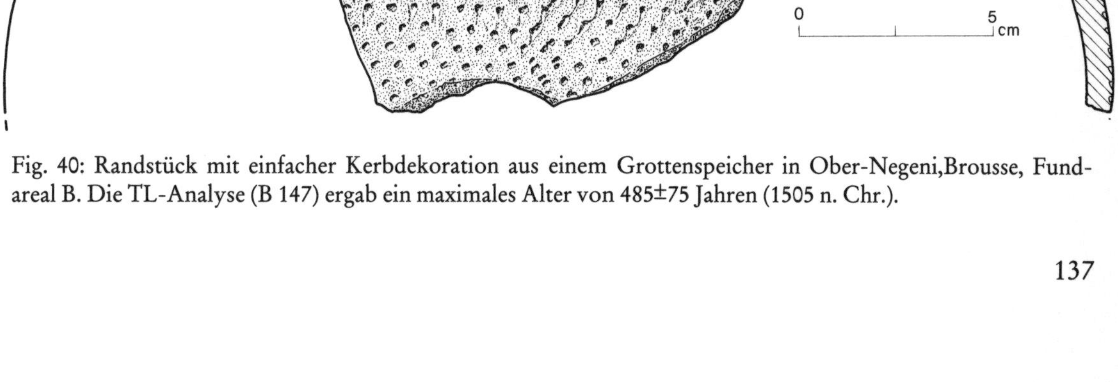

Fig. 40: Randstück mit einfacher Kerbdekoration aus einem Grottenspeicher in Ober-Negeni,Brousse, Fundareal B. Die TL-Analyse (B 147) ergab ein maximales Alter von 485±75 Jahren (1505 n. Chr.).

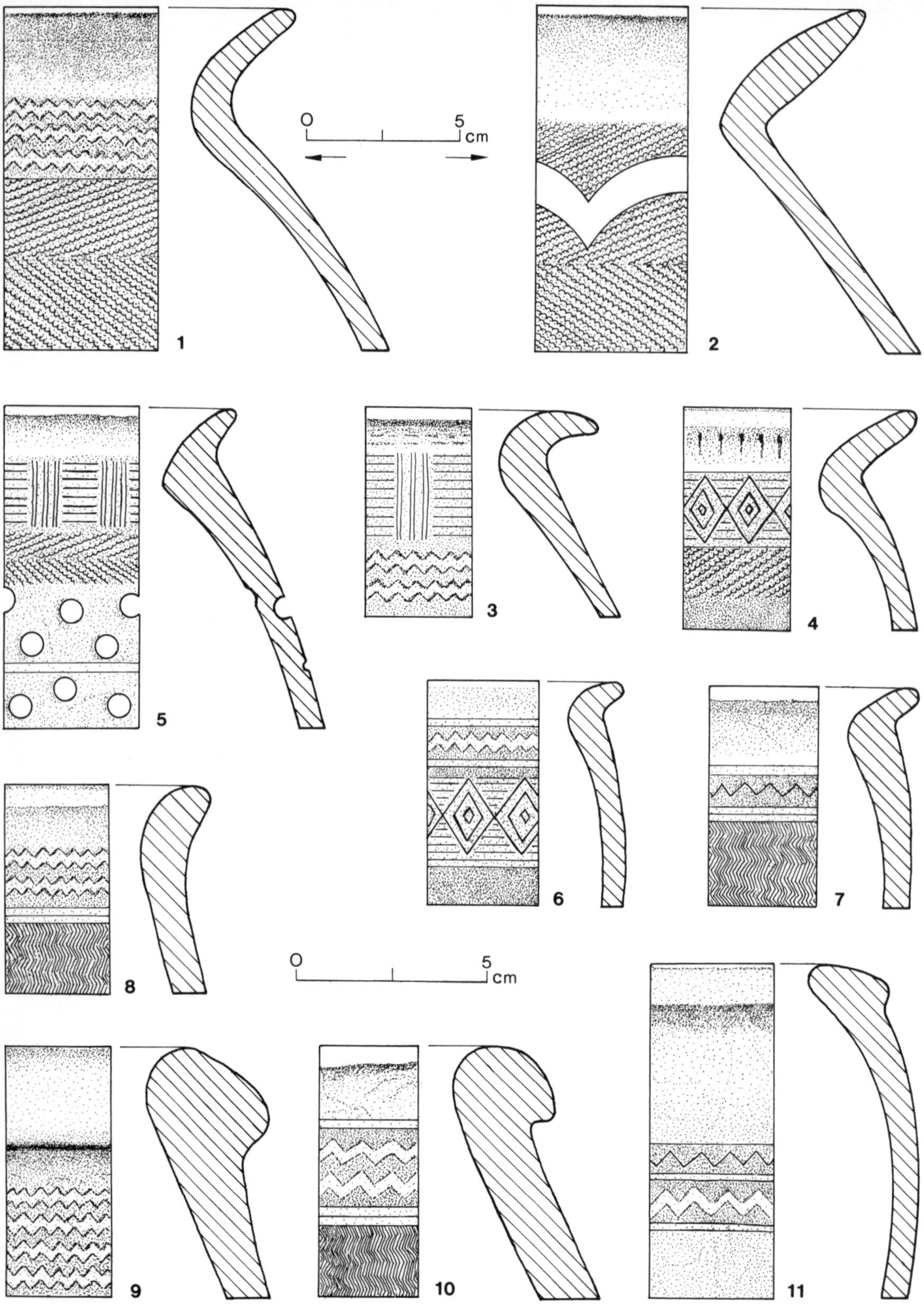

Fig. 41: Dekorierte Keramik-Randstücke aus dem Fundareal A. 1–4: Grotte I. 5–7: Grotte II. 8 und 9: Grotte III, westliche Grottenhälfte. 10 und 11: Grotte IV.

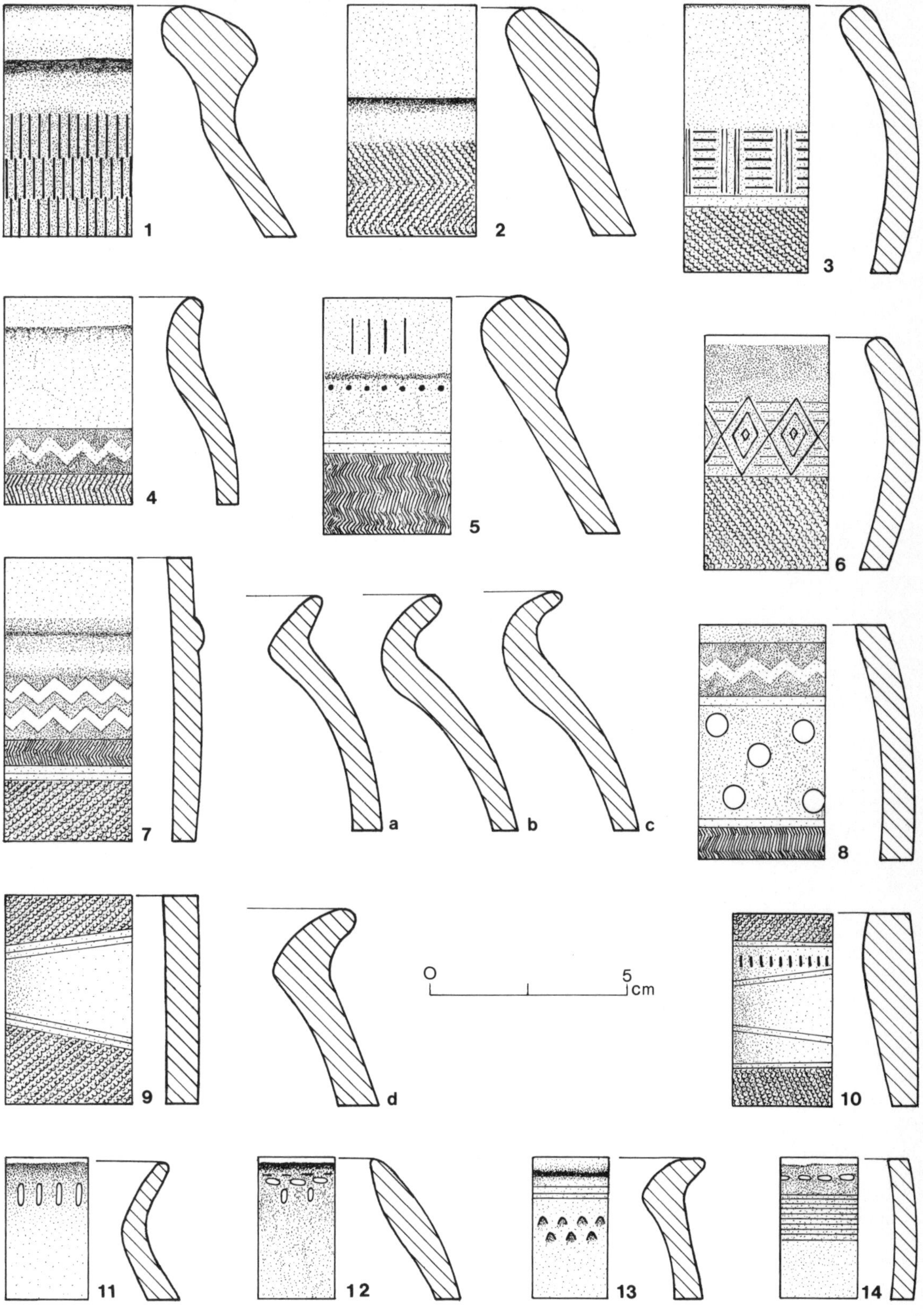

Fig. 42: Dekorierte Keramik-Randstücke und -Wandfragmente aus dem Fundareal A. 1–3: Alt-Kawara I. 4–6: Alt-Kawara II. 7–10: Alt-Tinba. 11–14: Grotte III, Grabungsfeld (11 und 14: Schicht B, 12 und 13: Schicht C).

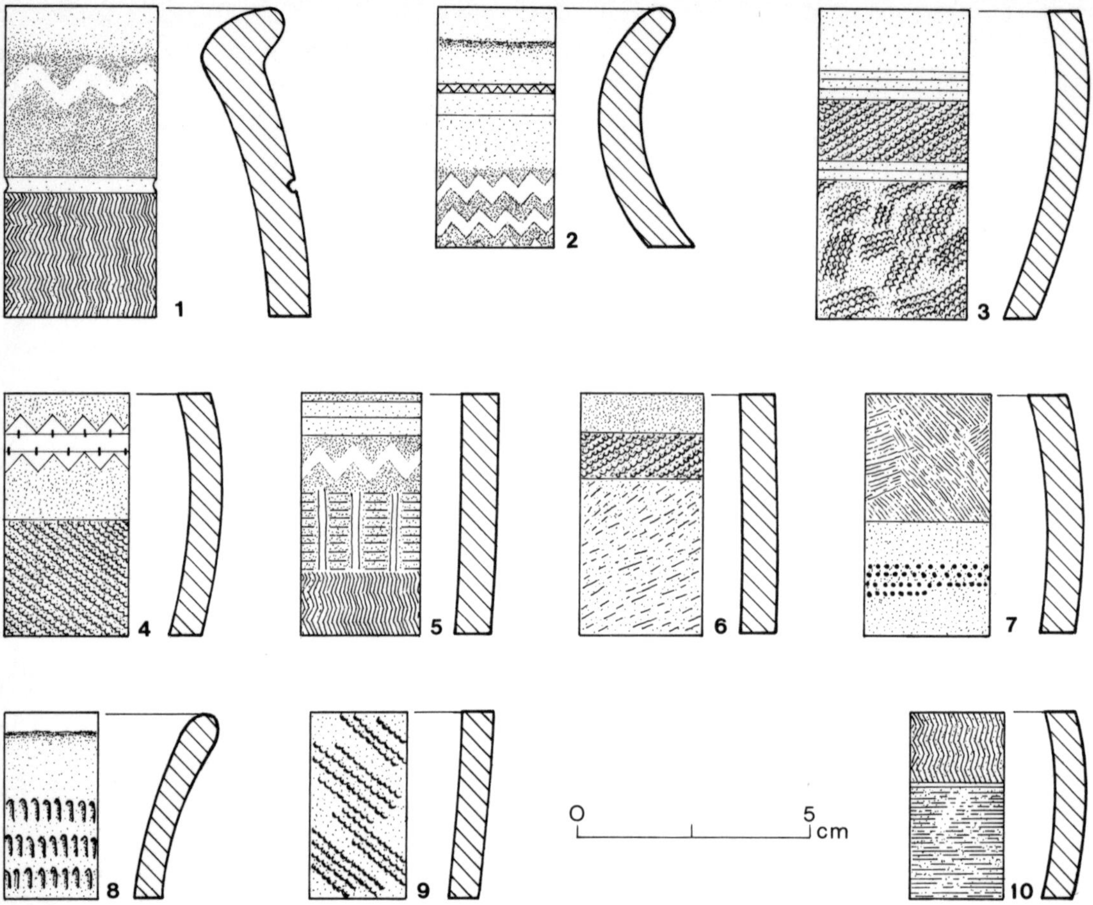

Fig. 43: Dekorierte Keramik-Randstücke und -Wandfragmente aus dem Fundareal B. 1–3: Alt-Uturu. 4–6: Ober-Negeni,Ort. 7–10: Ober-Negeni,Brousse.

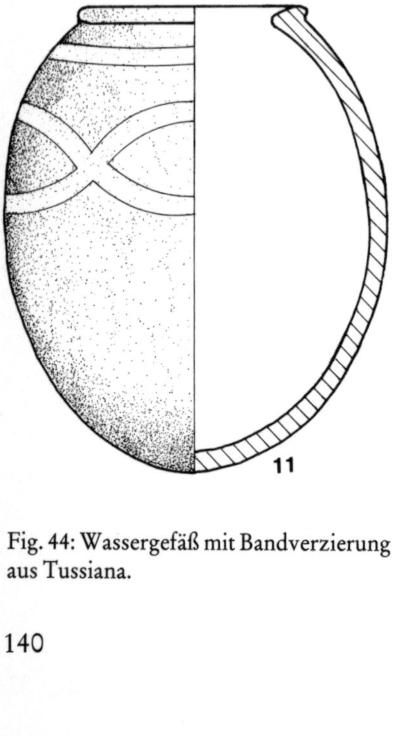

Fig. 44: Wassergefäß mit Bandverzierung aus Tussiana.

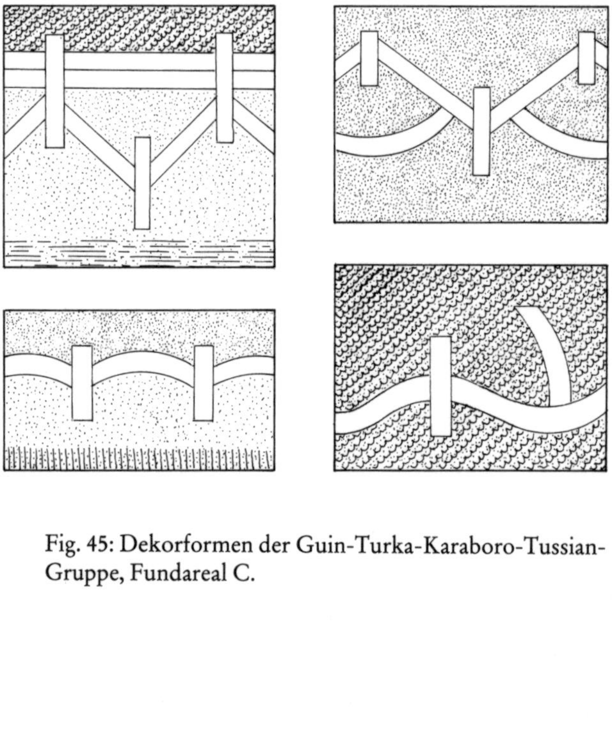

Fig. 45: Dekorformen der Guin-Turka-Karaboro-Tussian-Gruppe, Fundareal C.

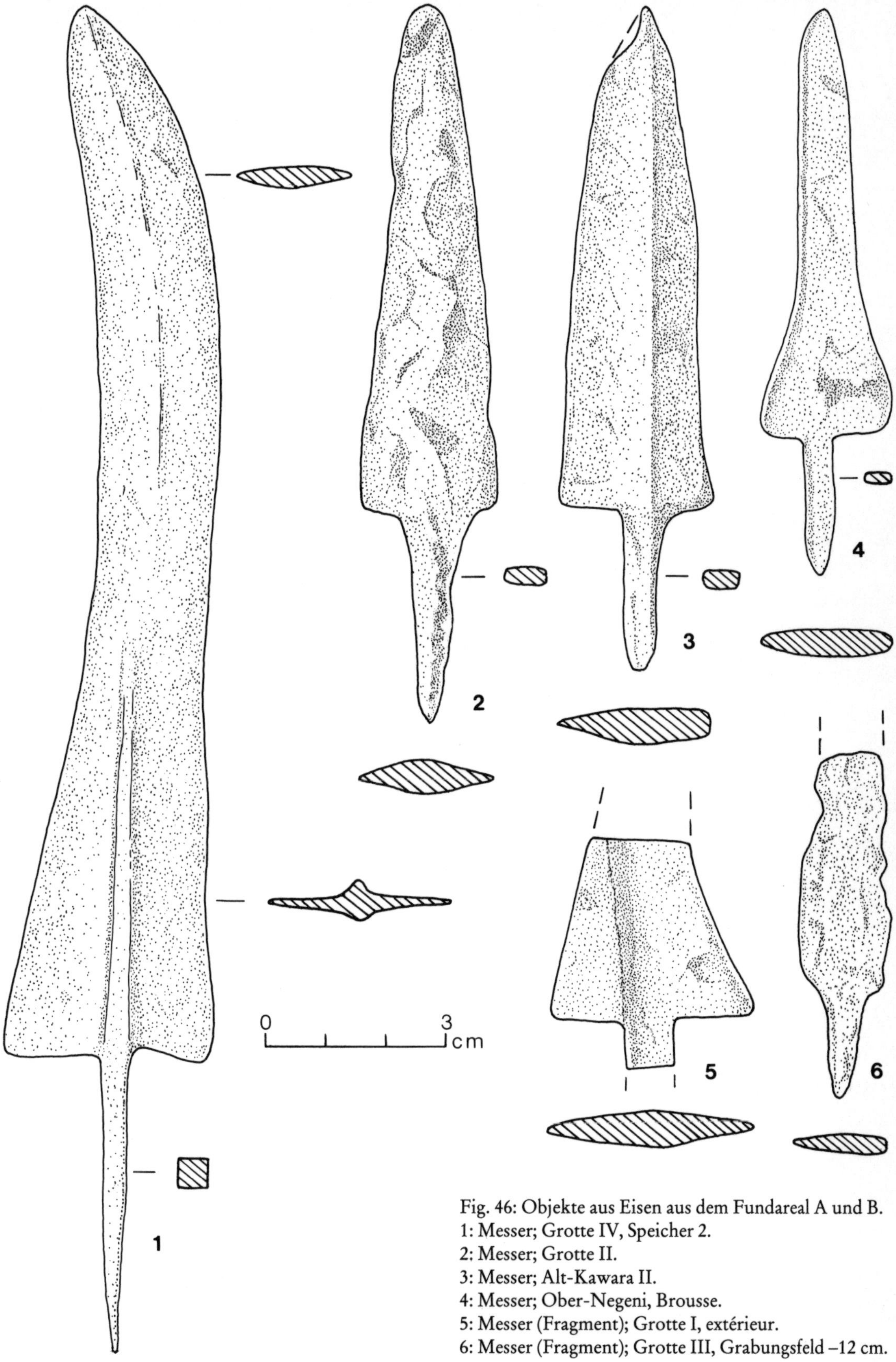

Fig. 46: Objekte aus Eisen aus dem Fundareal A und B.
1: Messer; Grotte IV, Speicher 2.
2: Messer; Grotte II.
3: Messer; Alt-Kawara II.
4: Messer; Ober-Negeni, Brousse.
5: Messer (Fragment); Grotte I, extérieur.
6: Messer (Fragment); Grotte III, Grabungsfeld –12 cm.

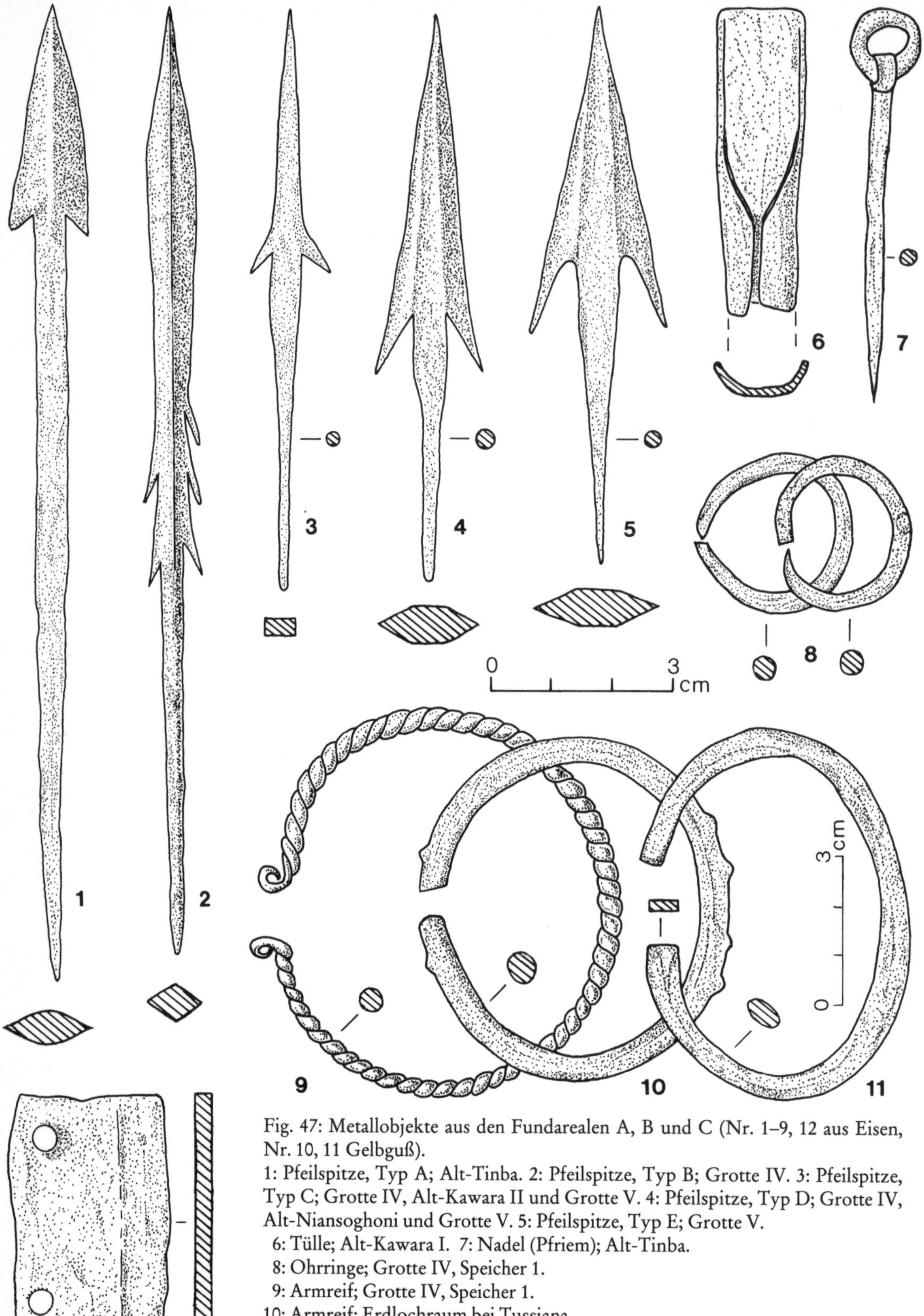

12

Fig. 47: Metallobjekte aus den Fundarealen A, B und C (Nr. 1–9, 12 aus Eisen, Nr. 10, 11 Gelbguß).
1: Pfeilspitze, Typ A; Alt-Tinba. 2: Pfeilspitze, Typ B; Grotte IV. 3: Pfeilspitze, Typ C; Grotte IV, Alt-Kawara II und Grotte V. 4: Pfeilspitze, Typ D; Grotte IV, Alt-Niansoghoni und Grotte V. 5: Pfeilspitze, Typ E; Grotte V.
6: Tülle; Alt-Kawara I. 7: Nadel (Pfriem); Alt-Tinba.
8: Ohrringe; Grotte IV, Speicher 1.
9: Armreif; Grotte IV, Speicher 1.
10: Armreif; Erdlochraum bei Tussiana.
11: Armreif; Grotte V, Speicher 8.
12: Blechstück, durchlocht; Alt-Kawara II.

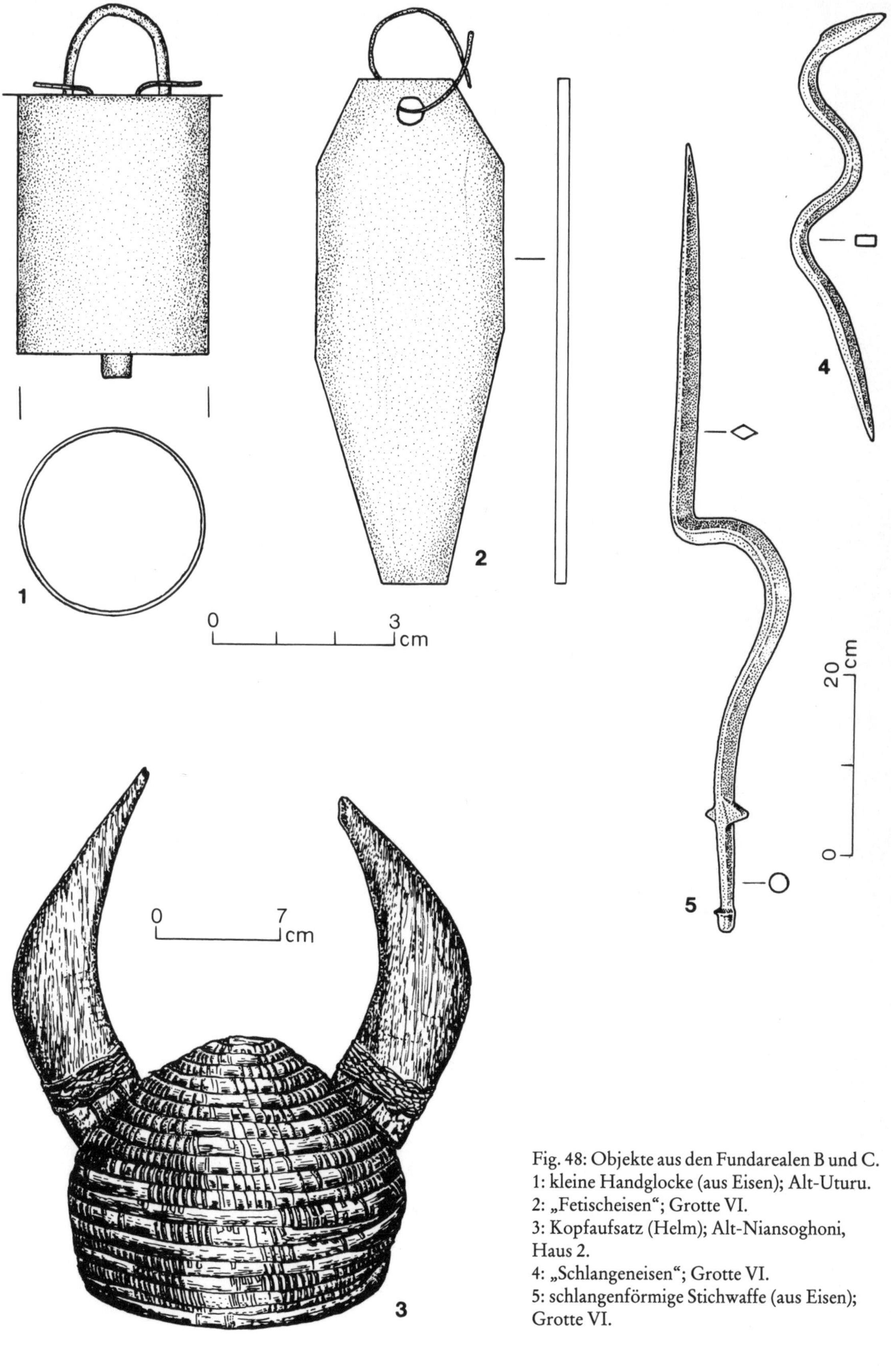

Fig. 48: Objekte aus den Fundarealen B und C.
1: kleine Handglocke (aus Eisen); Alt-Uturu.
2: „Fetischeisen"; Grotte VI.
3: Kopfaufsatz (Helm); Alt-Niansoghoni, Haus 2.
4: „Schlangeneisen"; Grotte VI.
5: schlangenförmige Stichwaffe (aus Eisen); Grotte VI.

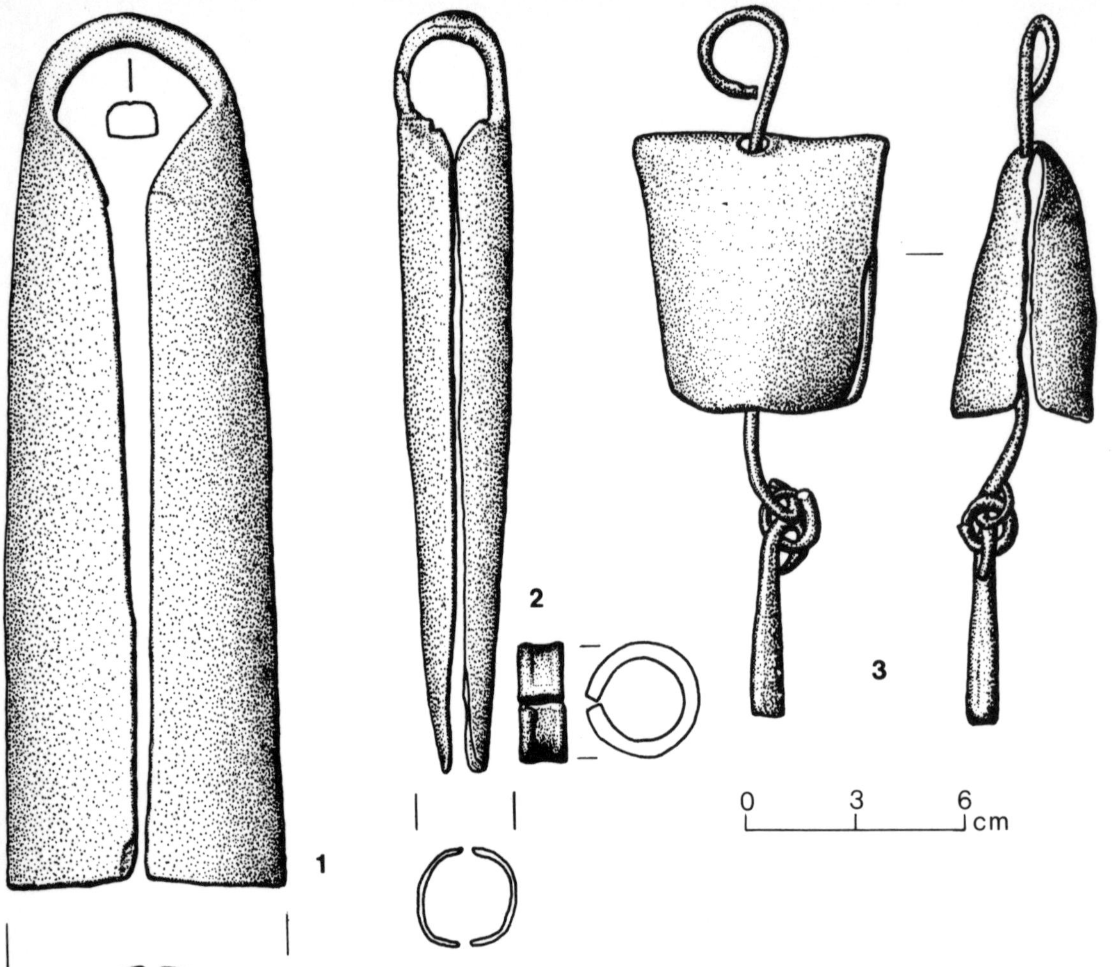

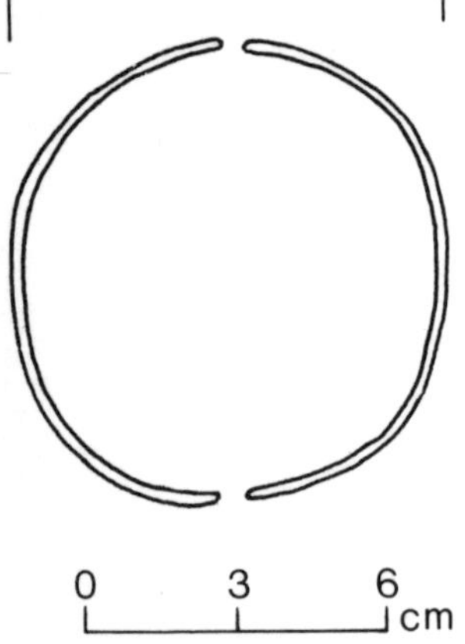

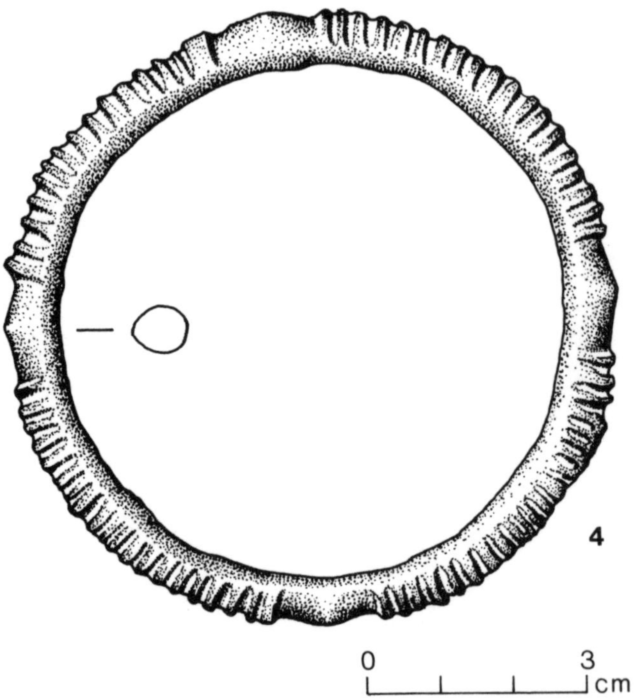

Fig. 49: Metallobjekte aus den Fundarealen A, B und C (Nr. 1–3 aus Eisen, Nr. 4 aus Kupfer).
1: große Außenanschlagglocke; Alt-Niansoghoni, Haus 1.
2: Außenanschlagglocke mit Anschlagring; Grotte VI.
3: Handglocke; Grotte VI.
4: Armring; Grotte IV, Speicher 1.

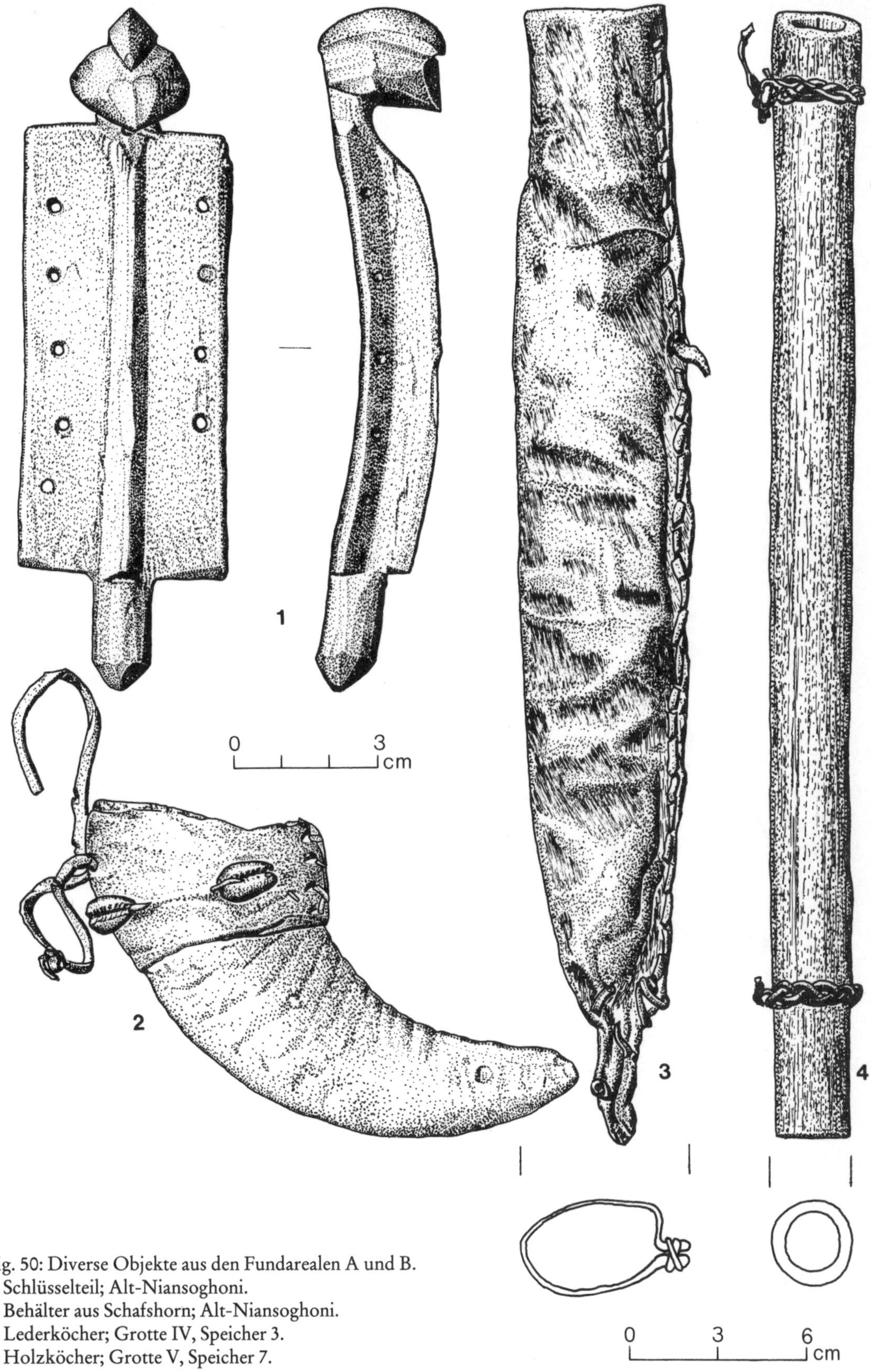

Fig. 50: Diverse Objekte aus den Fundarealen A und B.
1: Schlüsselteil; Alt-Niansoghoni.
2: Behälter aus Schafshorn; Alt-Niansoghoni.
3: Lederköcher; Grotte IV, Speicher 3.
4: Holzköcher; Grotte V, Speicher 7.

Fig. 51: Der Felsbildfelsen *pyeslayaba*, Fundareal C; N 80°, Or 90°, größte Höhe 345 cm.

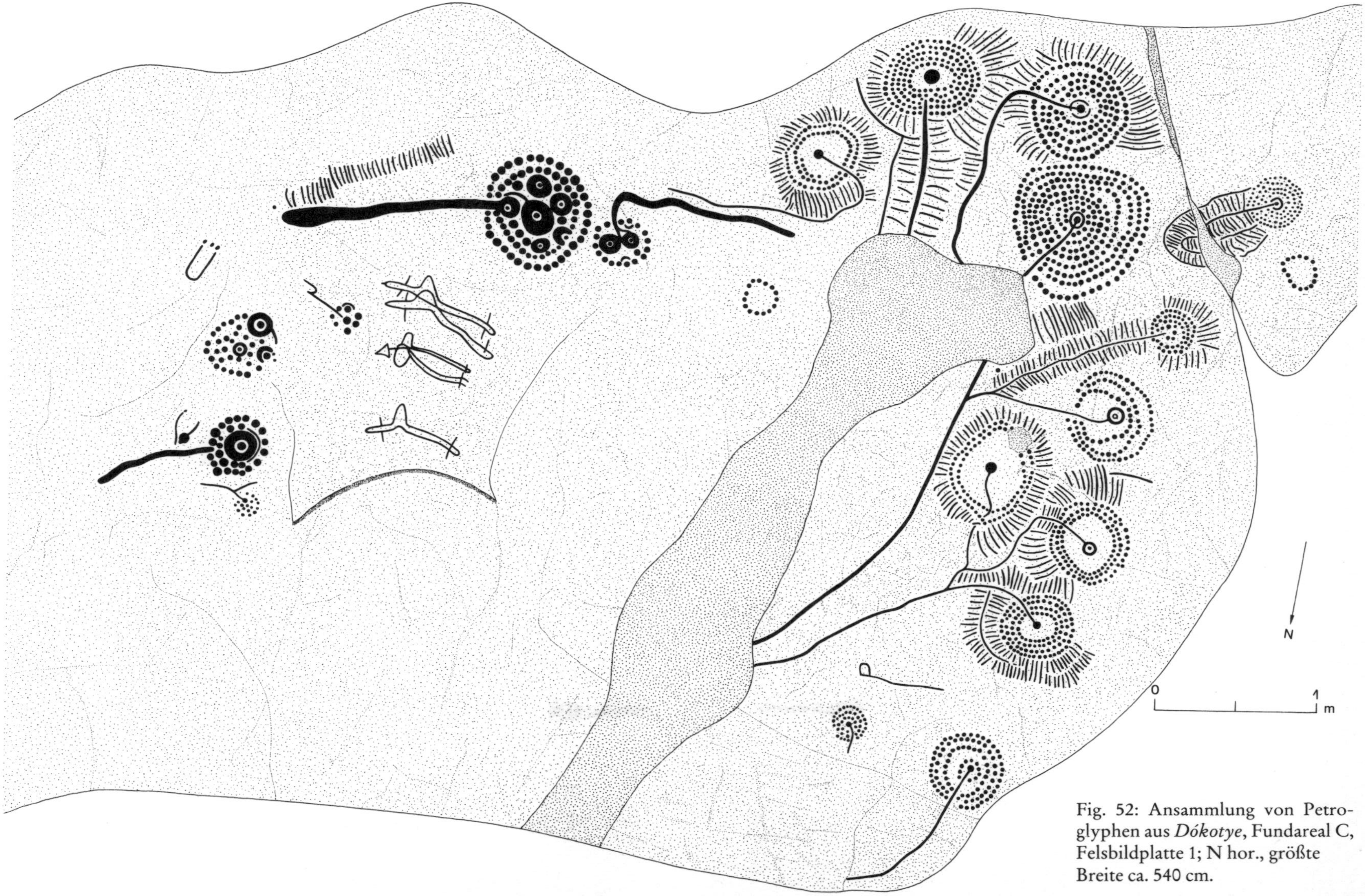

Fig. 52: Ansammlung von Petroglyphen aus *Dókotye*, Fundareal C, Felsbildplatte 1; N hor., größte Breite ca. 540 cm.

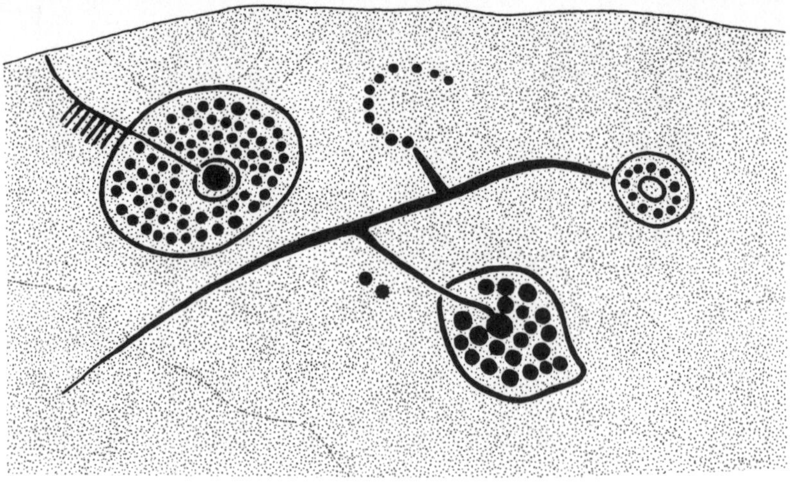

Fig. 53 ↑

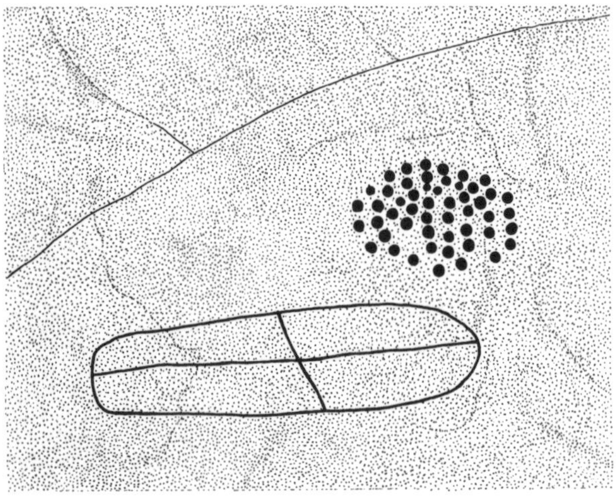

Fig. 54 ↑

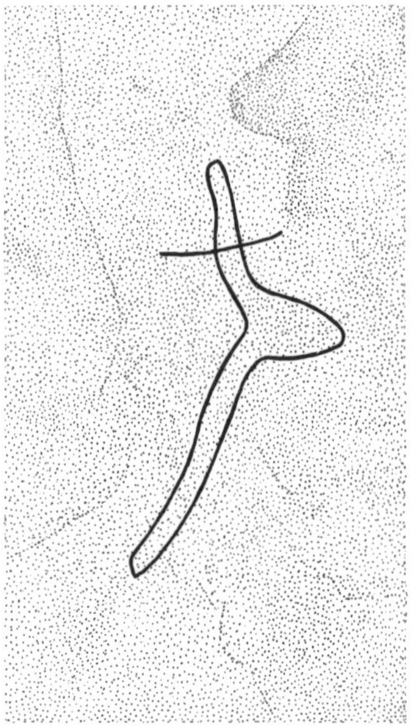

Fig. 55 ↑

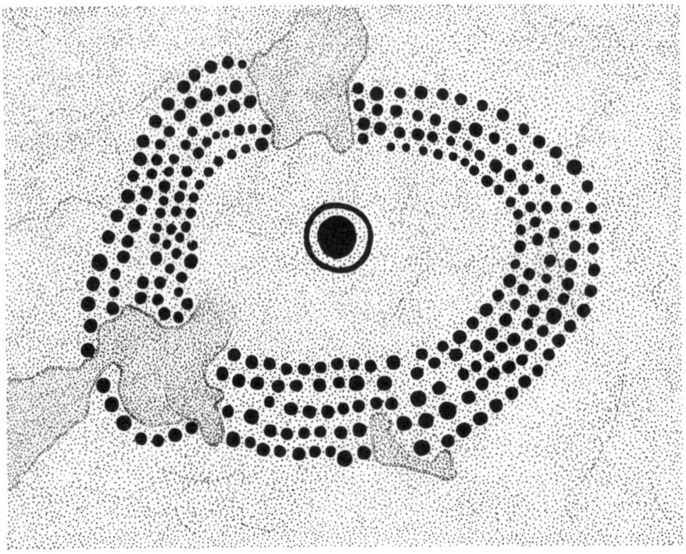

Fig. 56 ←

0 50 cm

Fig. 53–56: Diverse Petroglyphen aus *Dókotye*, Fundareal C, Felsbildplatte 2; N (alle) hor.

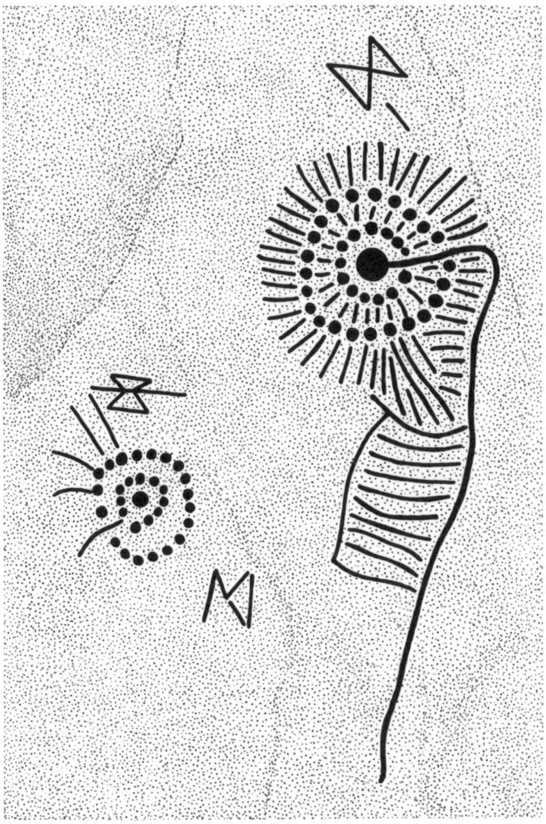

← Fig. 57

→ Fig. 58

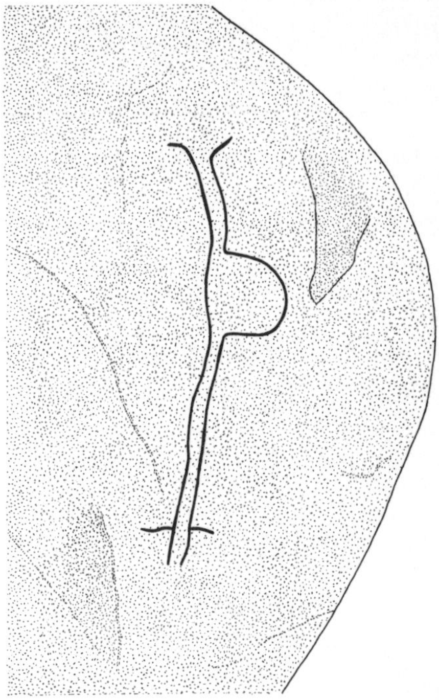

Fig. 57–59: Diverse Petroglyphen aus *Dókotye*, Fundareal C. Fig. 58: Felsbildplatte 1, Fig. 57 und 59: Felsbildplatte 2; N (alle) hor.

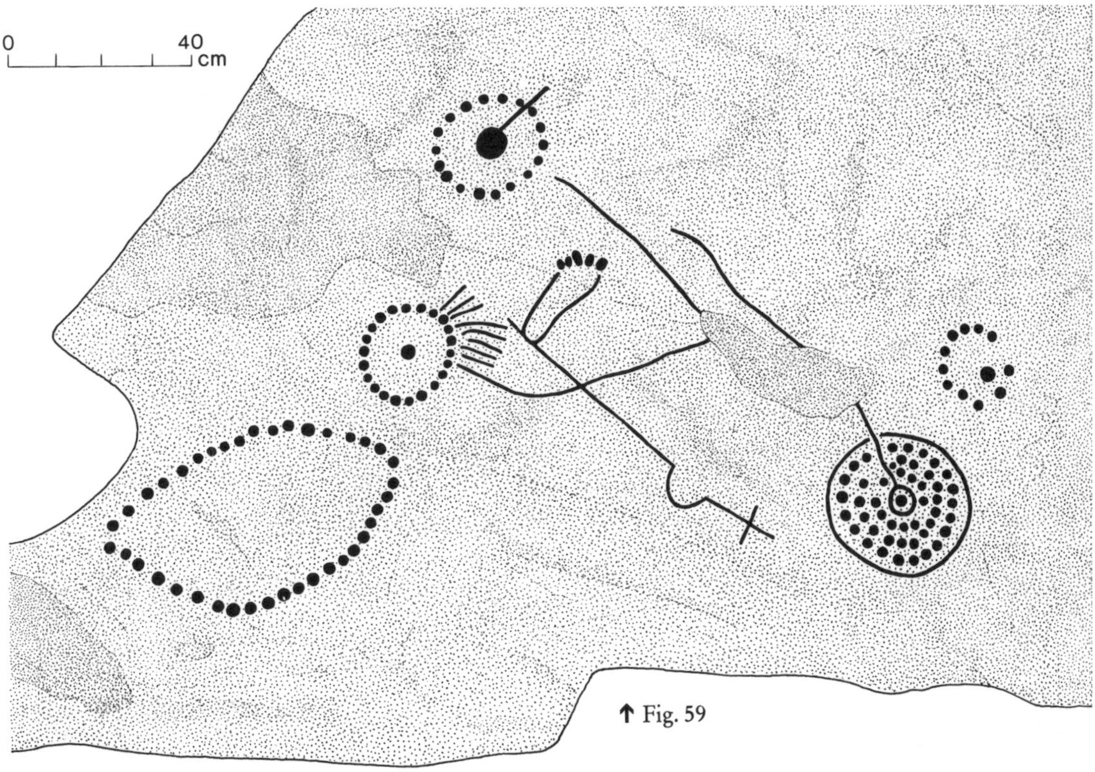

↑ Fig. 59

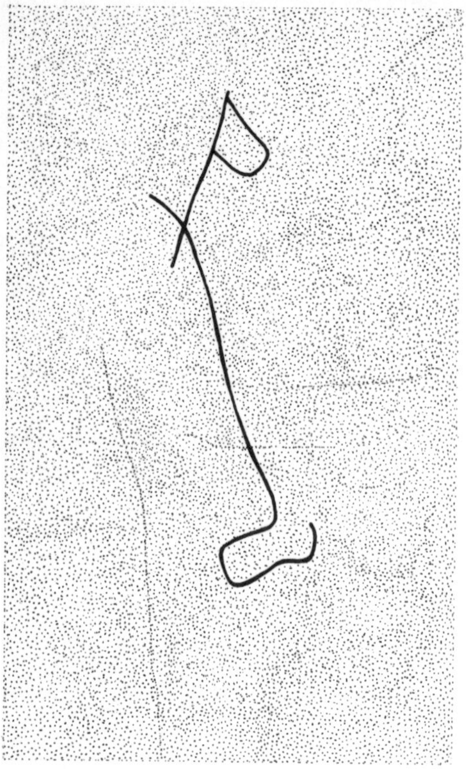

Fig. 60

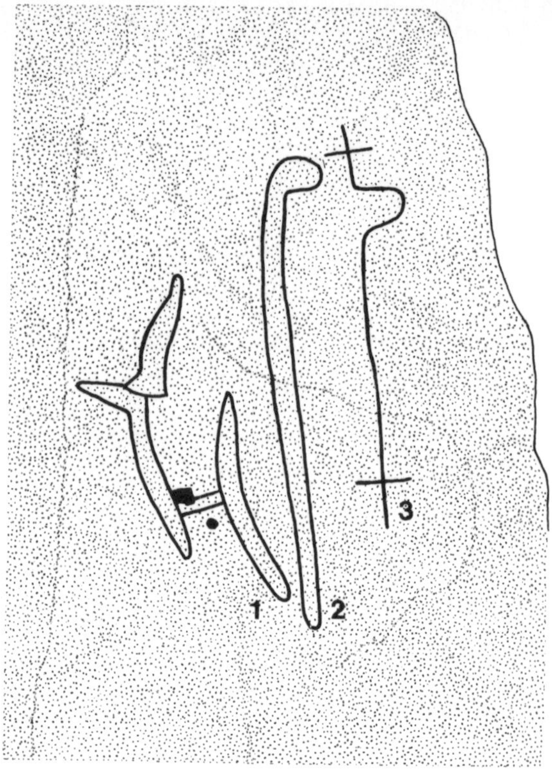

Fig. 61

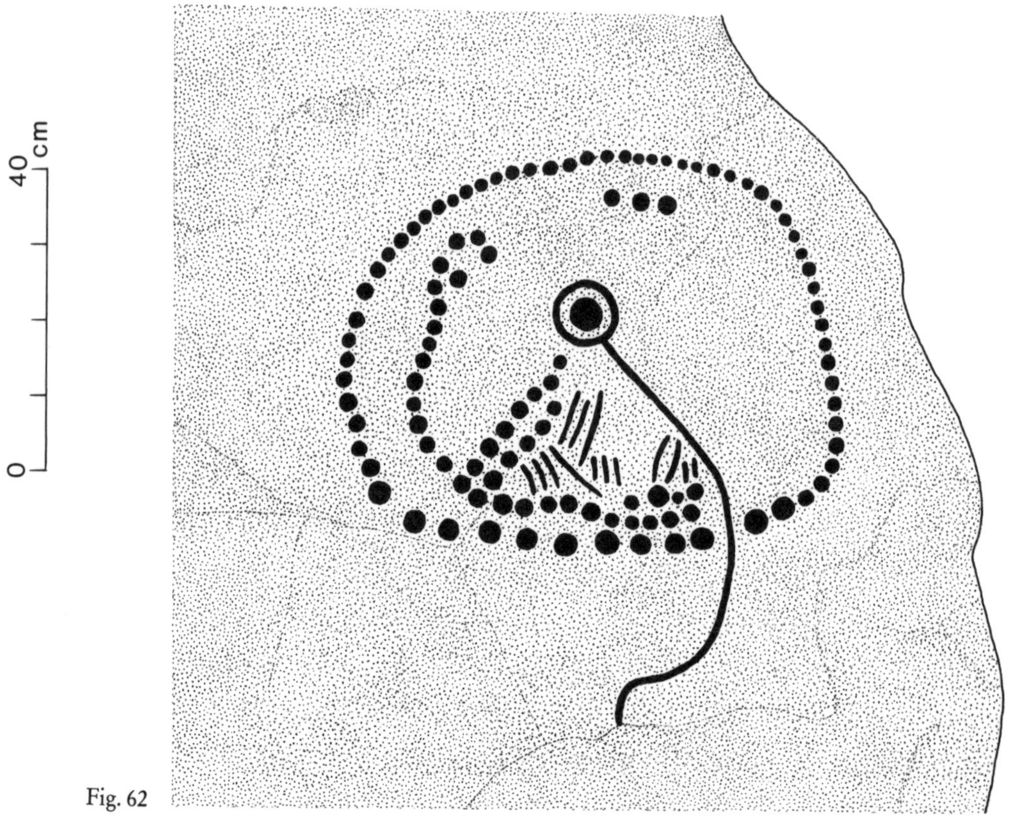

Fig. 62

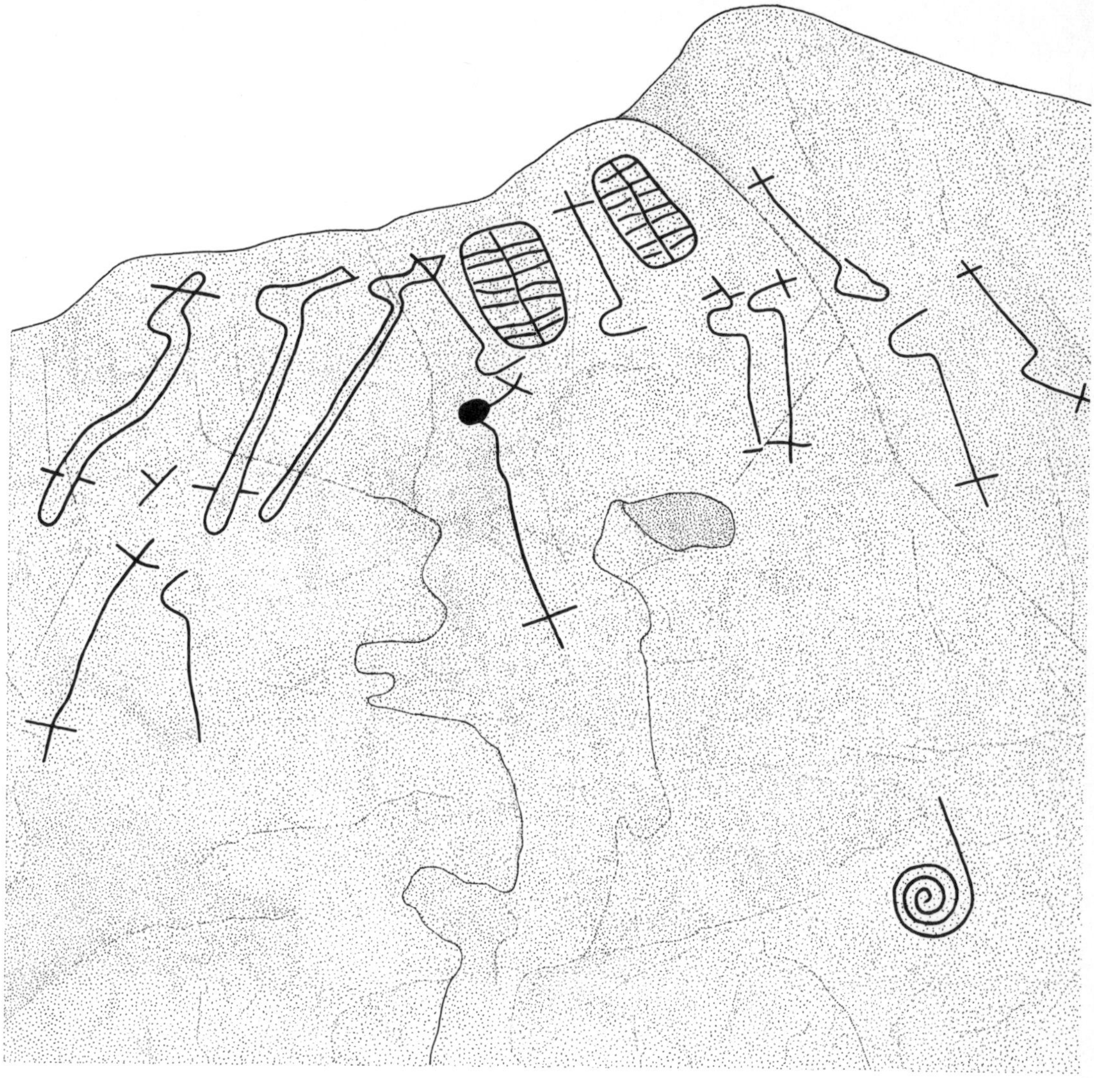

Fig. 63

Fig. 60–65: Diverse Petroglyphen aus *Dókotye*, Fundareal C, sämtliche Darstellungen befinden sich auf Felsbildplatte 2; N (alle) hor.

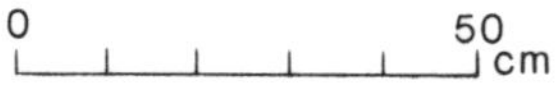

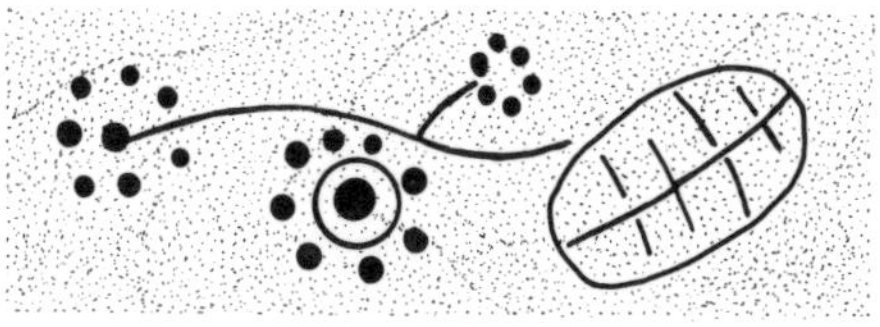

←
Fig. 64

→
Fig. 65

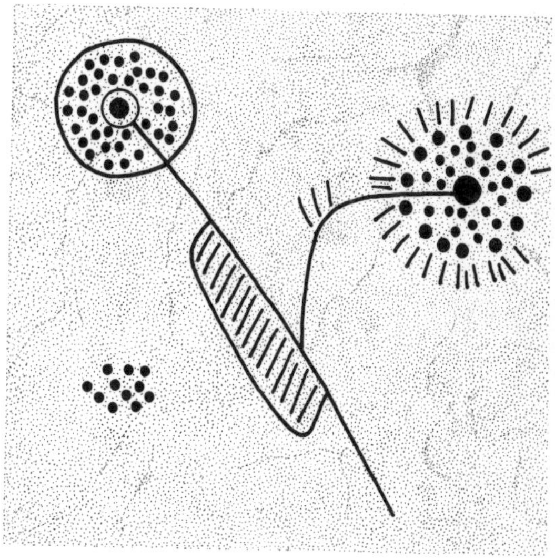

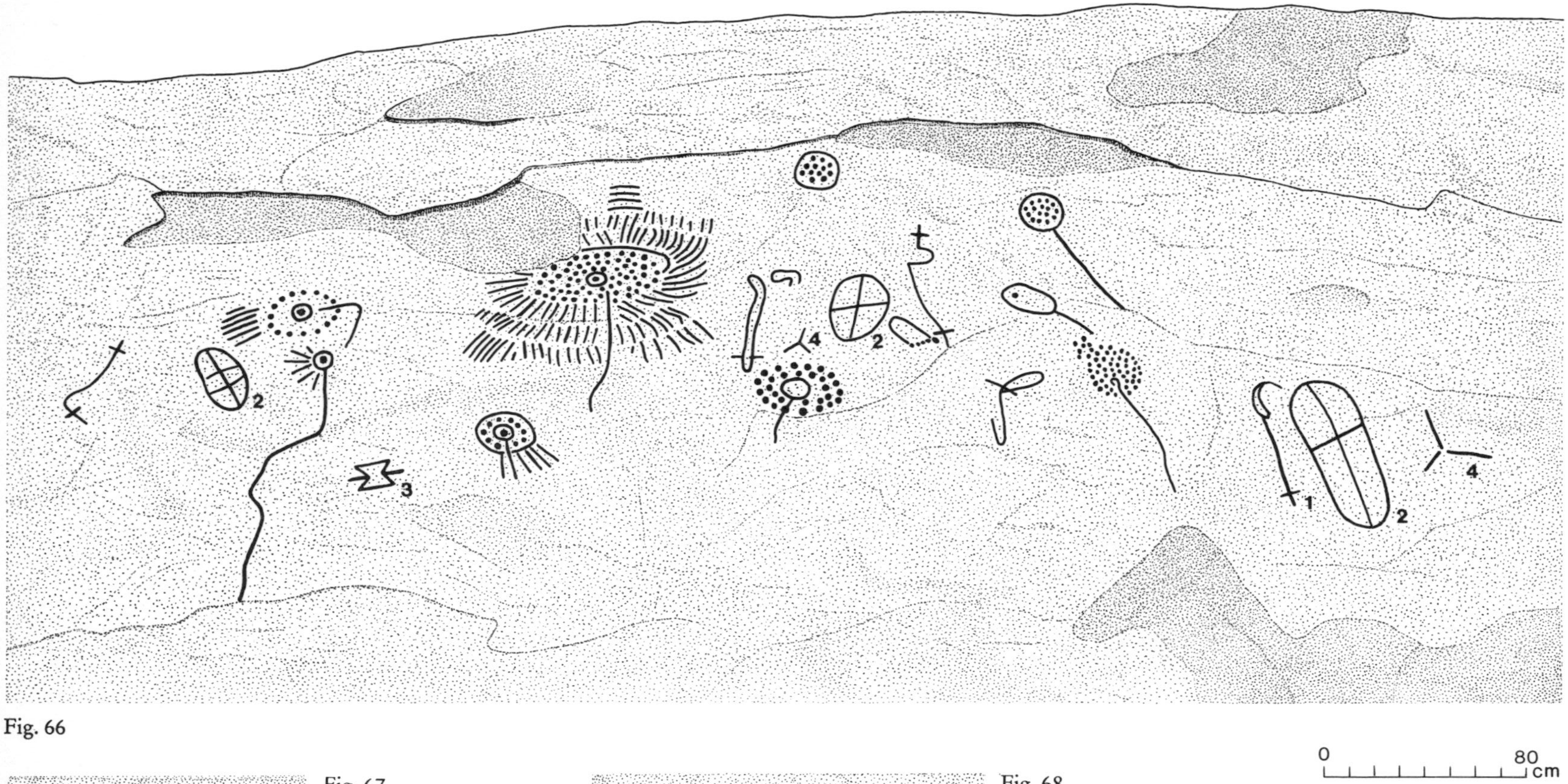

Fig. 66

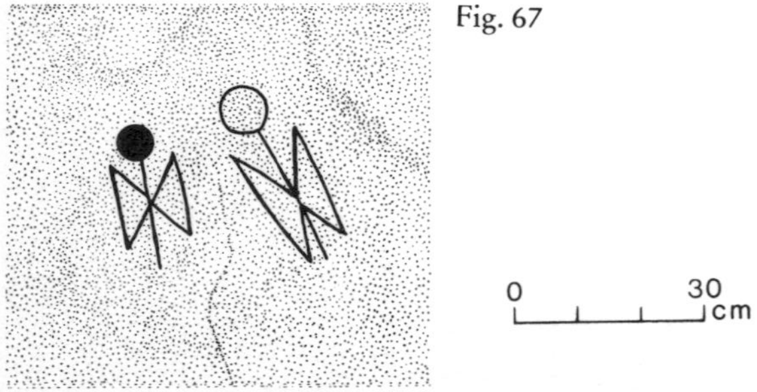

Fig. 67

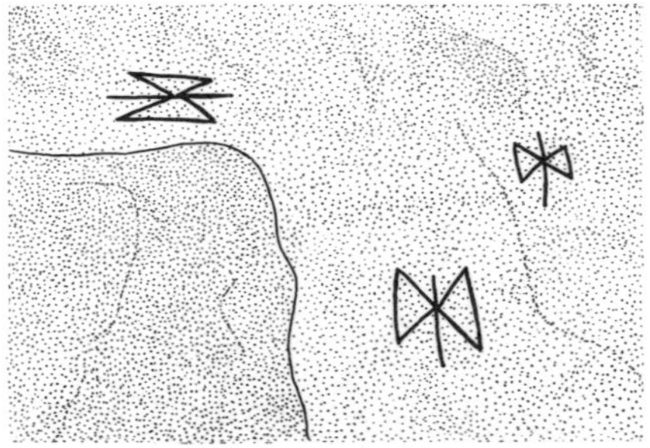

Fig. 68

Fig. 66–68: Petroglyphen aus *Dókotye*, Fundareal C.
Fig. 66: Felsbildplatte 2, Fig. 67 und 68: Felsbildplatte 2 A; N (alle) hor.

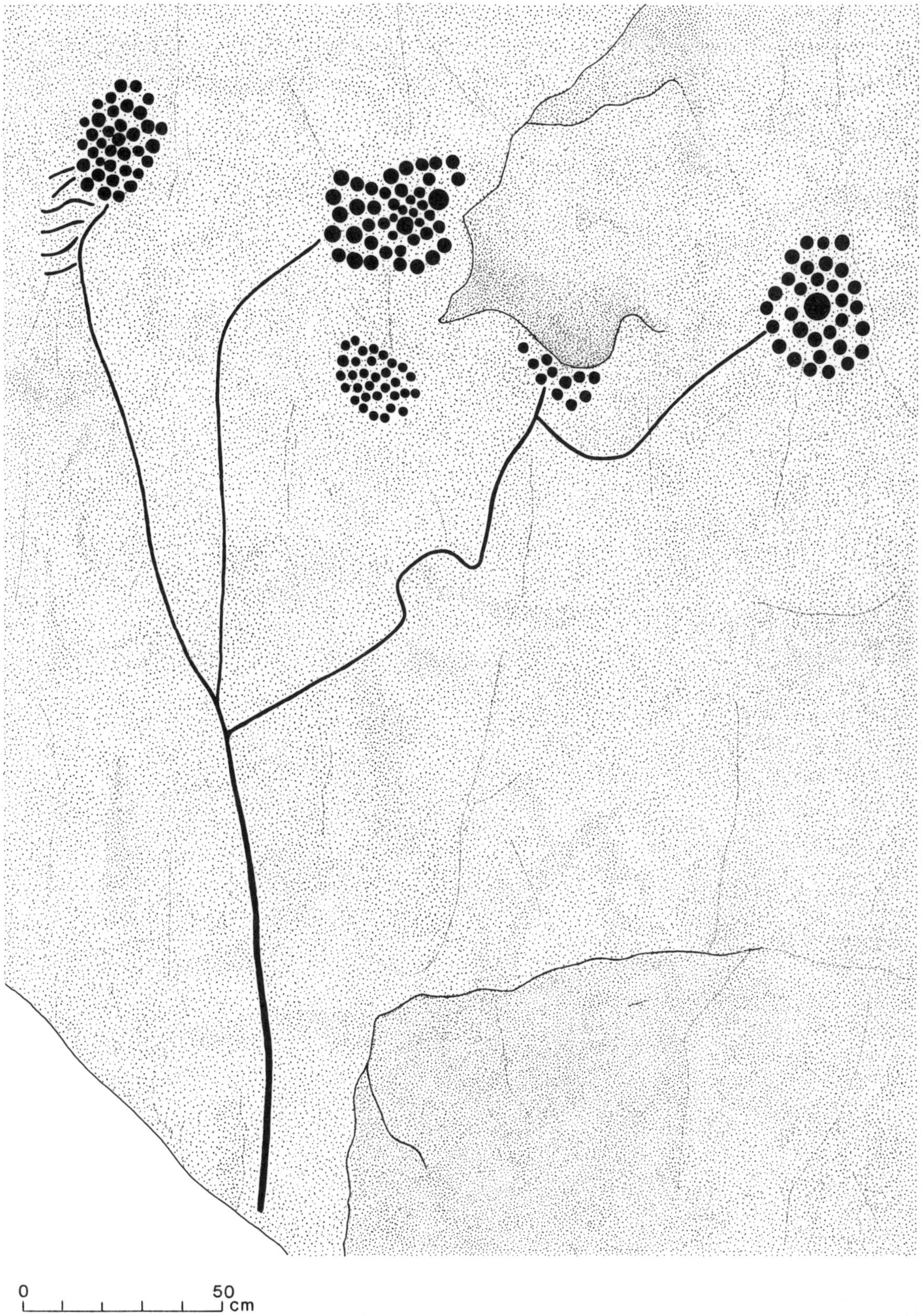

Fig. 69: Petroglyphen aus *Dókotye*, Fundareal C, Felsbildplatte 3; N hor.

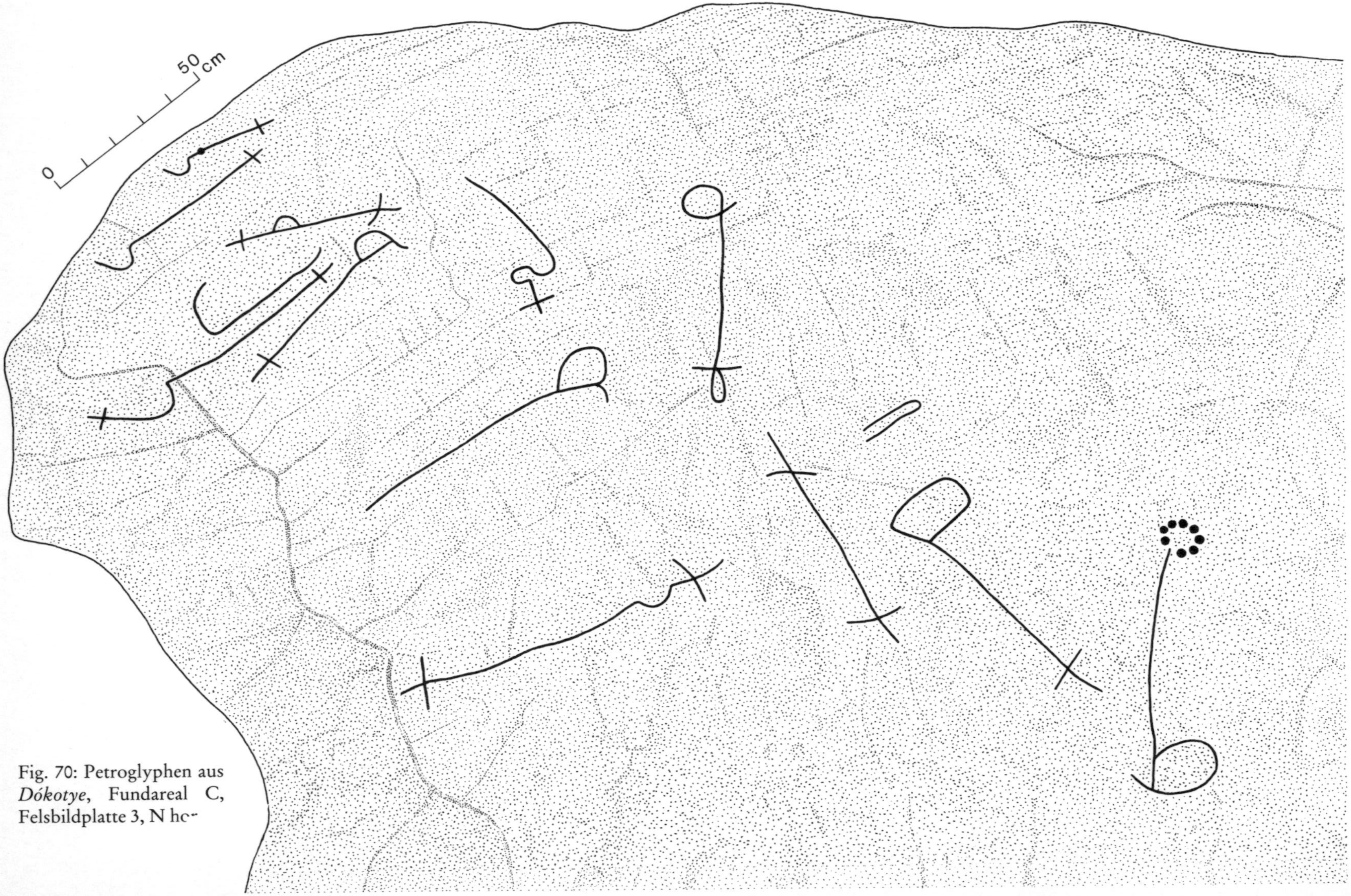

Fig. 70: Petroglyphen aus *Dókotye*, Fundareal C, Felsbildplatte 3, N hc-

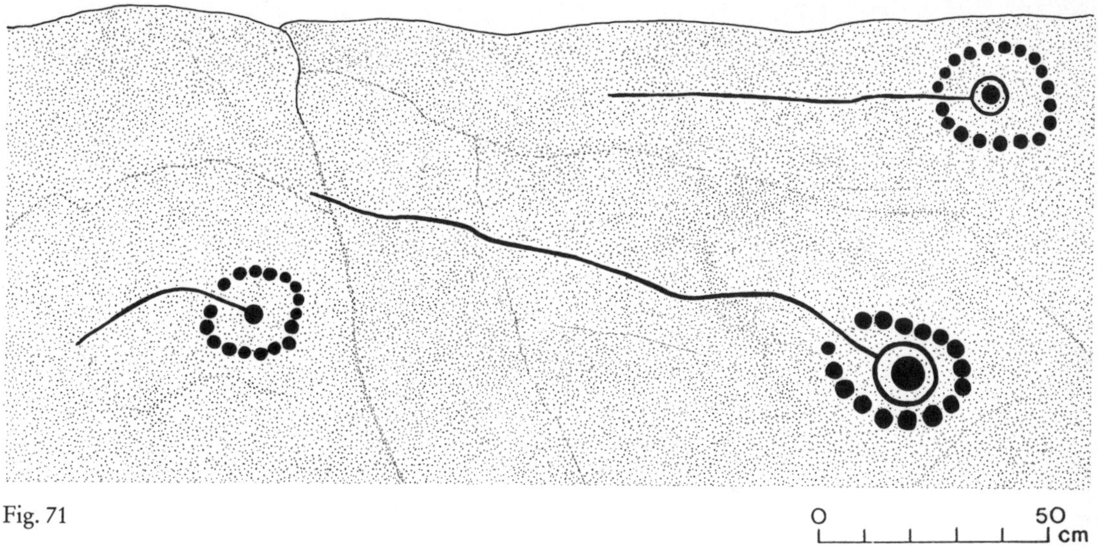

Fig. 71

Fig. 71–73: Diverse Petroglyphen aus *Dókotye*, Fundareal C. Fig. 71: Felsbildplatte 3, Fig. 72 und 73: Felsbildplatte 6; N (alle) hor.

← Fig 72

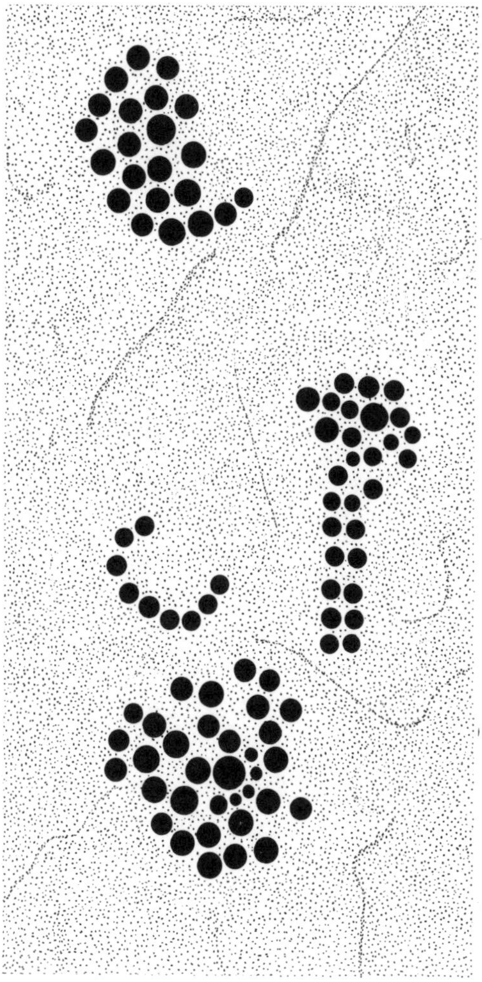

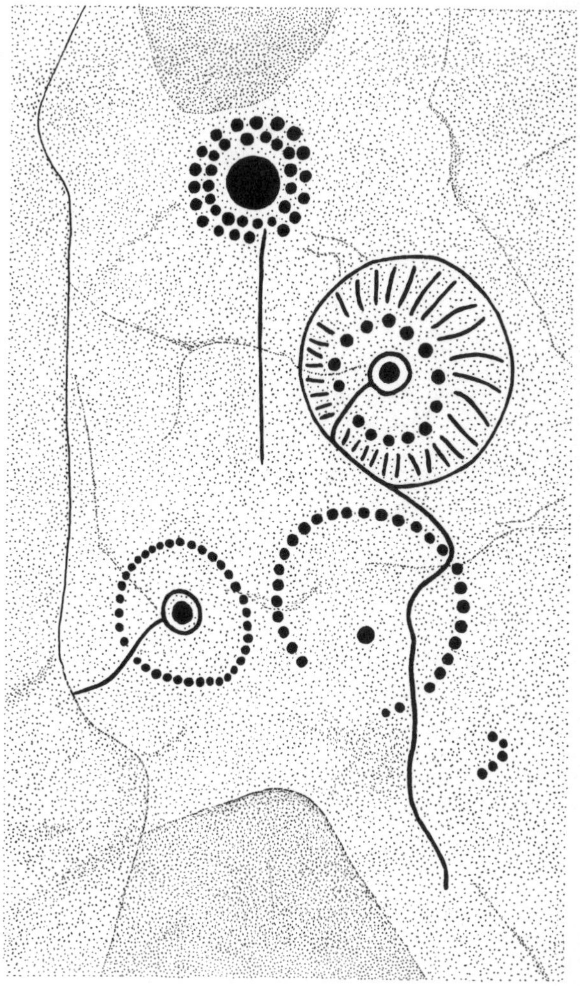

→ Fig. 73

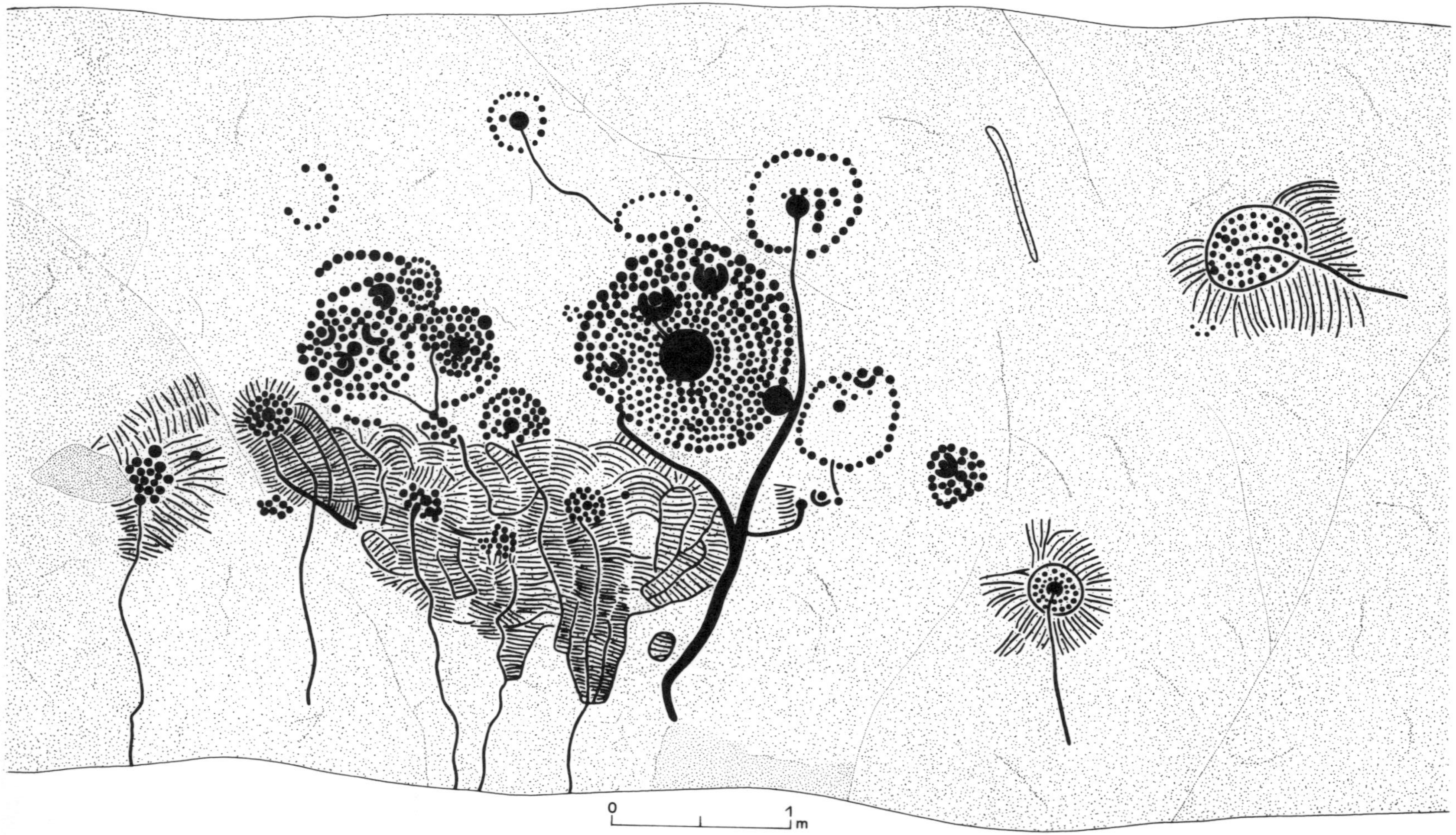

Fig. 74: Ansammlung von Petroglyphen aus *Dókotye*, Fundareal C, Felsbildplatte 5; N hor. – 70°.

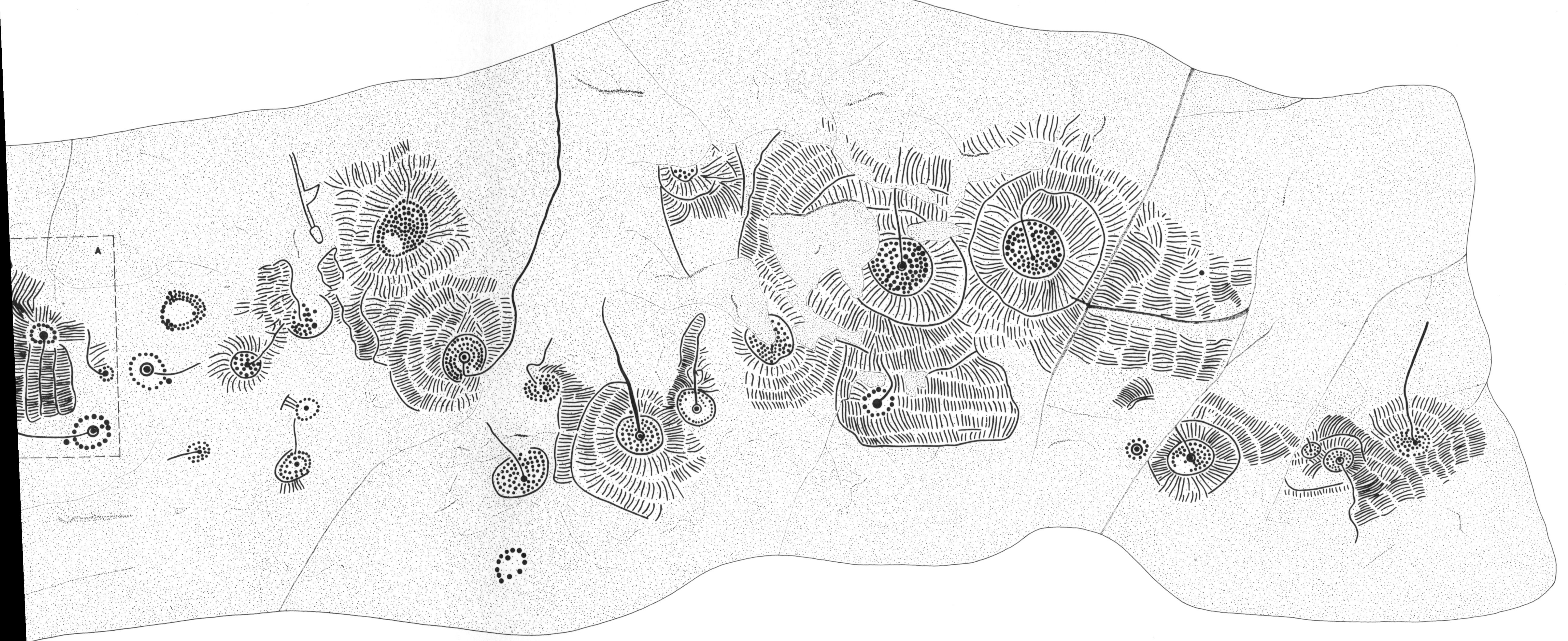

g von Petrogylphen aus *Dókotye*, Fundareal C, Felsbildplatte 4; N hor., Länge der Szene:
g von 50° nach 230°, A: Silikonkautschukabzug und Polyesterabguß s. Abb. 24.

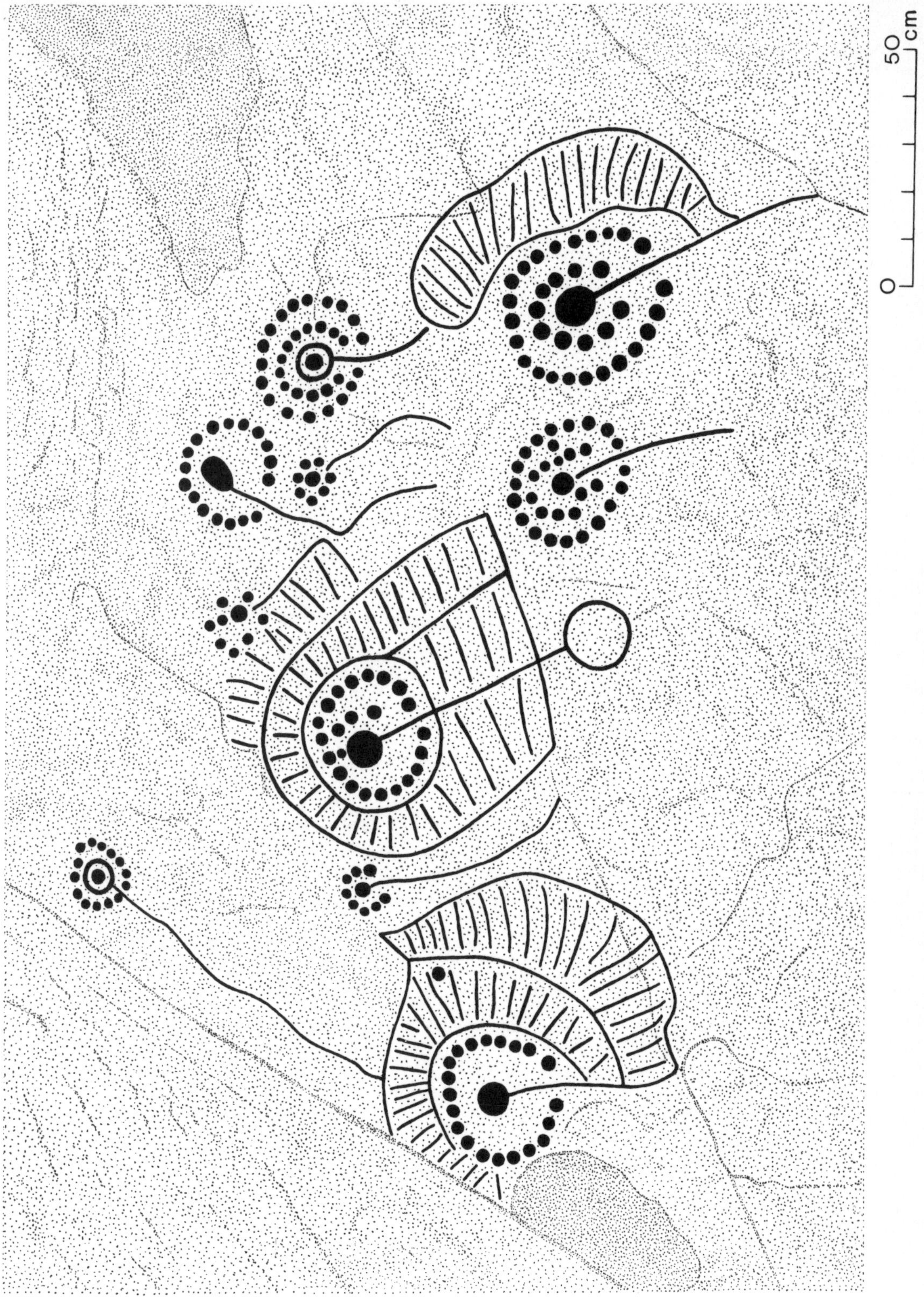

Fig. 76: Petrogylphen aus *Dókotye*, Fundareal C, Felsbildplatte 6; N hor.

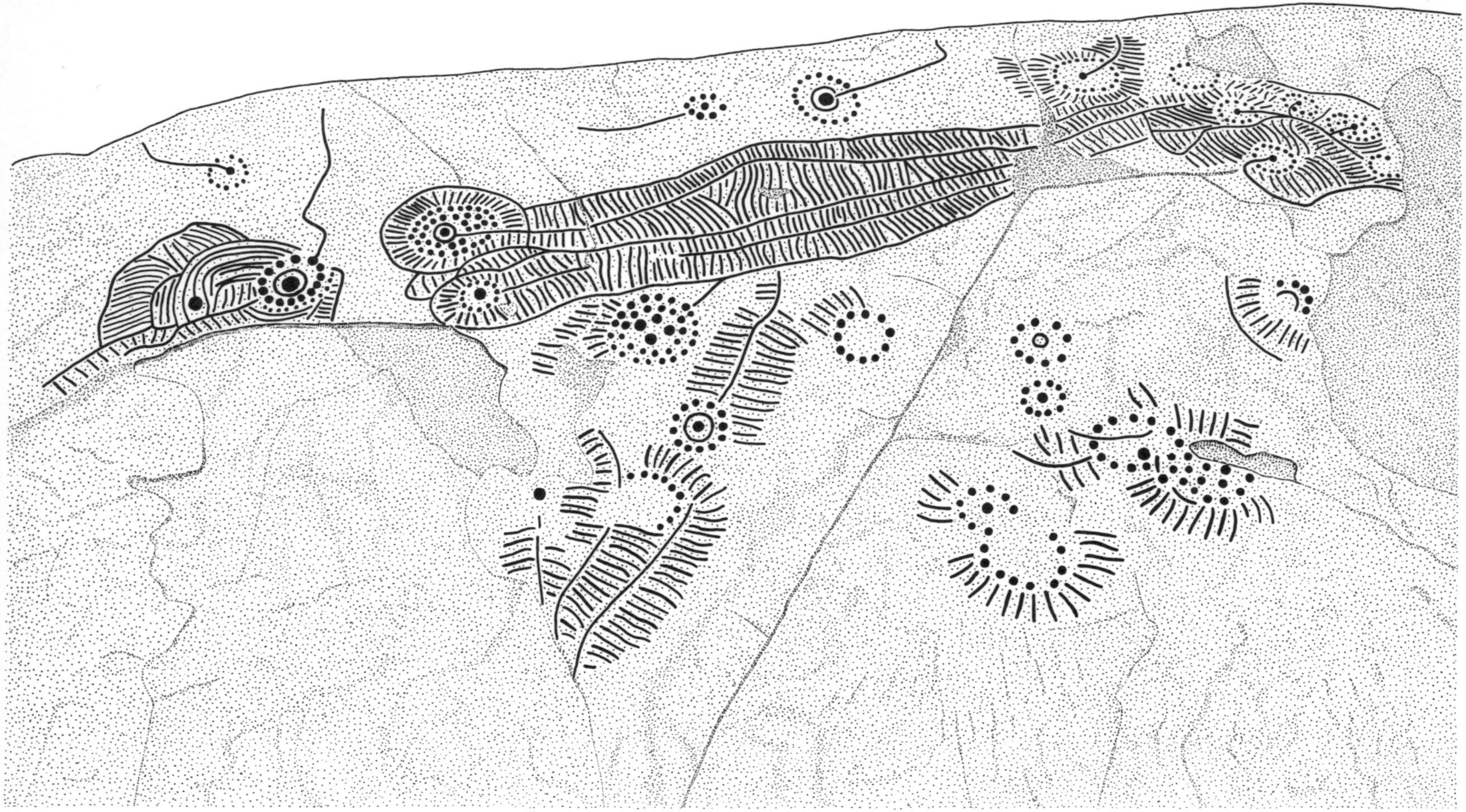

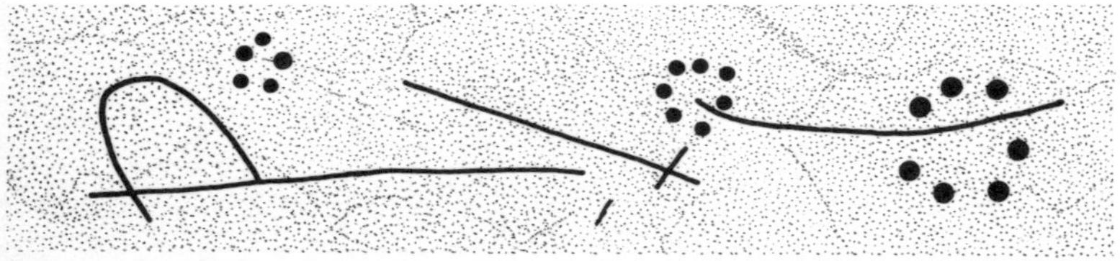

↑ Fig. 77

← Fig. 78

0 50 cm

Fig. 77 und 78: Petroglyphen aus *Dókotye*, Fundareal C, Felsbildplatte 6; N (alle) hor.

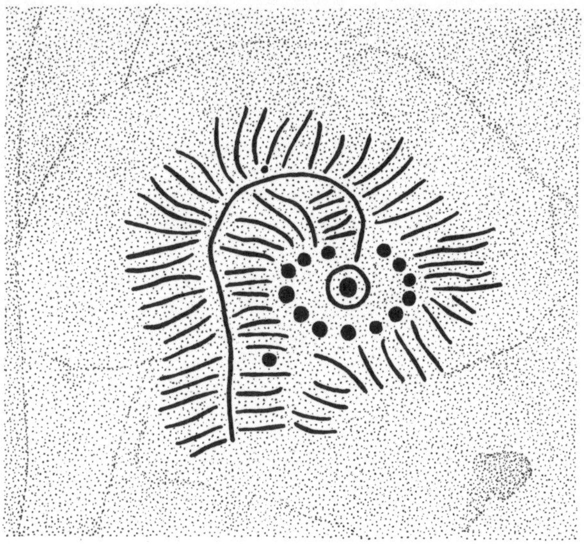

Fig. 79

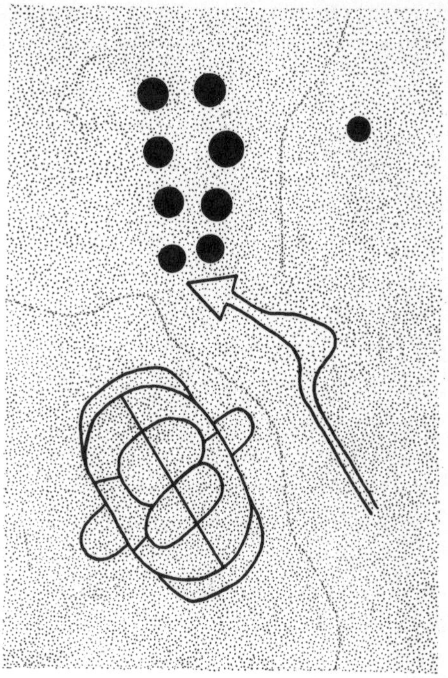

Fig. 80

Fig. 79 und 80: Petroglyphen aus *Dókotye*, Fundareal C.
Fig. 79: Felsbildplatte 6, Fig. 80: zwischen Felsbildplatte 5 und 6; N (alle) hor.

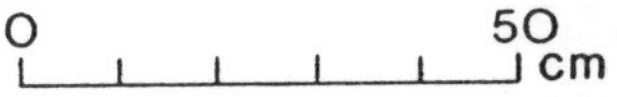

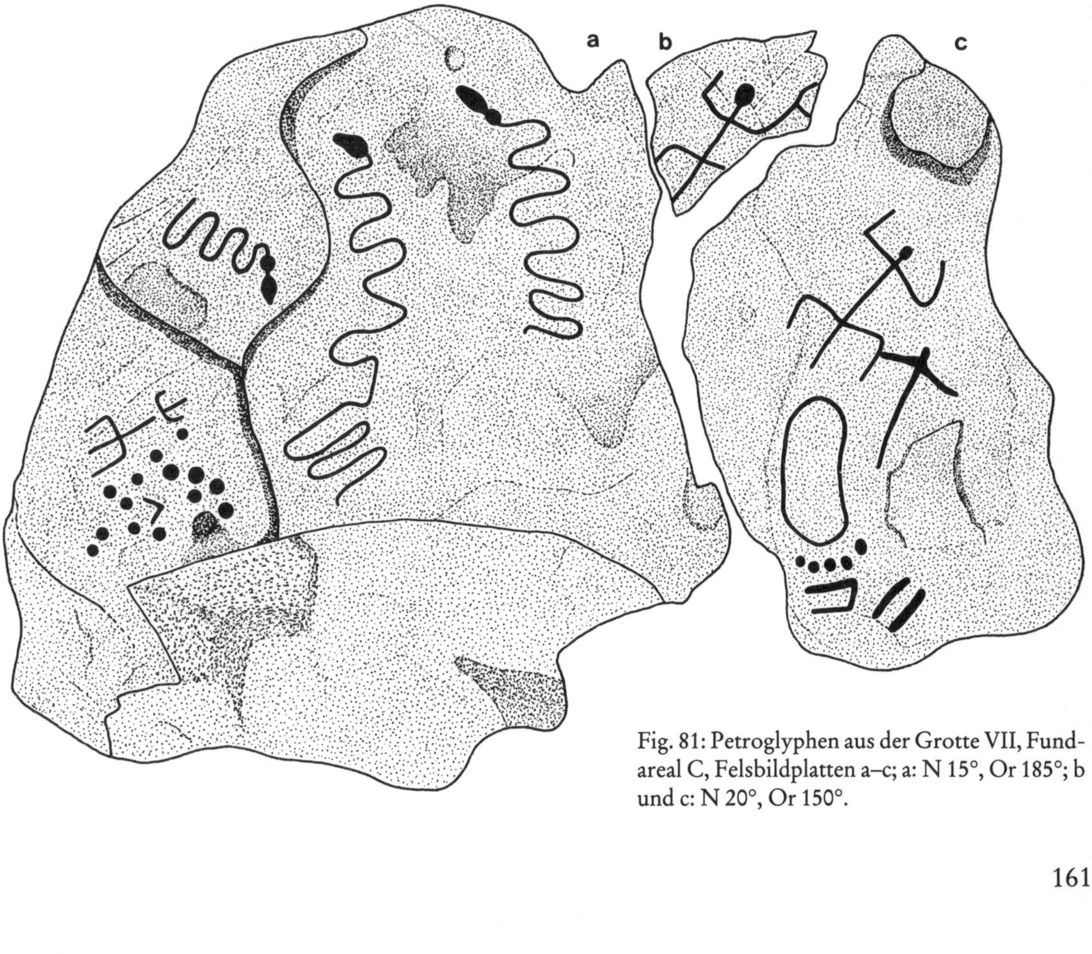

Fig. 81: Petroglyphen aus der Grotte VII, Fundareal C, Felsbildplatten a–c; a: N 15°, Or 185°; b und c: N 20°, Or 150°.

e

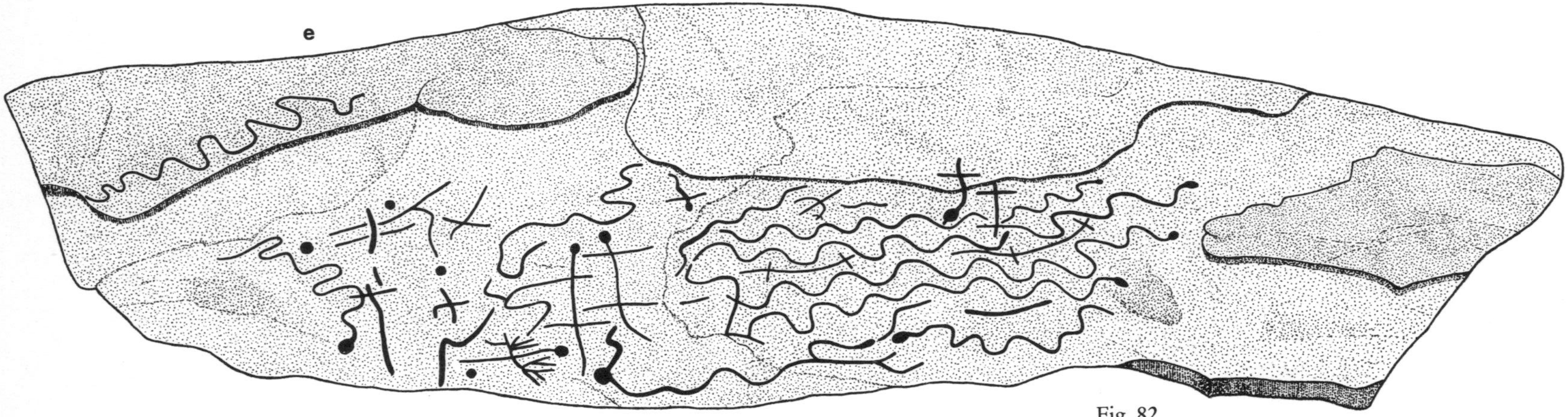

Fig. 82

d →

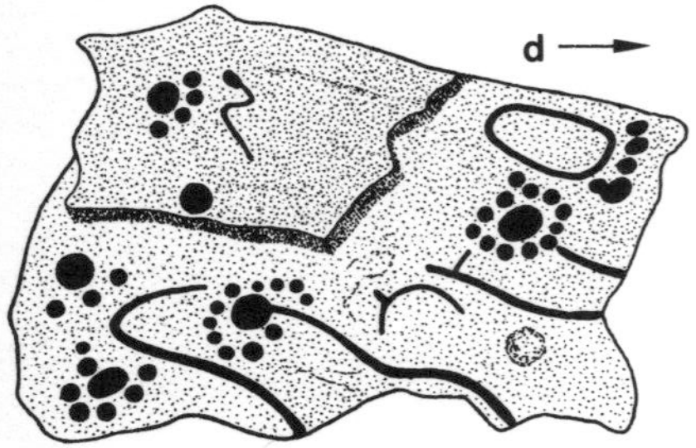

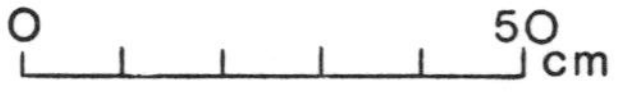

Fig. 82–85: Petroglyphen aus der Grotte VII, Fundareal C, Felsbildplatten d–g. d: N 20°, Or 135°; e: N 35°, Or 190°; f: N 35°, Or 150°; g: N 55°, Or 180°.

↑ Fig. 83
↓ Fig. 84

g

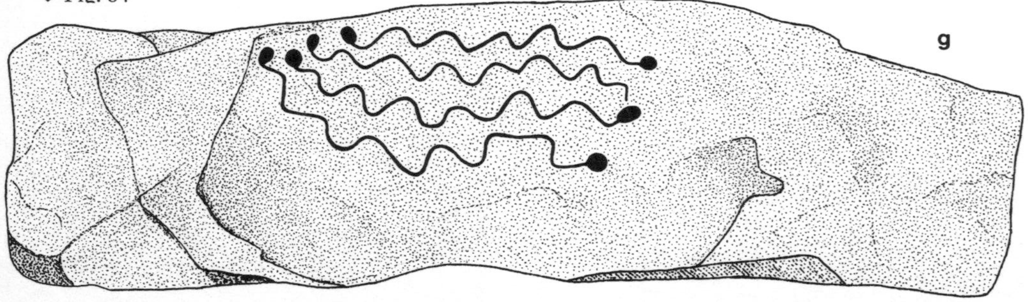

Fig. 85

f

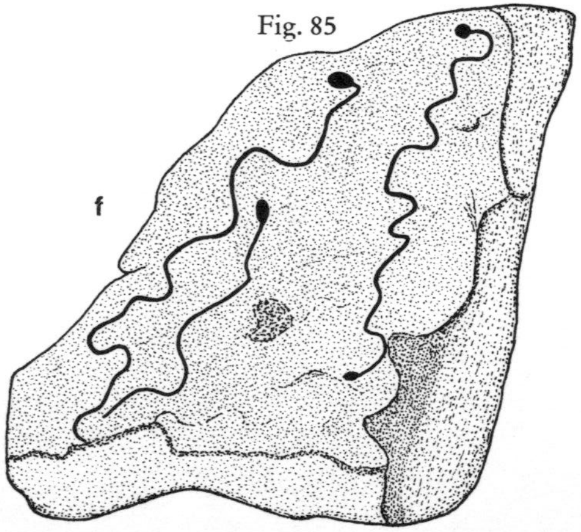

Fig. 86

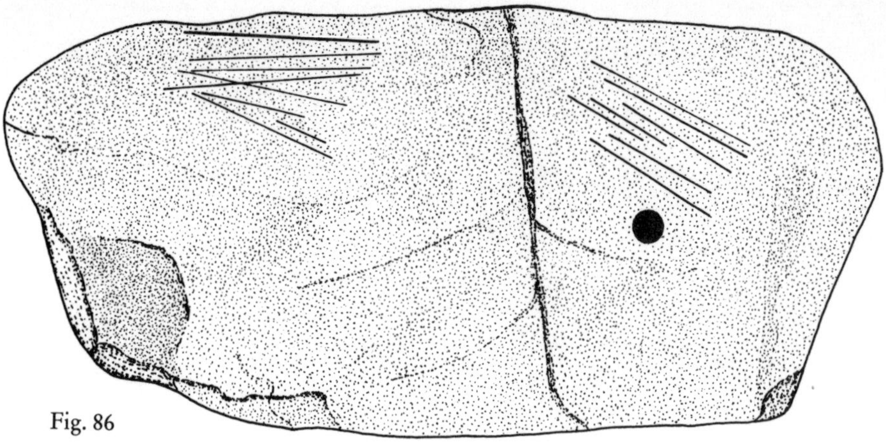

Fig. 87

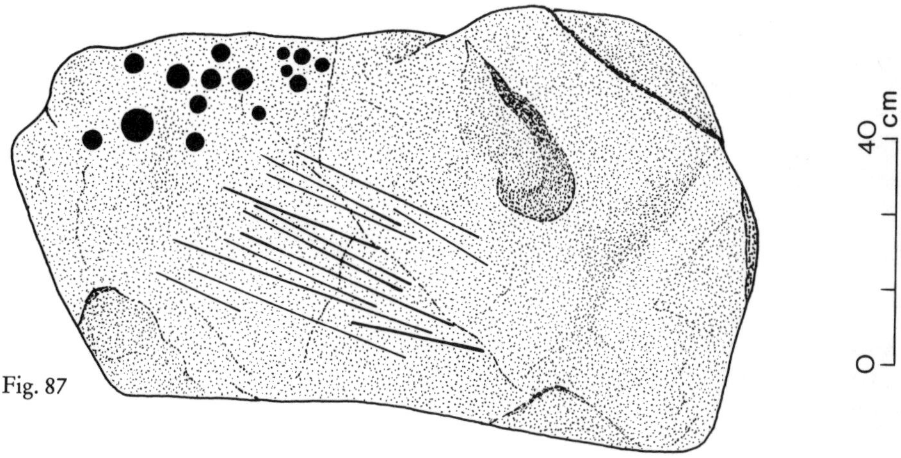

Fig. 86–89: Punktgruppen und eingeschliffene Rillen aus der Grotte VII, Fundareal C. Fig. 86–88 befinden sich am östlichen, Fig. 89 liegt am westlichen Ende der Grotte; N (alle) hor.

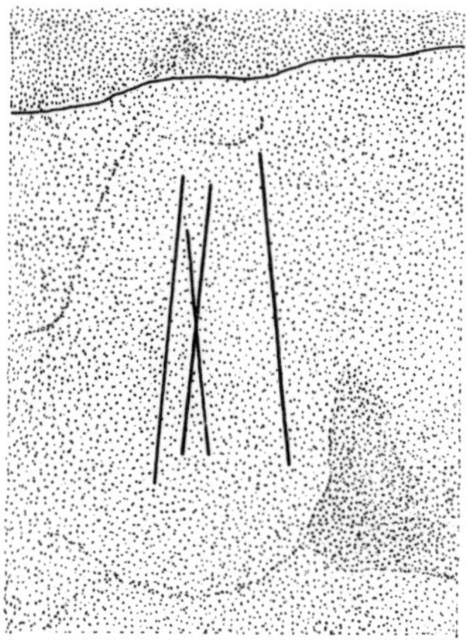

← Fig. 88

→ Fig. 89

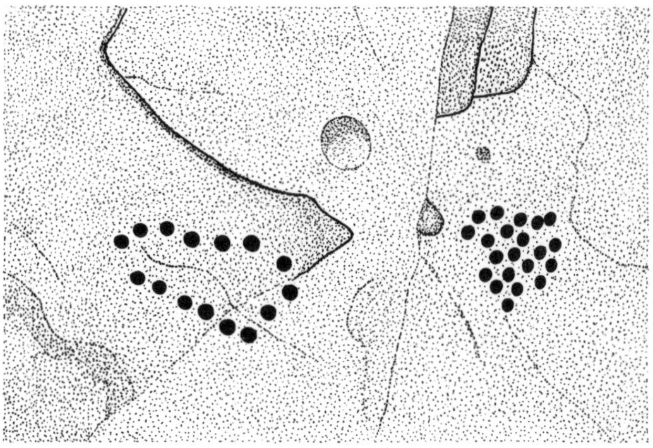

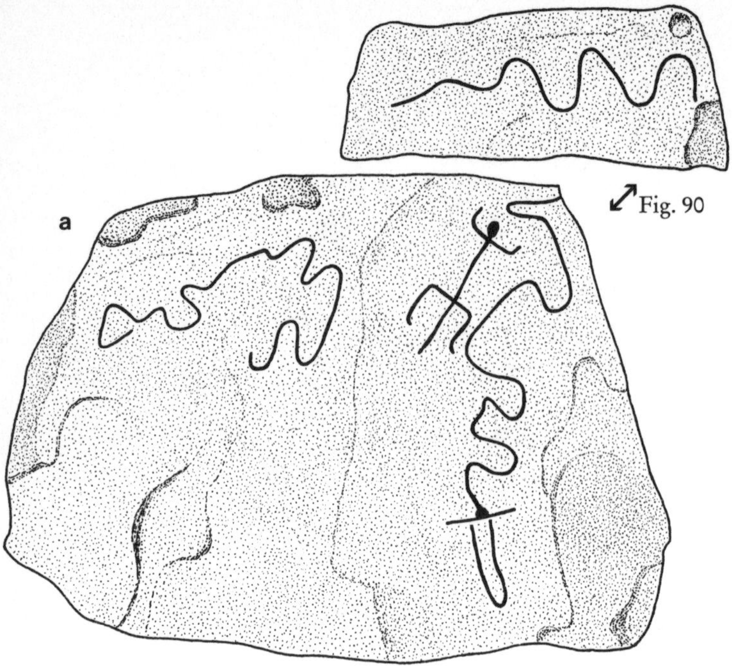

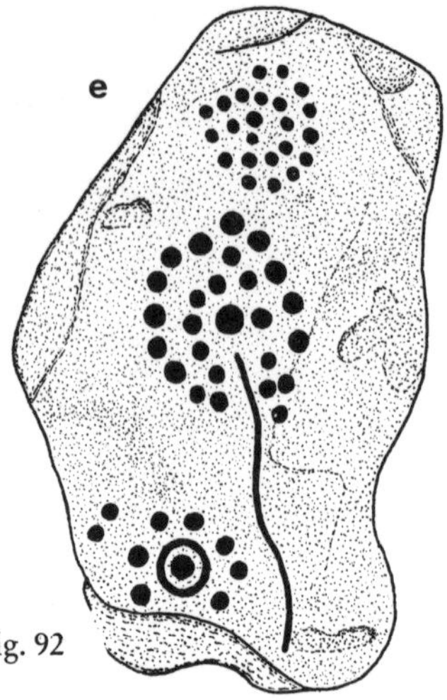

Fig. 92

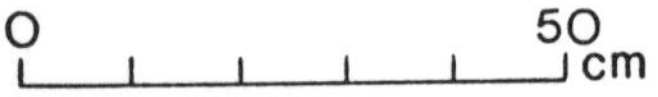

Fig. 90–92: Petroglyphen aus der Grotte VIII, Fundareal C. Felsbildplatte a: N 30°, Or 270°; d: N 65°, Or 355°; e: N 80°, Or 130°.

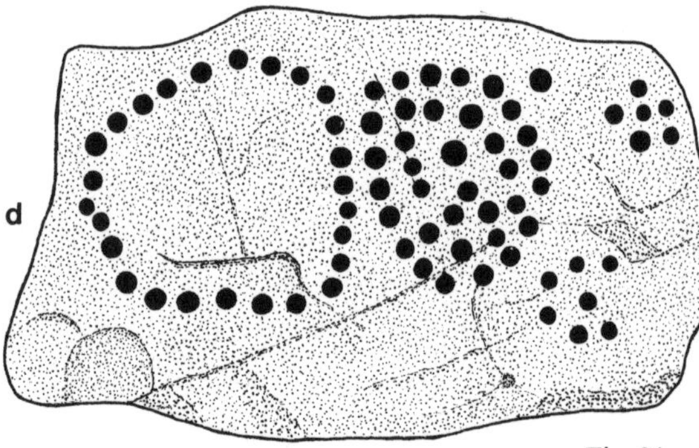

Fig. 91

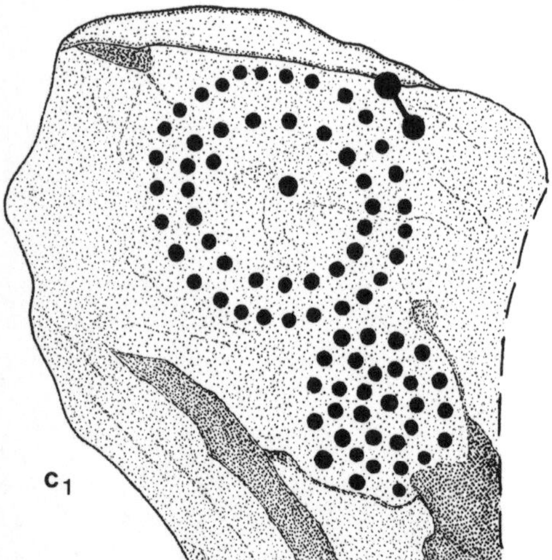

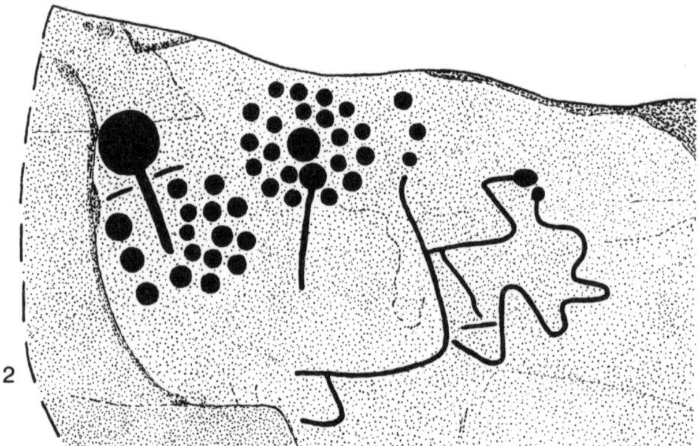

Fig. 93 und 94: Die Felsbildplatten c_1 und c_2 (auf einem Felsblock liegend) aus der Grotte VIII. c_1: N 55°, Or 15°; c_2: N 60°, Or 310°.

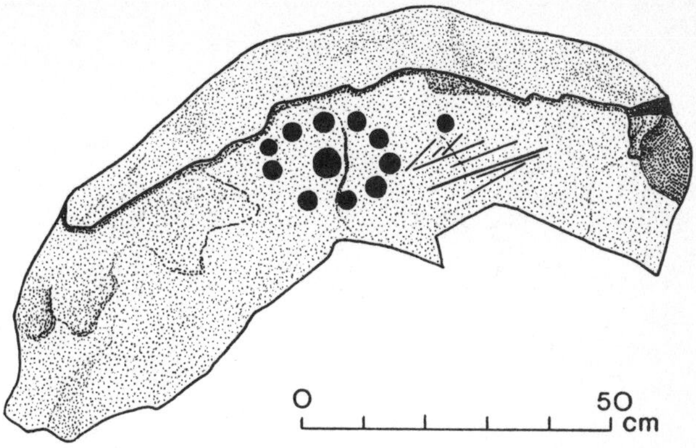

↑ Fig. 95: Punktgruppe und Rillen, 13 m westlich von Grotte VIII, Fundareal C; N hor.

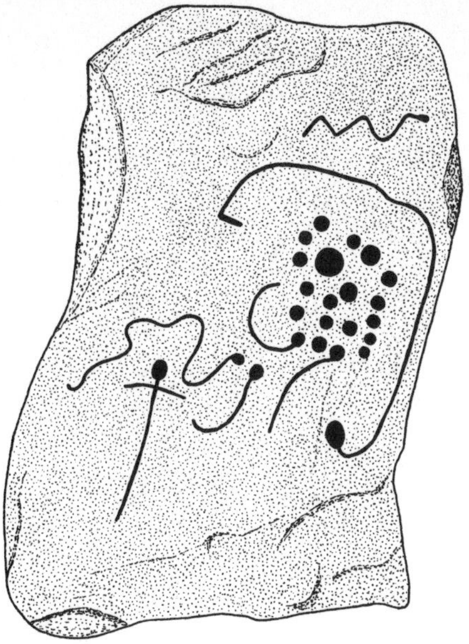

← Fig. 96: Felsbildplatte b aus der Grotte VIII, Fundareal C; N 60°, Or 135°.

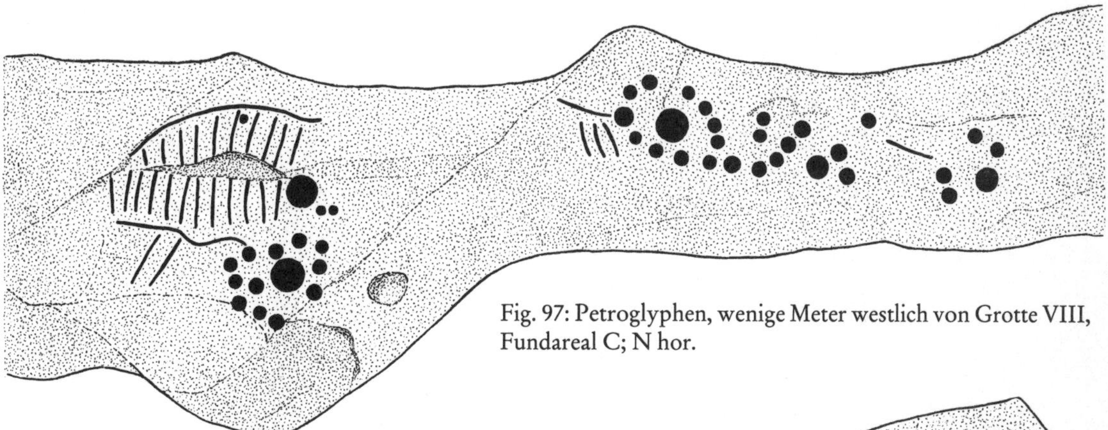

Fig. 97: Petroglyphen, wenige Meter westlich von Grotte VIII, Fundareal C; N hor.

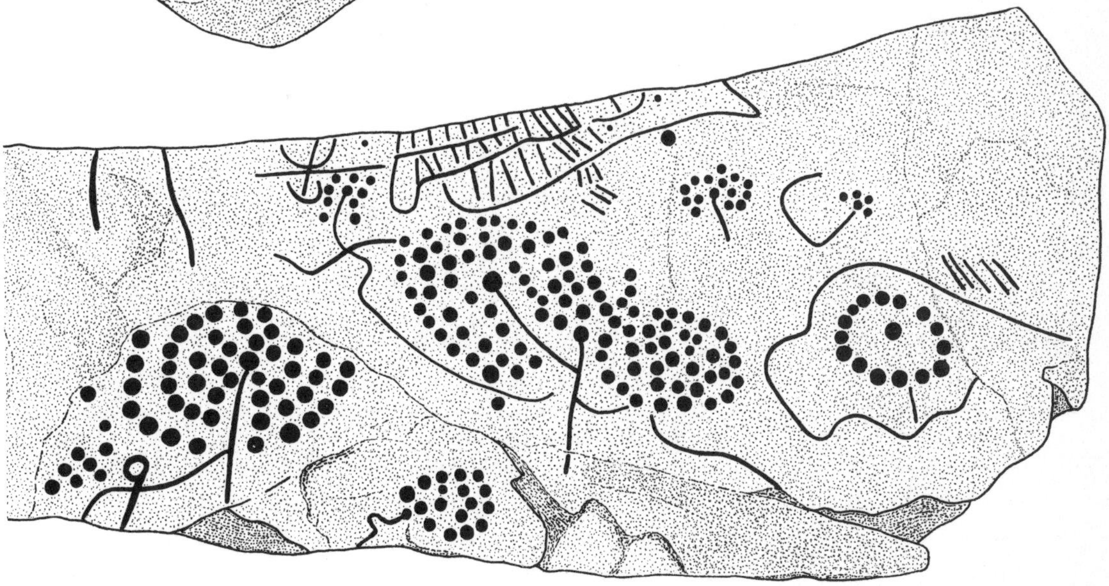

Fig. 98: Ansammlung von Petroglyphen nordöstlich von Grotte VIII, Fundareal C (in der Nähe die vertikale Felswand, Fig. 100); N 35°, Or 125°.

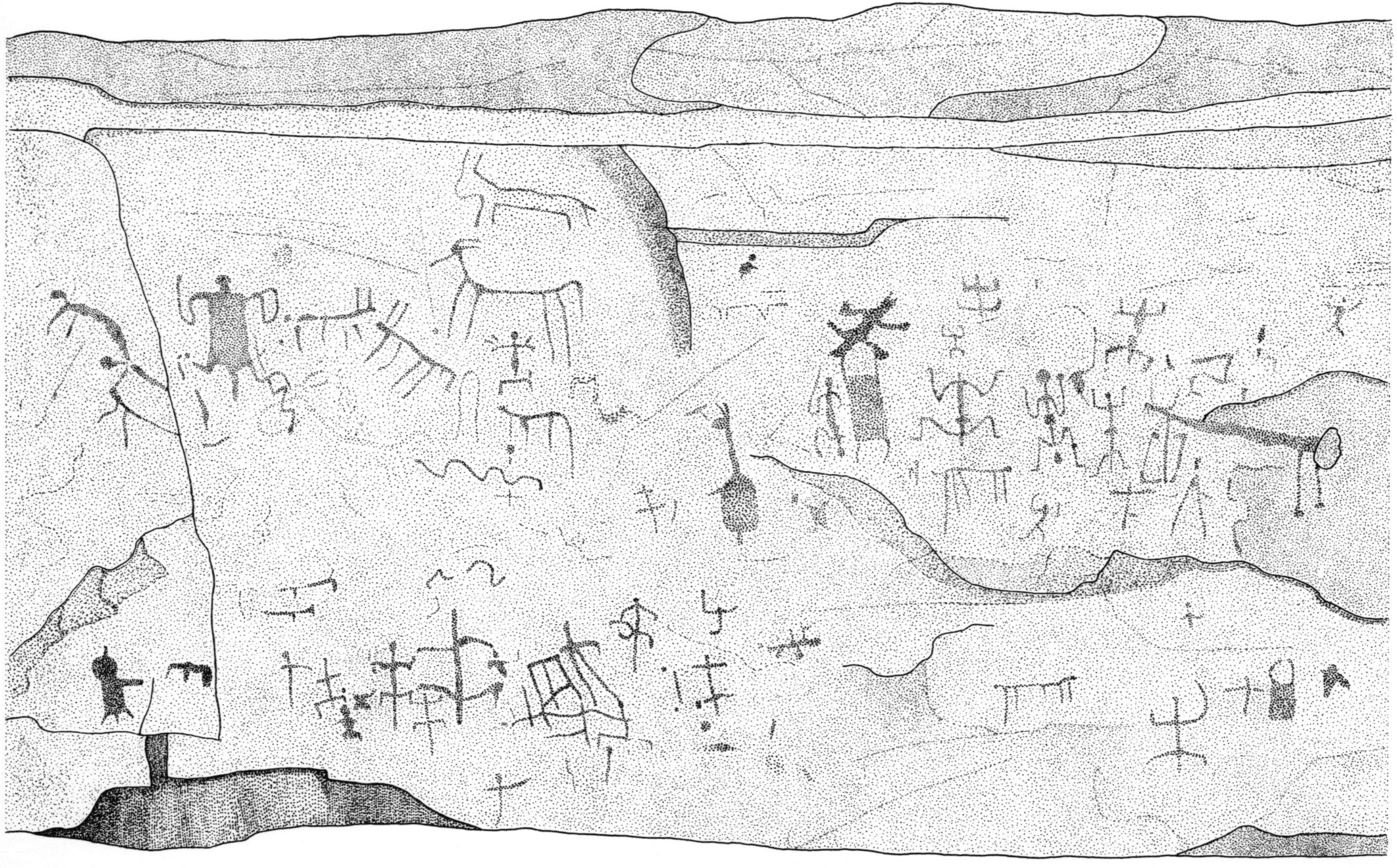

Fig. 99: Zoomorphe Darstellungen auf der vertikalen, leicht überhängenden Rückwand von Grotte VIII, Fundareal C; Or 135°.

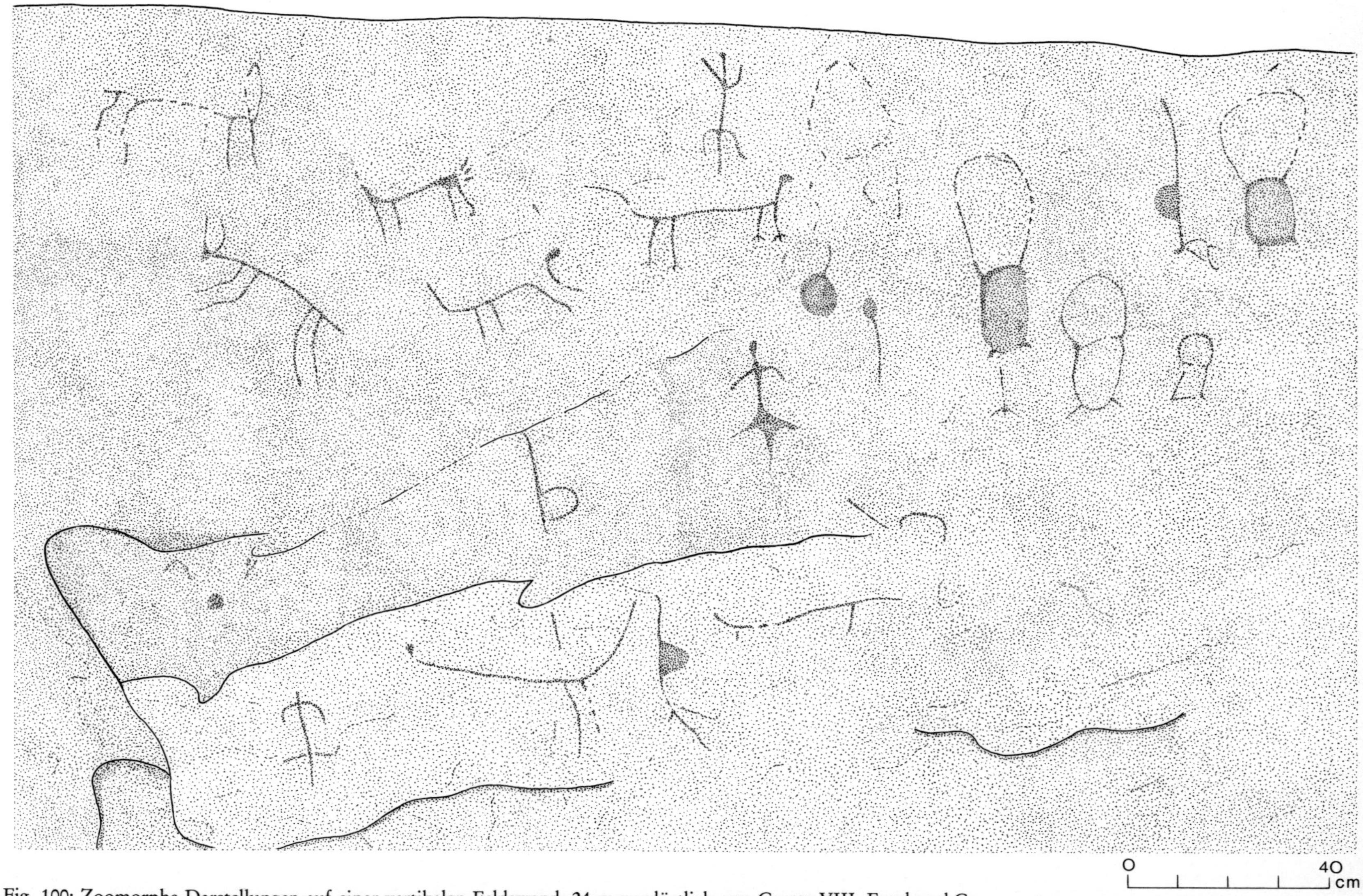

Fig. 100: Zoomorphe Darstellungen auf einer vertikalen Feldswand, 24 m nordöstlich von Grotte VIII, Fundareal C.

Fig. 101 ↑ und Fig. 102 ↓: Piktographen aus der Grotte I. Beschreibung nächste Seite.

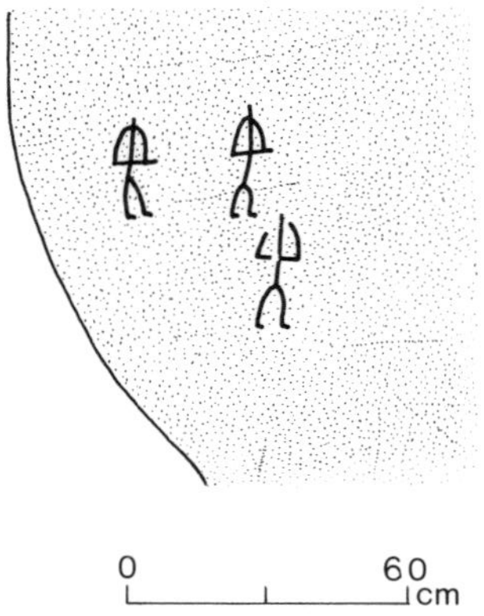

Fig. 101: Anthropomorphe Felsbilddarstellungen aus der Grotte I, Westseite, Felswand a., N vert., Or durchschnittlich 195°, Länge der Szene 660 cm, Höhe der Figur 1: 129 cm, Höhe der Figur 2: 45 cm.

Fig. 102: Anthropomorphe Felsbilddarstellungen aus der Grotte I, Westseite, Felswand b (ca. 1 m nördlich von Felswand a versetzt). N vert., Or durchschnittlich 190°, Länge der Szene 833 cm, Höhe der Figur 3: 72 cm, Höhe der Figur 4: 52 cm.

Fig. 103: Drei anthropomorphe Figuren im geometrischen Stil, zwischen Felswand a und b befindend; N vert.

Fig. 104: 60 m von Felswand b entfernt befindet sich verlängert nach Osten die dritte große Felswand mit anthropomorphen Felsbilddarstellungen. N vert., Or 165°, Länge der oberen Figurenzeile: 545 cm, Länge des unterteilten Rechteckes: 67 cm, Länge der unteren Figurenzeile: 231 cm.

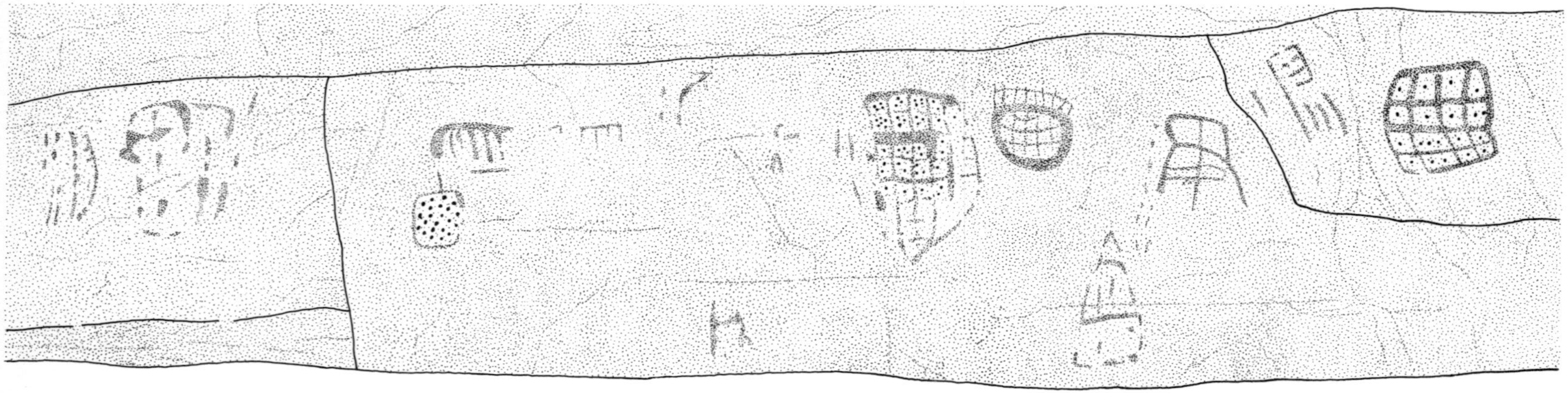

Fig. 105: Diverse Piktographen aus dem Abri I in Ober-Negeni, Brousse. N vert., Or 130°.

Fig. 106: Diverse Piktographen aus dem Abri II in Ober-Negeni, Brousse, N vert., Or 60°.

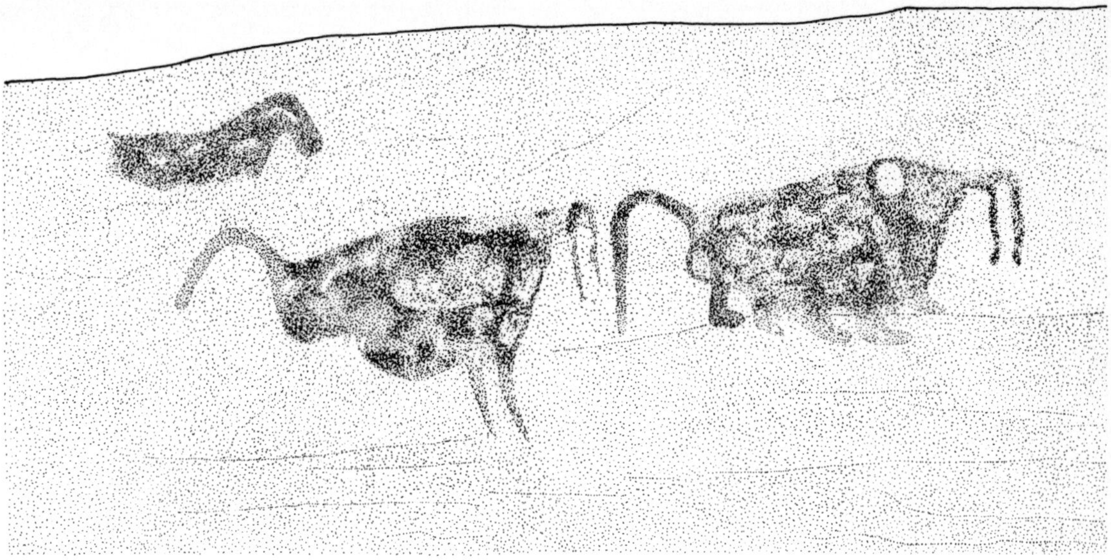

Fig. 107: Drei, teilweise unvollständige zoomorphe Figuren aus dem Abri III in Ober-Negeni,Brousse. Farbe: Schwarz; Länge des rechten Tieres: 80 cm.

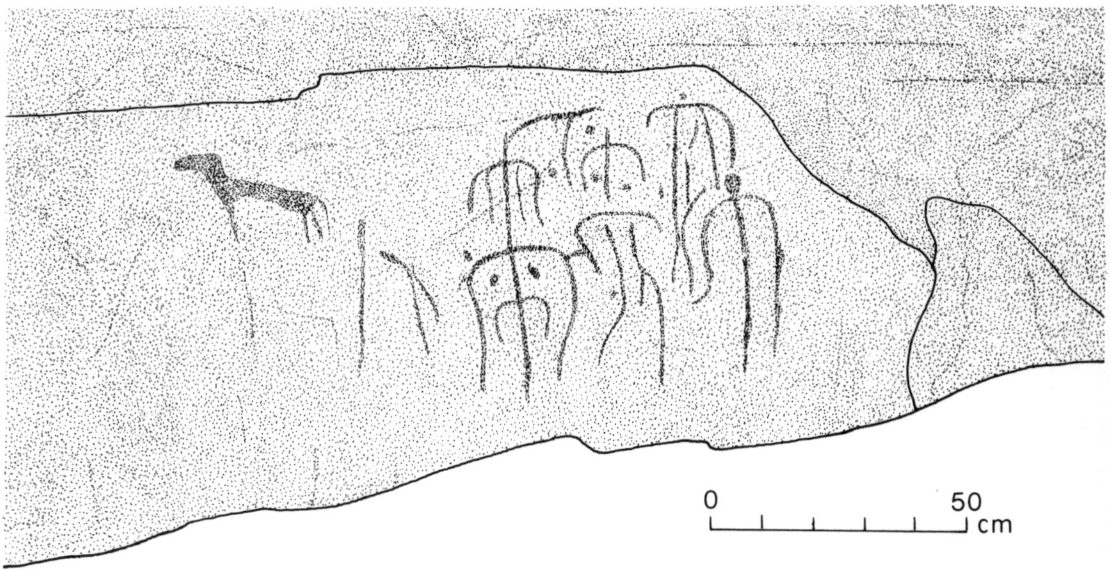

↑ Fig. 108: Eine zoomorphe und mehrere anthropomorphe Figuren oberhalb eines Höhleneinganges in Ober-Negeni, Brousse. Farbe: Weiß; Länge der Bildszene: 116 cm.

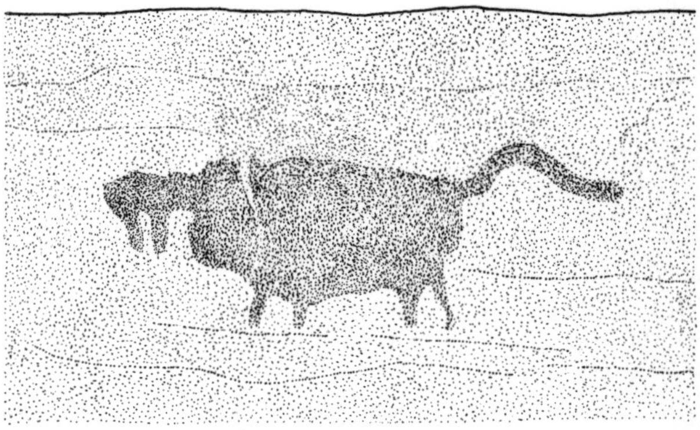

→ Fig. 109: Zoomorphe Figur an der Rückwand des Abri IV in Ober-Negeni, Brousse. Farbe: Weiß; Länge: 88 cm.

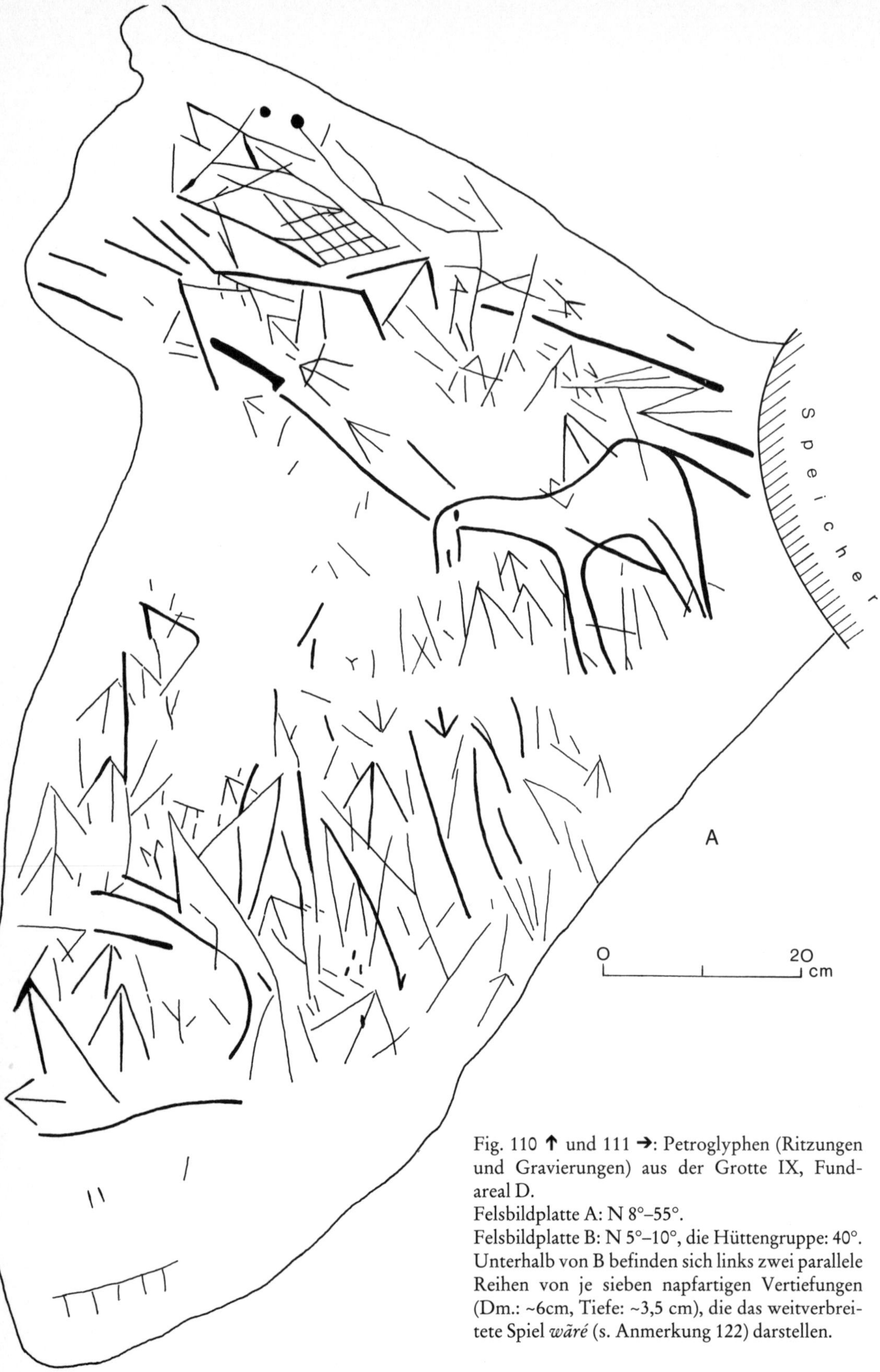

Fig. 110 ↑ und 111 →: Petroglyphen (Ritzungen und Gravierungen) aus der Grotte IX, Fundareal D.
Felsbildplatte A: N 8°–55°.
Felsbildplatte B: N 5°–10°, die Hüttengruppe: 40°. Unterhalb von B befinden sich links zwei parallele Reihen von je sieben napfartigen Vertiefungen (Dm.: ~6cm, Tiefe: ~3,5 cm), die das weitverbreitete Spiel *wărē* (s. Anmerkung 122) darstellen.

Fig. 111

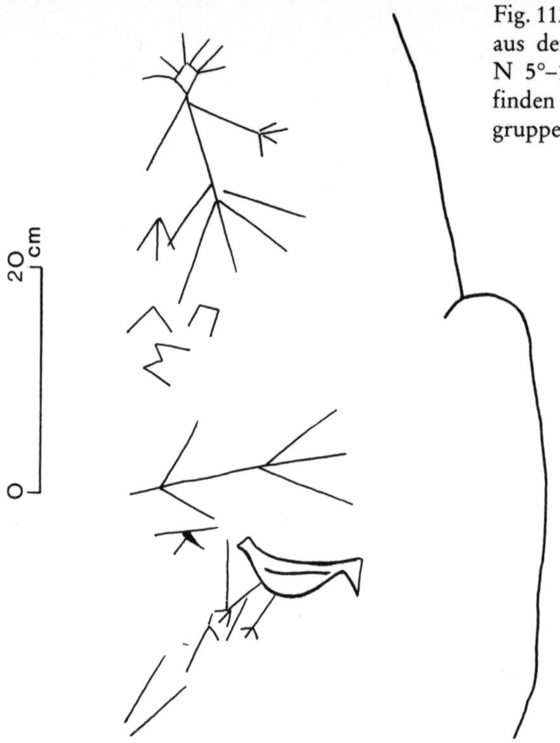

Fig. 112: Petroglyphen (Ritzungen) aus der Grotte IX, Fundareal D; N 5°–15°. Die Darstellungen befinden sich oberhalb der Hüttengruppe von Felsbildplatte B.

Fig. 113: Ausschnitt einer Petroglyphenansammlung aus der Grotte XI, Fundareal D; N hor.

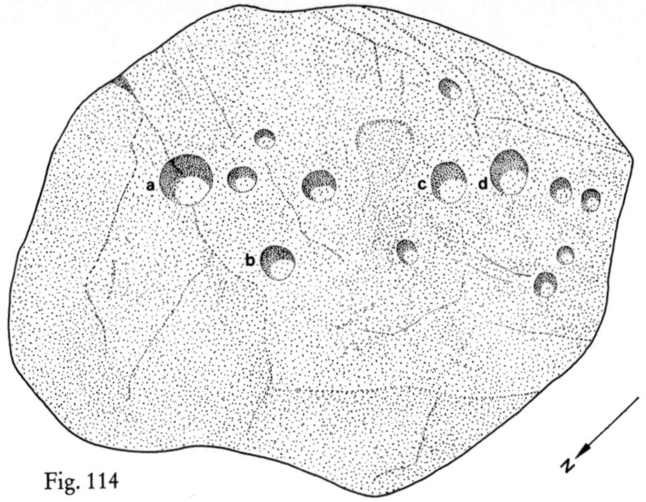

Stein 1, Neigungswinkel 12°.

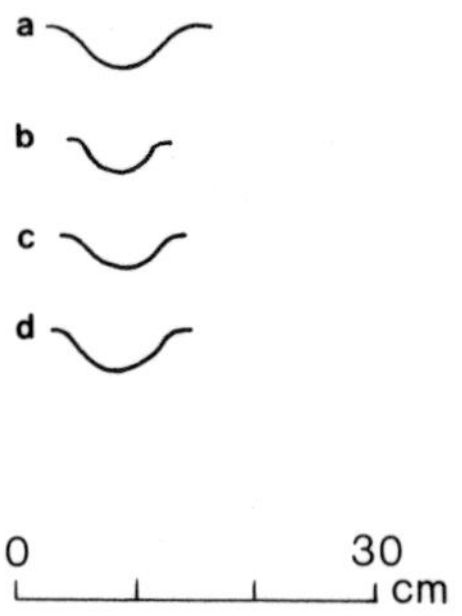

Fig. 114

Stein 3, horizontal.

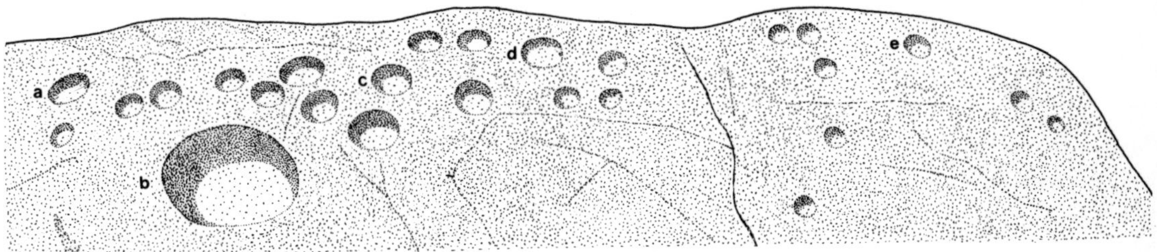

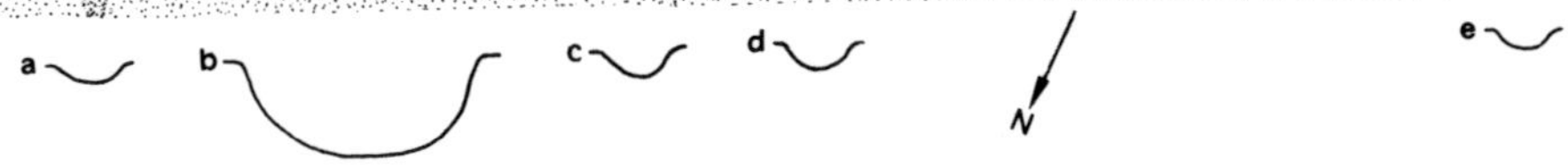

Fig. 115

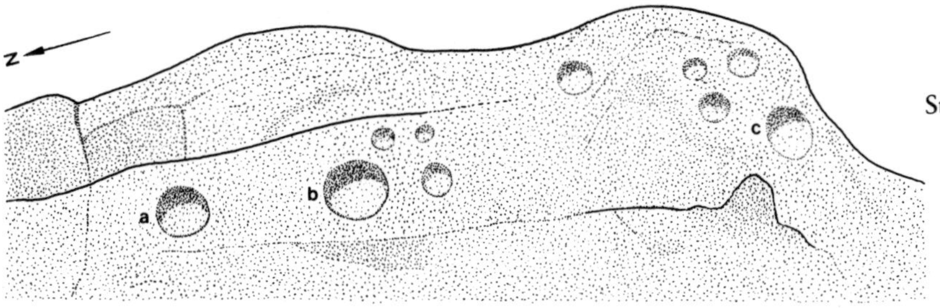

Stein 4, Neigungswinkel 12°.

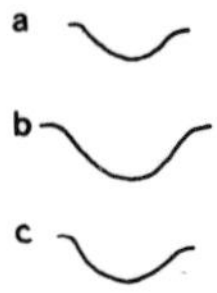

Fig. 116

Fig. 117

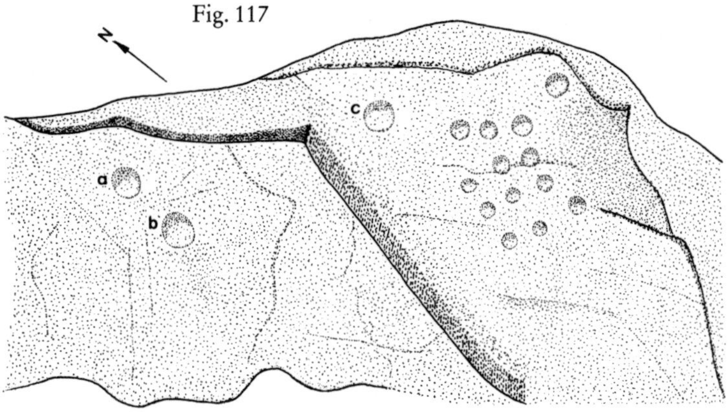

Stein 5, Neigungswinkel 27°.

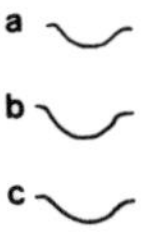

Fig. 114–117: Vier Näpfchengruppen von Grotte I, extérieur. Ihre Position zeigt Fig. 7.

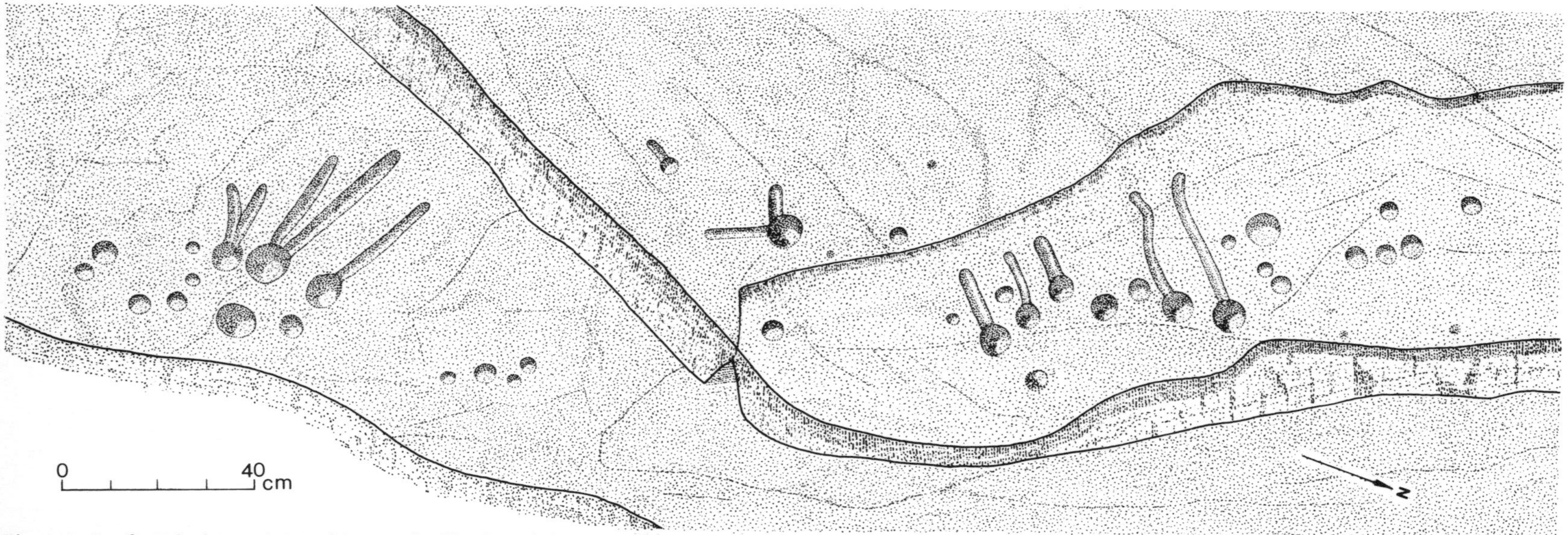

Fig. 118: Große Felsplatte mit Näpfchen und Rillen im Abri II von Ober-Negeni, Brousse.

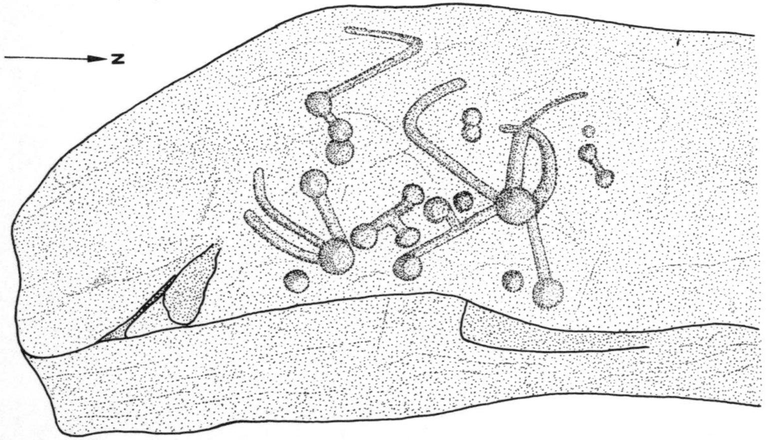

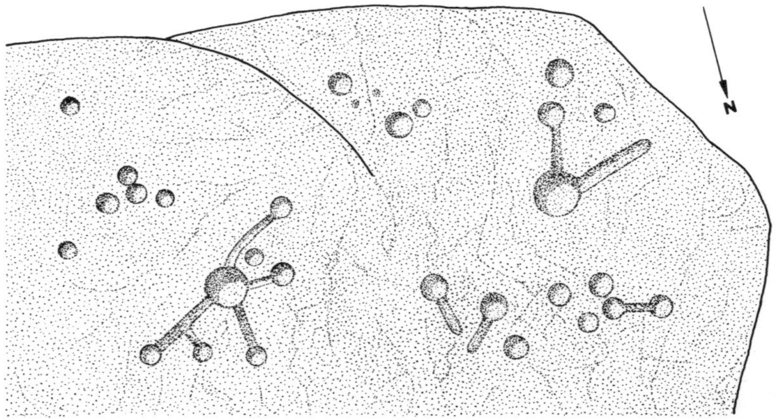

Fig. 119 und 120: Näpfchengruppe mit Rillen aus zwei Grotten in Ober-Negeni, Brousse.

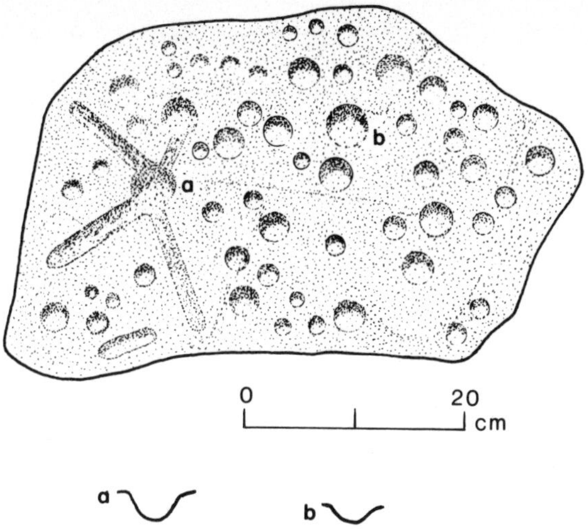

Fig. 121: Näpfchen-Steinsitz mit Rillen aus einem Versammlungplatz in Ober-Negeni,Ort, Fundareal B.

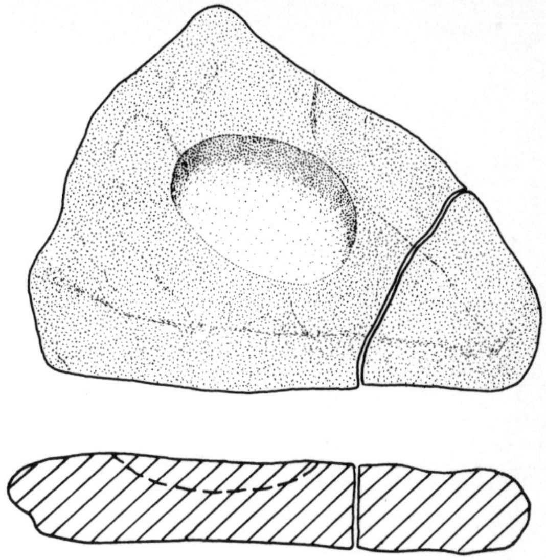

Fig. 122: Reibschale (Typ b) aus einem Abri östlich der Grotte VII, Fundareal C. M 1:8.

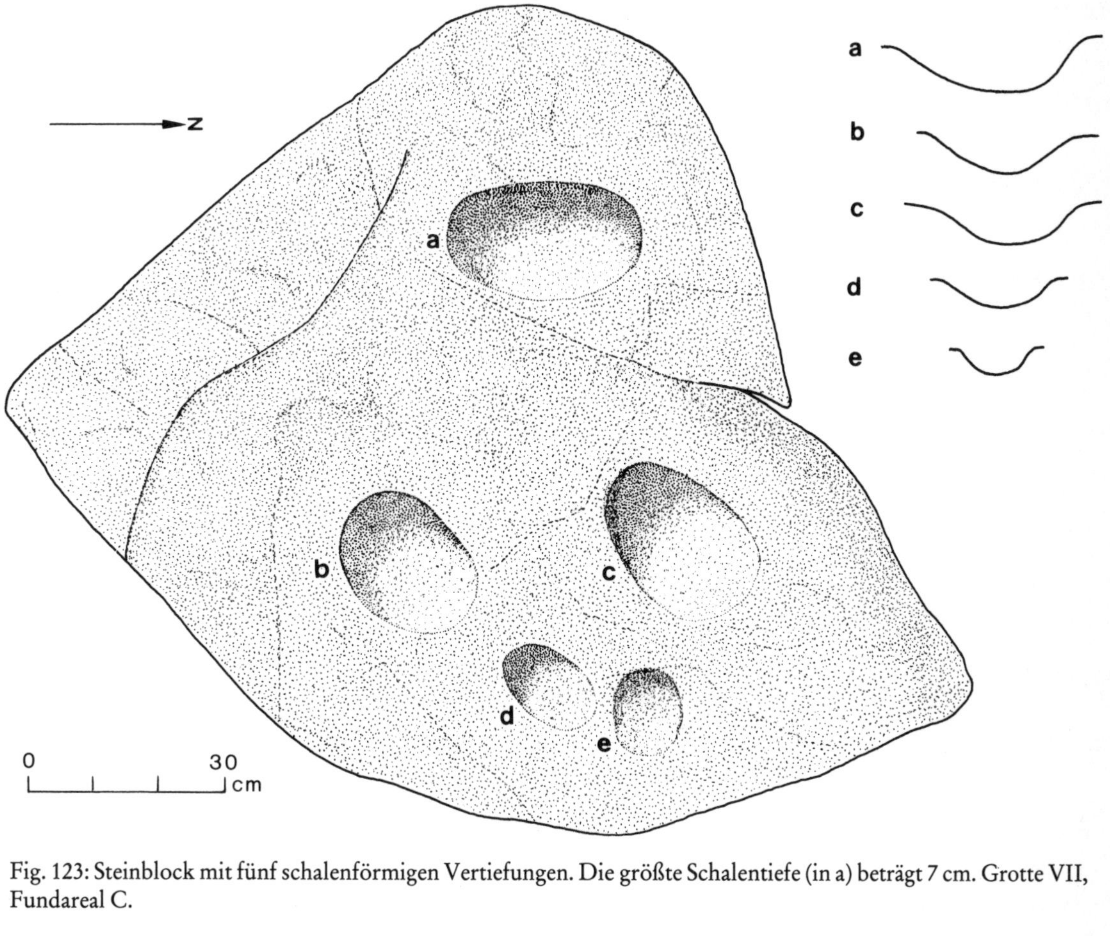

Fig. 123: Steinblock mit fünf schalenförmigen Vertiefungen. Die größte Schalentiefe (in a) beträgt 7 cm. Grotte VII, Fundareal C.

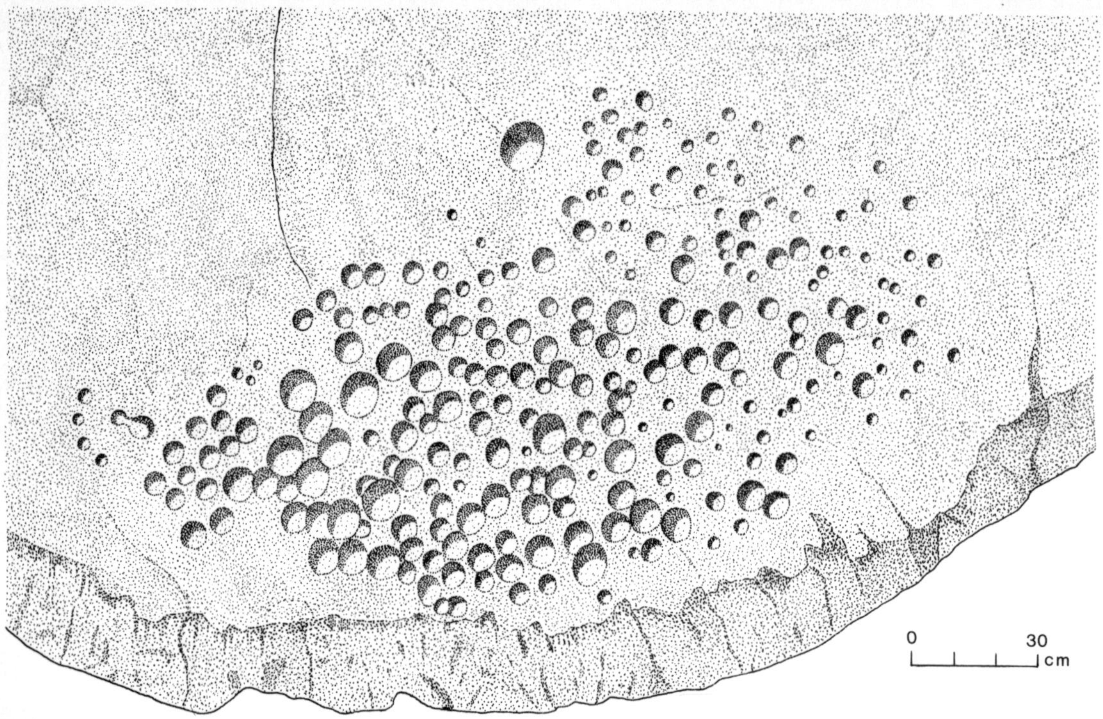

Fig. 124: Senkrechte Felswand mit napfartigen Vertiefungen *(ǹwằnslọyaha)* bei Taga, Fundareal C.

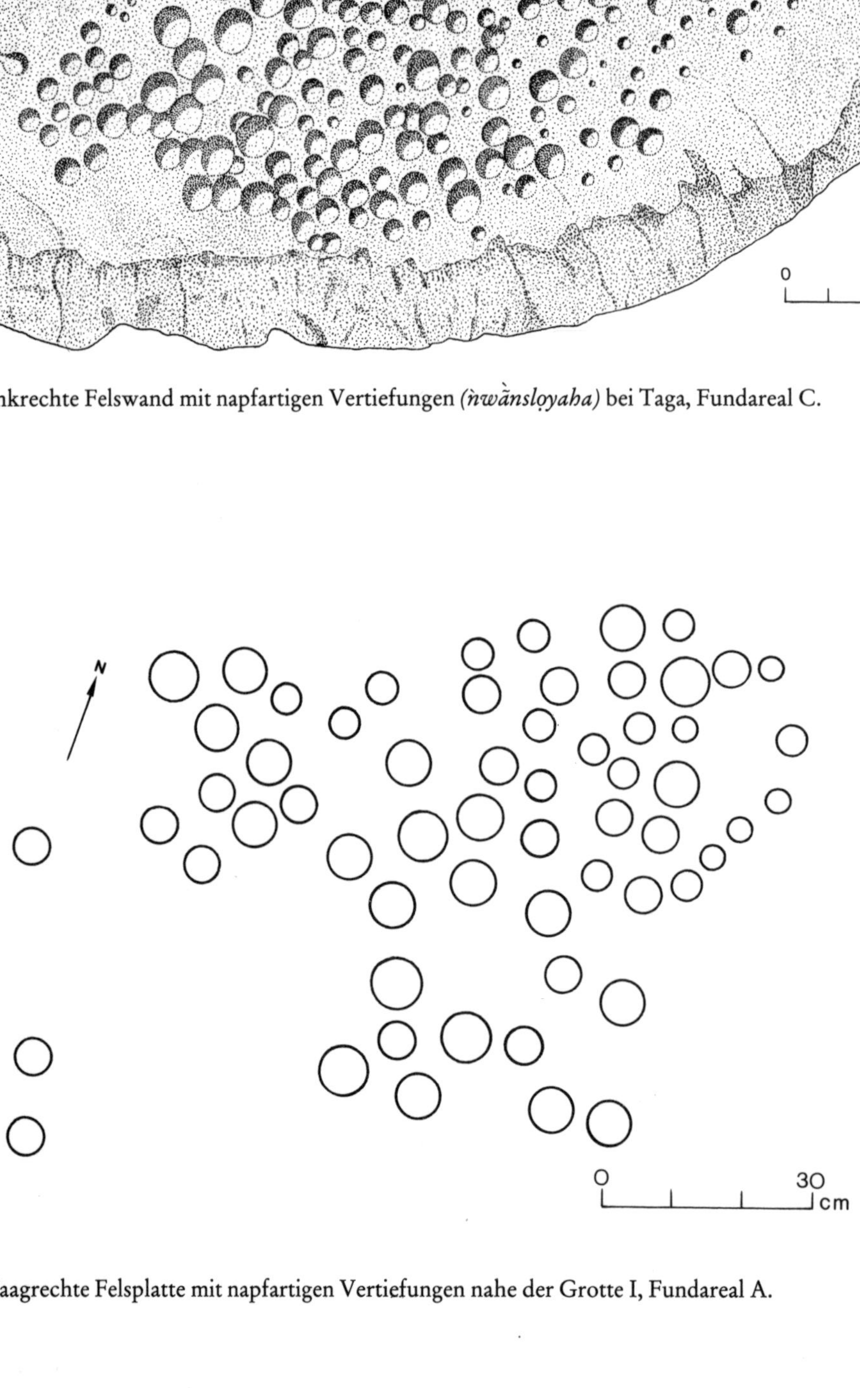

Fig. 125: Waagrechte Felsplatte mit napfartigen Vertiefungen nahe der Grotte I, Fundareal A.

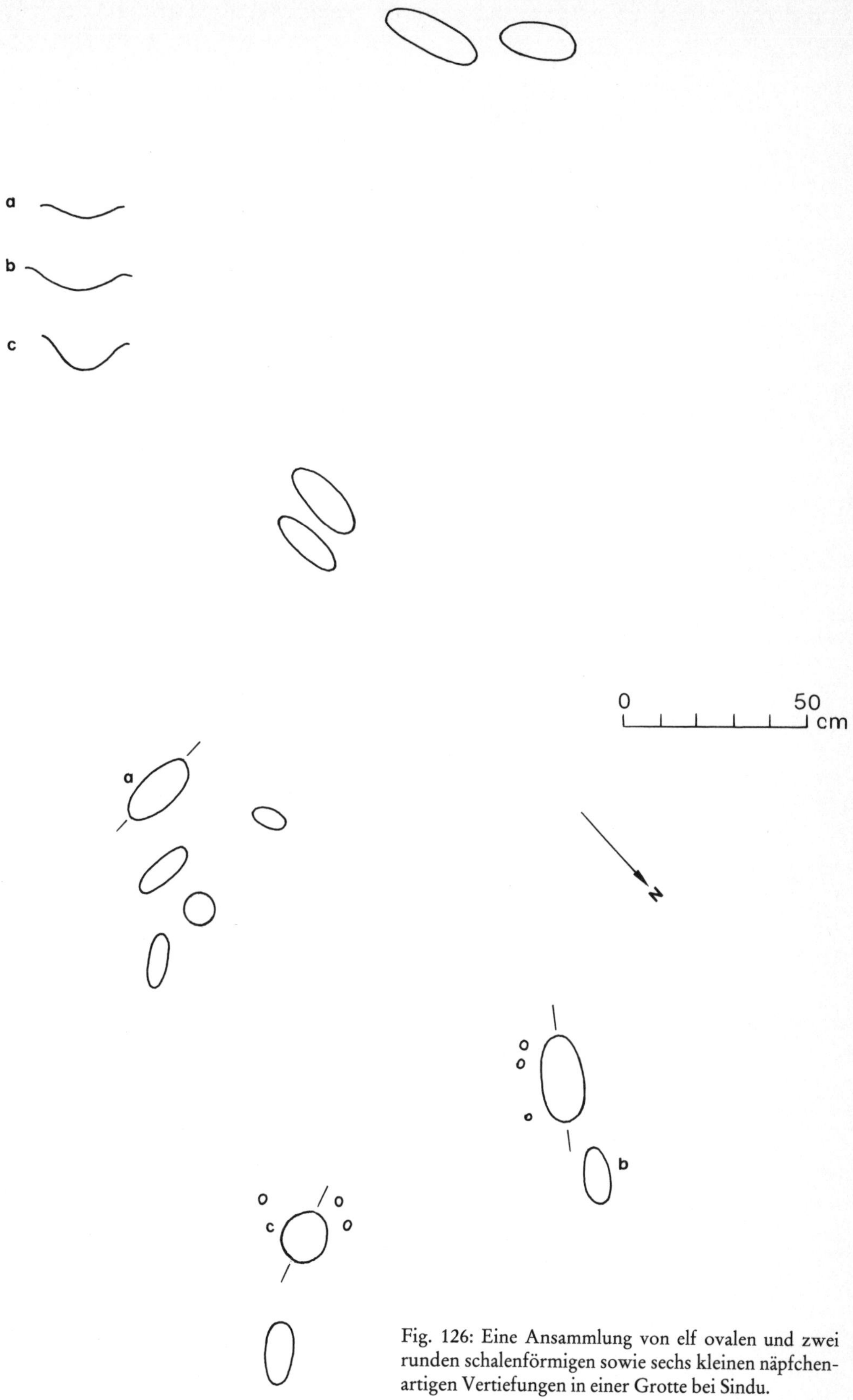

Fig. 126: Eine Ansammlung von elf ovalen und zwei runden schalenförmigen sowie sechs kleinen näpfchenartigen Vertiefungen in einer Grotte bei Sindu.

FOTODOKUMENTATION

Abb. 1: Blick von der Falaise de Banfora nach Südosten auf ein Tussian-Gehöft mit Rodungsfeldern; Fundareal C.

Abb. 2

Abb. 3

Abb. 2: Der große Abri in Alt-Niansoghoni mit Bauten der *Bandòmiyã*; Fundareal B.
Abb. 3: Ausschnitt obiger Szene mit den geschmückten, nur mittels einer Leiter zugänglichen „Depots“ *(kolomu)*.

Abb. 4: Vier Zylinder- und ein Quaderspeicher mit geometrischen und figürlichen Halbreliefs; Grotte X, Fundareal D. Die anthropomorphe Figur ist mit der Vorstellung der Fruchtbarkeit (Erde und Frau), die der Echse (Waran) mit einer guten Ernte verbunden.

➔
Abb. 5: Der südliche Abschnitt von Grotte II mit Speicher 1; Fundareal A.

➔
Abb. 6: Alter Wohnraum *(siniambe)* in einer Grotte in Ober-Negeni, Brousse; Fundareal B.

Abb. 7: Große, umgestülpte Vorratsbehälter nahe Sindukoroni; Fundareal A.

Abb. 8: Dekorinstrumente einer Jeli-Töpferin aus Kawara: Rollzylinder, walzenförmige Geflechte und Getreidestengel; Fundareal A.

Abb. 9: Opferplatz *(sétõ)* mit umgestülpten Tongefäßen an einer Hüttenwand in Nianha; Fundareal C.

Abb. 10: Sakraler Ort *(nyanika)* in Alt-Uturu mit einer Ansammlung von Tongefäßen (darunter der Gefäßtyp *lakinipe*) als Spiegelbild der institutionellen Organisation einer Lineage; Fundareal B.

Abb. 11: Kugeliges Sakralgefäß *(takunan tonowan)* aus einer kleinen Grotte bei Alt-Kawara II; Fundareal A.

Abb. 12: Altes Tongefäß aus der Grotte IV, Speicher 1; Fundareal A.

Abb. 13: Zwei Armreifen *(gbọ̃̀fotahane)* und zwei Armringe *(yọtahane)* mit Schlangendarstellungen; Fundareal C.

Abb. 14: Zwei Fußknöchelringe. Oben: *bolokona*, Fundareal B; unten: *gbáhásékár*, Fundareal C.

Abb. 15

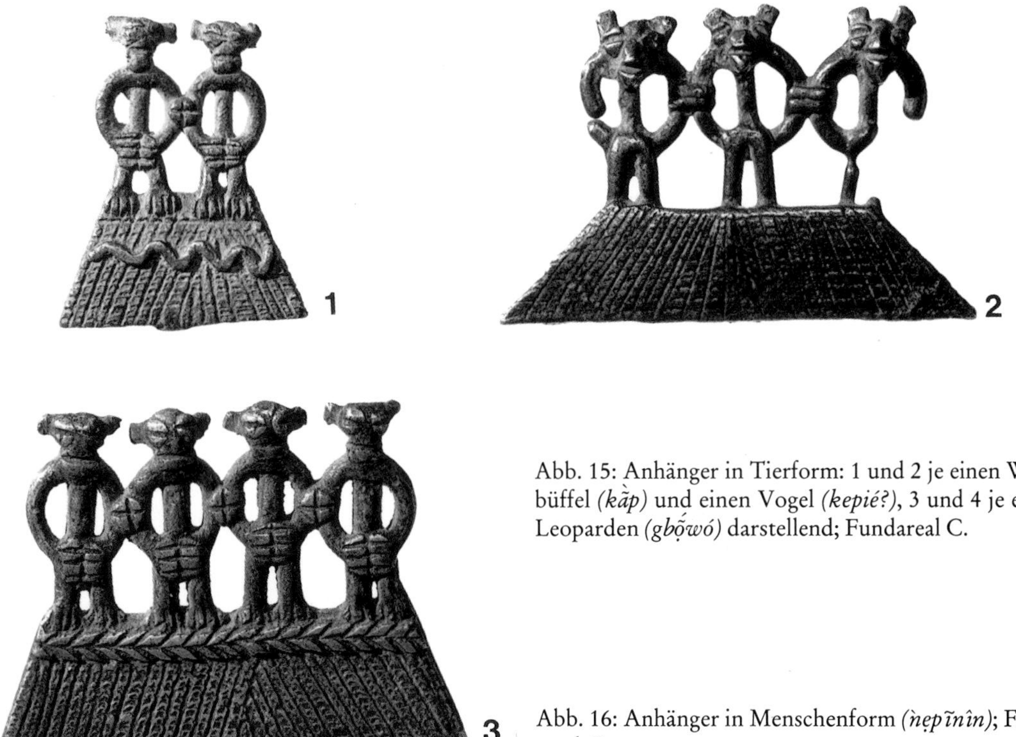

Abb. 15: Anhänger in Tierform: 1 und 2 je einen Wildbüffel *(kã̀p)* und einen Vogel *(kepié?)*, 3 und 4 je einen Leoparden *(gbọ̃́wó)* darstellend; Fundareal C.

Abb. 16: Anhänger in Menschenform *(ǹẹpĩnîn)*; Fundareal C.

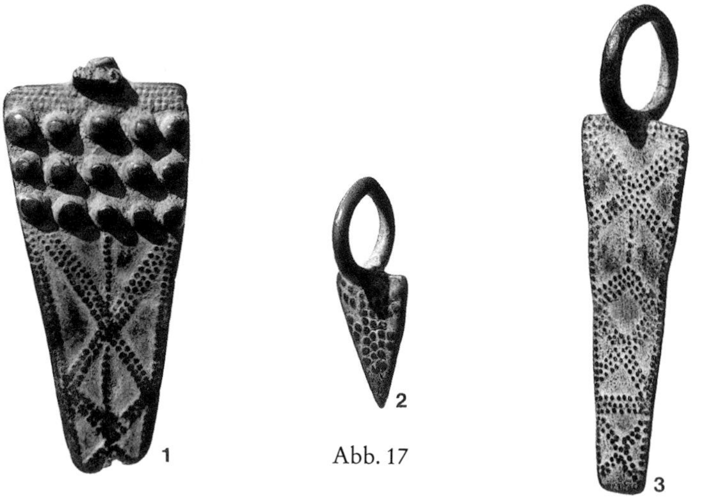

Abb. 17

↕ Abb. 18

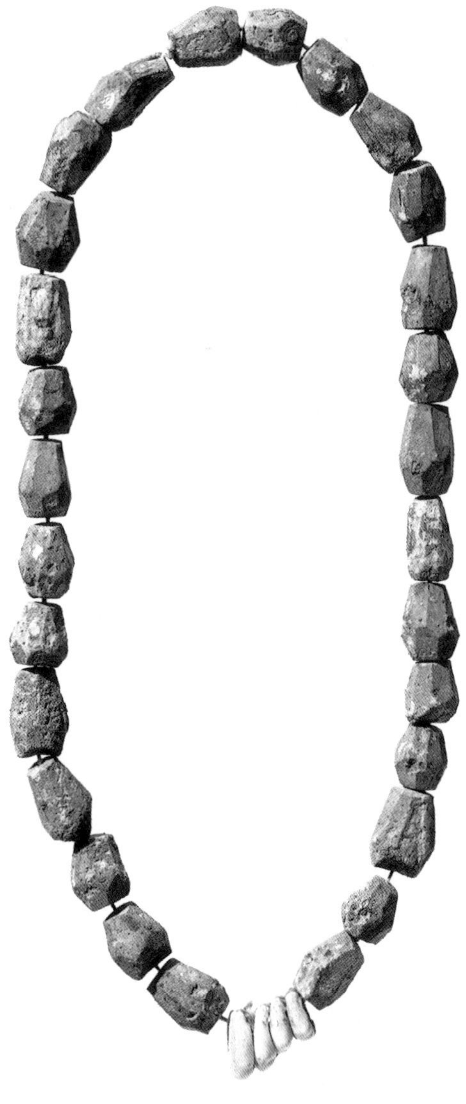

Abb. 17: Anhänger in Plattenform; Fundareal C.
Abb. 18: Anhänger, je einen Hornraben darstellend; Fundareal C.
Abb. 19: Frauen-Halskette aus den duftenden Perlen der Nußsegge, unten vier Kauri-Schneckengehäuse; Fundareal B.

Abb. 20 und 21: Büffel- und Vogelmaske während der großen Initiation in den *Dó*-Bund, Bandugu (nördliche Tussian) 1972; Fotos: Père Louis Faivre-Rampant.

Sowohl die kleine, im besonderen Maße jedoch die große Initiation in den *Dó*-Bund sichert die religiöse und soziale Erziehung der Tussian, wobei die Vermittlung und Tradierung kulturelles Wissens nicht explizit geschieht, sondern Teil des durch den Bund gewährleisteten mitteilsamen Handlungszusammenhanges ist. Die auftretenden Masken haben keine unterhaltsamen Aspekte. Sie sind wie bei allen rituellen Handlungen ein Teil einer Pflicht und sollen in diesem Zusammenhang auch nicht gefallen, sondern handeln und den Dingen ihren Platz zuweisen.

Abb. 22: Ausschnitt der großen Felsbildplatte 1 aus *Dókotye*, im Hintergrund die Felsbildplatte 2; Fundareal C.

Abb. 23: Der große Felsblock *pyesloyaha* am Fuße der Falaise bei Tussiana; Fundareal C.

Abb. 24: Polyesterabguß von Petroglyphen aus *Dókotye*, Felsbildplatte 4; Fundareal C. Gesamthöhe: 167 cm. (Vgl. Fig. 75)

Abb. 25: Horizontale Felsplatte mit drei wassergefüllten runden Trögen im Quartier der Traore von Ober-Negeni, Ort; Fundareal B.